现代数学基础丛书 181

半单李代数与 BGG 范畴 O

胡峻 周凯 著

科学出版社

北京

内 容 简 介

半单李代数的 BGG 范畴 $\mathcal{O}$ 位于李理论与几何表示理论的核心位置,它的许多重要的结构与表示只依赖于它的 Weyl 群的组合. 通过 Beilinson-Bernstein 局部化从其相伴的旗簇的几何理论可以得到它的许多漂亮的结果, 它也是当前范畴化理论的一个重要的源泉. 本书致力于介绍复半单李代数及其 BGG 范畴 $\mathcal{O}$ 的基本理论. 全书分为两个部分: 第一部分回顾复半单李代数的结构及表示理论的经典内容, 包括 $\mathfrak{sl}_2$ 的表示、普遍包络代数和 PBW 定理、半单李代数的根空间分解、抽象根系、最高权模、单模以及 Weyl 特征标公式; 第二部分介绍复半单李代数的 BGG 范畴 $\mathcal{O}$ 的基本理论, 包括范畴 $\mathcal{O}$ 的定义、Verma 模、投射模、标准滤过、Verma 模之间的同态、Kazhdan-Lusztig 理论、Shapovalov 双线性型、投射函子和平移函子、抛物范畴 $\mathcal{O}$、范畴 $\mathcal{O}$ 的 $\mathbb{Z}$-分次形式与 Koszul 对偶.

本书可作为数学专业或理论物理专业的研究生学习李代数和范畴 $\mathcal{O}$ 的入门教科书, 也可作为致力于数学研究, 特别是李理论与表示理论研究的科研工作者的参考书.

图书在版编目 (CIP) 数据

半单李代数与 BGG 范畴 $\mathcal{O}$ /胡峻, 周凯著. —北京: 科学出版社, 2020. 2
(现代数学基础丛书; 181)
ISBN 978-7-03-063611-9

Ⅰ. ①半… Ⅱ. ①周… ②胡… Ⅲ. ①半单李代数–研究 Ⅳ. ①O152.5

中国版本图书馆 CIP 数据核字(2019) 第 273145 号

责任编辑: 李 欣 李香叶 /责任校对: 彭珍珍
责任印制: 吴兆东 /封面设计: 陈 敬

科 学 出 版 社 出版
北京东黄城根北街 16 号
邮政编码: 100717
http://www.sciencep.com

北京中石油彩色印刷有限责任公司 印刷
科学出版社发行 各地新华书店经销

*

2020 年 2 月第 一 版 开本: 720×1000 1/16
2020 年 11 月第二次印刷 印张: 10 3/4
字数: 217 000

定价: 88.00 元
(如有印装质量问题, 我社负责调换)

《现代数学基础丛书》序

对于数学研究与培养青年数学人才而言，书籍与期刊起着特殊重要的作用. 许多成就卓越的数学家在青年时代都曾钻研或参考过一些优秀书籍，从中汲取营养，获得教益.

20 世纪 70 年代后期，我国的数学研究与数学书刊的出版由于"文化大革命"的浩劫已经破坏与中断了 10 余年，而在这期间国际上数学研究却在迅猛地发展着. 1978 年以后，我国青年学子重新获得了学习、钻研与深造的机会. 当时他们的参考书籍大多还是 50 年代甚至更早期的著述. 据此，科学出版社陆续推出了多套数学丛书，其中《纯粹数学与应用数学专著》丛书与《现代数学基础丛书》更为突出，前者出版约 40 卷，后者则逾 80 卷. 它们质量甚高，影响颇大，对我国数学研究、交流与人才培养发挥了显著效用.

《现代数学基础丛书》的宗旨是面向大学数学专业的高年级学生、研究生以及青年学者，针对一些重要的数学领域与研究方向，作较系统的介绍. 既注意该领域的基础知识，又反映其新发展，力求深入浅出，简明扼要，注重创新.

近年来，数学在各门科学、高新技术、经济、管理等方面取得了更加广泛与深入的应用，还形成了一些交叉学科. 我们希望这套丛书的内容由基础数学拓展到应用数学、计算数学以及数学交叉学科的各个领域.

这套丛书得到了许多数学家长期的大力支持，编辑人员也为其付出了艰辛的劳动. 它获得了广大读者的喜爱. 我们诚挚地希望大家更加关心与支持它的发展，使它越办越好，为我国数学研究与教育水平的进一步提高做出贡献.

杨 乐

2003 年 8 月

前　言

李代数最早起源于挪威数学家 S. Lie 在 19 世纪 70 年代的工作, 他在研究微分方程与几何结构时建立了连续对称变换群理论, 这些变换群被称为李群. 他把这些连续变换进行线性化并研究它们的无穷小生成元, 就得到了今天我们所说的李代数. 李代数从诞生之初到现在就一直与李群密切相关. 作为研究数学与物理中的连续及无限对称性的主要工具, 李群与李代数的发展如今已经从微分方程、微分几何、代数几何、代数群、结合代数、三角范畴、量子群等纯数学遍历到了量子场论、扭结不变量理论、超对称等数学、物理的各个不同的分支与角落[19,37,51,53,54,66,67,74,82,97,101].

复数域上半单李代数是有限维李代数中被研究得比较透彻的一类. 复半单李代数的集合与单连通的紧李群的集合之间存在一一对应. 复半单李代数的一个重要特征是其任意有限维表示都完全可约, 即可以分解成有限个有限维不可约表示的直和, 这对应于紧李群的有限维表示也完全可约这一事实. 一般地, 对于具有极大紧子群 K 的李群 G (如半单李群或简约李群), 其不可约 (一般无限维) 酉表示的研究[96] 可以归结到对应的复半单李代数的 Harish-Chandra 模范畴 $\mathcal{HC}$ 的研究. 在 20 世纪 70 年代, 苏联犹太裔数学家 J. Bernstein, I. Gelfand 以及 S. Gelfand 在研究复半单李代数 $\mathfrak{g}$ 的主序列 Harish-Chandra 模时引入了 $\mathfrak{g}$ 的范畴 $\mathcal{O}$ 的概念[11], 这些范畴今天常被简称为 BGG 范畴 $\mathcal{O}$. 他们建立了 Harish-Chandra 模范畴 $\mathcal{HC}$ 的某些完全子范畴与范畴 $\mathcal{O}$ 的某些块子范畴之间的等价, 由此为研究李群的无限维酉表示提供了强有力的纯代数工具.

复半单李代数 $\mathfrak{g}$ 的 BGG 范畴 $\mathcal{O}$ 包含了 $\mathfrak{g}$ 的有限维表示范畴作为其完全子范畴. 对于 $\mathfrak{g}$ 的每个有限维不可约表示, 其维数 (甚至每个权空间的维数) 都由著名的 Weyl 特征标公式给出. 但与有限维表示范畴不同, BGG 范畴 $\mathcal{O}$ 一般不是半单的, 对于 $\mathcal{O}$ 中大部分的无限维不可约模, 要确定它们的特征标不是一件简单的事情. 1979 年 D. Kazhdan 与 G. Lusztig[59] 给出范畴 $\mathcal{O}$ 的主块中任意标准模 (即 Verma 模) 的合成因子重数的一个猜想: 它断言不可约模 $L(y \cdot 0)$ 在 Verma 模 $\Delta(w \cdot 0)$ 中的重数等于一个只依赖于 $y, w \in W$ 的多项式 $P_{w,y}(q)$ 在 $q = 1$ 的赋值, 这里 W 表示 $\mathfrak{g}$ 的 Weyl 群. 这就是著名的 Kazhdan-Lusztig 猜想 (或 KL 猜想), 它是 Weyl 特征标公式的推广, 其中 $P_{w,y}(q)$ 被称为 Kazhdan-Lusztig 多项式 (或 KL 多项式). KL 猜想在 1981 年分别被 A. Beilinson 与 J. Bernstein[7] 及 J. Brylinski 与 M. Kashiwara[14] 所证明, 由此衍生的后续发展 (如任意 Coxeter 群的 KL 胞腔理论、Hecke 代数的基环等) 被统称为 Kazhdan-Lusztig 理论. 它为表示理论与代数几何建立了联系的桥梁, 开启了几何表示理论的发展方向, 并带动了许多重要问题的解决.

目前, 范畴 $\mathcal{O}$ 理论已被推广到了任意的可对称化 Kac-Moody 代数 [27,57,58]、李超代数 [18,20,72,93,94]、量子群 [3,55]、仿射抛物范畴 [81,95]、有理 Cherednik 代数 [33-35] 等. W. Soergel[83-85] 以及 A. Beilinson, V. Ginzburg, W. Soergel[12] 通过 Kazhdan-Lusztig 猜想的几何证明的分析发现 BGG 范畴 $\mathcal{O}$ 上存在一个神秘的 Koszul 的非负 $\mathbb{Z}$-分次结构, 而 Kazhdan-Lusztig 猜想给出的不仅是标准模中不可约模的合成因子重数, 而是标准模中不可约模的 $\mathbb{Z}$-分次分解数多项式, 并且 Kazhdan-Lusztig 猜想还等价于说 $\mathbb{Z}$-分次投射函子给出 Weyl 群 W 的 Iwahori-Hecke 代数 $\mathcal{H}_v(W)$ 的范畴化. 由此为范畴 $\mathcal{O}$ 的研究提供了崭新的视角——研究范畴 $\mathcal{O}$ 的 $\mathbb{Z}$-分次形式. 近年来, 范畴化的观点和思想在表示理论中得到快速的发展, 范畴 $\mathcal{O}$ 还被发现与分圆 Hecke 代数、Brauer 代数、墙 Brauer 代数、分圆箭图 Hecke 代数等有着密切的联系 [15-18,42,68,75,80,92], 人们逐渐意识到经典的范畴 $\mathcal{O}$ 理论实际上是范畴化思想的一个重要源泉, 投射函子 [6,61-63,79] 以及 $\mathbb{Z}$-分次表示的观点在 2-范畴的范畴化表示理论中占据着越来越重要的地位.

本书的主要目标在于让读者掌握 BGG 范畴 $\mathcal{O}$ 理论的基本知识, 领会它的基本方法, 了解它的最重要结果, 并快速进入 BGG 范畴 $\mathcal{O}$ 理论的发展前沿. 全书分为两个部分: 第一部分是李代数理论简介, 分为 3 章: 第 1 章介绍半单李代数的基本概念、结构与表示的基本知识, 这包括可解与幂零李代数、g-模理论、$\mathfrak{sl}_2$ 的有限维不可约表示分类、Jordan 分解、Cartan 准则、普遍包络代数与 PBW 定理、单李代数的分类以及半单李代数的根空间分解. 其中我们给出的 Schur 引理包含了可数无限维不可约模的情形. 第 2 章介绍根系与 Weyl 群的基本理论, 其中 2.4 节重点突出了具有最高权的饱和权集的刻画. 第 3 章介绍最高权模、单模以及特征标公式. 其中 3.2 节介绍了可积模与可积范畴的概念, 为读者进一步学习无限维李代数的表示提供铺垫. 命题 3.2.25 给出了判断可积模的局部判别法, 后者不曾出现在现有的教科书中但在李代数及量子群的范畴化中却经常使用. 第二部分是 BGG 范畴 $\mathcal{O}$ 的主要理论, 分为 5 章: 其中第 4 章介绍范畴 $\mathcal{O}$ 的基本概念与定义, 包括子范畴 $\mathcal{O}_\chi$、点支配权与点反支配权、点正则与点奇异等概念. 第 5 章讨论范畴 $\mathcal{O}$ 的同调性质、标准滤过、投射模、内射模与 BGG 互反律, 其中例 5.3.7 给出了一个秩 2 的李代数的投射模的标准滤过的例子, 例 5.3.18 与例 5.3.19 用箭图与关系的表示分别给出了范畴 $\mathcal{O}$ 的一个正则块与一个奇异块的基本代数的实例. 第 6 章介绍 Verma 模之间的同态、单 Verma 模、投射 Verma 模、投射内射模的判别条件以及 Shapovalov 双线性型. 其中 6.3 节给出了 Kazhdan-Lusztig 多项式、Kazhdan-Lusztig 基以及 Kazhdan-Lusztig 猜想的简短介绍. 第 7 章讨论投射函子与平移函子, 其中 7.1 节我们不加证明地给出了投射函子的主要刻画 (定理 7.1.4 与推论 7.1.5), 7.3 节我们不仅给出倾斜模的一些标准结果, 还在定理 7.3.9 与命题 7.3.10 中给出范畴 $\mathcal{O}$ 的不可分解倾斜模的两种不同的构造. 第 8 章讨论抛物范畴 $\mathcal{O}$, 8.1 节与 8.2 节介绍了抛物范畴 $\mathcal{O}$ 以及抛物 Verma 模的一些基本结果, 在例 8.2.10 用箭图与关系的表示给出了一个具体的抛物正则块的基本代数的实例, 8.3 节不加证明地给出了抛物范畴 $\mathcal{O}$ 的 $\mathbb{Z}$-分次形式与 Koszul 对偶理论, 以及有关范畴 $\mathcal{O}$ 的 $\mathbb{Z}$-分次投射函子范畴化 Hecke 代数的主要结果.

本书得到了国家自然科学基金 (项目编号: 11525102) 的资助. 全书主要内容曾在北京理工大学数学系研究生课程以及 2018 年夏季厦门大学数学科学学院的国家自然科学基金委数学天元基金全国研究生暑期学校上讲授, 作者感谢厦门大学谭绍斌教授的热情邀请. 作者也感谢瑞典 Uppsala 大学的 V. Mazorchuk 教授耐心地回答我们关于范畴 $\mathcal{O}$ 的各类问题, 他于 2019 年 3 月访问北京理工大学时开设的范畴 $\mathcal{O}$ 系列讲座以及他的系列工作[24-26,69,70] 让我们受益匪浅. 作者还要感谢张杰副教授以及研究生施磊、王世轩在终稿校对方面的工作.

由于篇幅限制以及作者学识有限, 书中不足与疏漏在所难免, 欢迎读者批评指正.

符号: 本书中, 我们用 $\mathbb{C}, \mathbb{R}, \mathbb{Q}, \mathbb{Z}, \mathbb{N}$ 分别表示复数域、实数域、有理数域、整数环以及自然数集. 设 A, B 是两个集合, 用 $A \subseteq B$ 表示 A 是 B 的子集, 用 $A \subset B$ 表示 A 是 B 的真子集. 除非特别指明, $\otimes$ 表示 $\otimes_{\mathbb{C}}$.

胡 峻 周 凯

2019 年 5 月 21 日于北京

目　　录

第一部分

李代数理论简介

第 1 章　李代数导引

本章主要回顾复数域 $\mathbb{C}$ 上李代数的基本理论, 包括可解李代数、幂零李代数、半单李代数、普遍包络代数和 $\mathfrak{g}$-模等基本概念, 以及 Killing 型、Jordan 分解、Cartan 准则、单李代数的分类、PBW 定理与 $\mathfrak{sl}_2$ 的表示等基本知识, 最后将介绍半单李代数的根空间分解.

1.1　基本定义与概念

定义 1.1.1　设 $\mathfrak{g}$ 是一个复向量空间, 若在 $\mathfrak{g}$ 上存在一个双线性映射

$$[\ ,\ ] : \mathfrak{g} \times \mathfrak{g} \to \mathfrak{g}, \quad (x, y) \mapsto [x, y],$$

满足:

(L1) $[x, x] = 0, \forall x \in \mathfrak{g}$; (反对称性)

(L2) $[x, [y, z]] + [y, [z, x]] + [z, [x, y]] = 0, \forall x, y, z \in \mathfrak{g}$, (Jacobi 等式)
则称 $(\mathfrak{g}, [\ ,\ ])$ 或 $\mathfrak{g}$ 是一个**复李代数**.

注记 1.1.2　(1) 称 $[x, y]$ 是 x 和 y 的**括号积**;

(2) 任意 $x, y \in \mathfrak{g}$, 由 $[x + y, x + y] = 0$ 可推出 $[x, y] = -[y, x]$.

注记 1.1.3　本书中, 如无特殊说明, 所涉及的李代数均指有限维复李代数.

例 1.1.4　对任意的复向量空间 V, 如果定义 $[x, y] := 0, \forall x, y \in V$, 则 $(V, [,])$ 是一个李代数, 称为 **Abel 李代数**.

例 1.1.5　复数域 $\mathbb{C}$ 上的任意结合代数 A 上有一个自然的李代数结构, 其中 $[x, y] := xy - yx, \forall x, y \in A$, 称之为 A 的**相伴李代数**.

设 V 是有限维复向量空间, $\mathrm{End}_{\mathbb{C}} V$ 是 V 上的所有 $\mathbb{C}$-线性变换以映射的合成作为乘法构成的结合代数, 则称 $\mathrm{End}_{\mathbb{C}} V$ 的相伴李代数为**一般线性李代数**, 记作 $\mathfrak{gl}(V)$. 若 V 是 n 维复向量空间, 可将 $\mathrm{End}_{\mathbb{C}} V$ 和 n 阶矩阵代数 $M_{n \times n}(\mathbb{C})$ 等同, 这时也将 $\mathfrak{gl}(V)$ 记作 $\mathfrak{gl}_n$.

定义 1.1.6　设 $\mathfrak{g}$ 是一个复李代数, L 是 $\mathfrak{g}$ 的一个子空间. 如果 $\forall x, y \in L$, $[x, y] \in L$, 则称 L 是 $\mathfrak{g}$ 的一个**李子代数**(或简称为**子代数**). $\mathfrak{gl}_n$ 的每个李子代数都称为一个**线性李代数**.

例 1.1.7　设 n 是正整数, V 是 n 维复向量空间, 记 $\mathfrak{sl}(V)$ (或 $\mathfrak{sl}_n$) 是由 $\mathrm{End}_{\mathbb{C}} V$ (或 $\mathfrak{gl}_n$) 中迹为零的所有线性变换 (或矩阵) 组成的李子代数. 称 $\mathfrak{sl}(V)$ (或 $\mathfrak{sl}_n$) 是

特殊线性李代数.

例 **1.1.8**　在例 1.1.7 中, 取 $n = 2$, 作为复向量空间, $\mathfrak{sl}_2$ 有下面一个 $\mathbb{C}$-基,

$$e = \begin{pmatrix} 0 & 1 \\ 0 & 0 \end{pmatrix}, \quad h = \begin{pmatrix} 1 & 0 \\ 0 & -1 \end{pmatrix}, \quad f = \begin{pmatrix} 0 & 0 \\ 1 & 0 \end{pmatrix},$$

满足: $[h, e] = 2e, [h, f] = -2f, [e, f] = h$.

定义 **1.1.9**　设 $\mathfrak{g}_1, \mathfrak{g}_2$ 是两个复李代数, $f : \mathfrak{g}_1 \to \mathfrak{g}_2$ 是一个线性映射, 若

$$f([x, y]) = [f(x), f(y)], \quad \forall x, y \in \mathfrak{g}_1.$$

则称 f 是**李代数同态**. 设 V 是一个复向量空间, 每个李代数同态 $\phi : \mathfrak{g} \to \mathfrak{gl}(V)$(简记为 (ϕ, V)) 都称为 $\mathfrak{g}$ 在 V 上的一个**表示**, 或者称 V 是一个 $\mathfrak{g}$-**模**.

设 (ϕ, V) 是 $\mathfrak{g}$ 的一个表示, 若 $\phi : \mathfrak{g} \to \mathfrak{gl}(V)$ 是单射, 则称表示 (ϕ, V) 是**忠实的**.

注记 **1.1.10**　给定复李代数 $\mathfrak{g}$ 的一个表示 (ϕ, V), 定义如下双线性映射

$$\mathfrak{g} \times V \to V, \quad (x, v) \mapsto x \cdot v,$$

其中 $\forall x \in \mathfrak{g}, \forall v \in V, x \cdot v := \phi(x)(v)$. 可以验证上述双线性映射满足: $\forall x, y \in \mathfrak{g}$, $\forall v \in V$,

$$[x, y] \cdot v = x \cdot (y \cdot v) - y \cdot (x \cdot v). \tag{1.1.1}$$

反之, 若给定一个双线性映射

$$\mathfrak{g} \times V \to V, \quad (x, v) \mapsto x \cdot v,$$

满足式 (1.1.1), 则可定义线性映射

$$\phi : \mathfrak{g} \to \mathfrak{gl}(V), \quad x \mapsto \phi(x),$$

其中 $\forall x \in \mathfrak{g}, \forall v \in V, \phi(x)(v) := x \cdot v$. 可以验证 ϕ 是李代数同态, 从而 (ϕ, V) 是 $\mathfrak{g}$ 的一个表示.

例 **1.1.11**　设 $\mathfrak{g}$ 是一个复李代数, V 是一个复向量空间, 则零同态

$$\phi : \mathfrak{g} \to \mathfrak{gl}(V), \quad x \mapsto 0, \quad \forall x \in \mathfrak{g}$$

也是一个李代数同态, 它定义了 $\mathfrak{g}$ 在 V 上的一个**平凡表示**(也称 V 是一个**平凡 $\mathfrak{g}$-模**).

例 1.1.12   设 $\mathfrak{g}$ 是一个复李代数, 对每个 $x \in \mathfrak{g}$, 定义 $\operatorname{ad} x \in \operatorname{End}_{\mathbb{C}} \mathfrak{g}$, 使得 $\forall y \in \mathfrak{g}, \operatorname{ad} x(y) := [x, y]$, 那么

$$\operatorname{ad} : \mathfrak{g} \to \mathfrak{gl}(\mathfrak{g}), \quad x \mapsto \operatorname{ad} x, \quad \forall x \in \mathfrak{g}$$

是 $\mathfrak{g}$ 在自身上的一个表示, 称 $(\operatorname{ad}, \mathfrak{g})$ 为 $\mathfrak{g}$ 的**伴随表示**.

定义 1.1.13   设 $\mathfrak{g}$ 是一个复李代数, I 是 $\mathfrak{g}$ 的子空间, 如果 $\forall x \in I, \forall y \in \mathfrak{g}$, $[x, y] \in I$, 则称 I 是 $\mathfrak{g}$ 的**理想**, 记作 $I \lhd \mathfrak{g}$.

若 I 是 $\mathfrak{g}$ 的一个理想, 则 $\forall x \in I, \forall y \in \mathfrak{g}, [y, x] = -[x, y] \in I$. 若 J 也是 $\mathfrak{g}$ 的理想, 定义 $[I, J] := \mathbb{C}\text{-}\operatorname{Span}\{[x, y] \mid x \in I, y \in J\}$, 可以验证 $[I, J]$ 仍然是 $\mathfrak{g}$ 的理想 (习题 1.1.29). 特别地, 称 $[\mathfrak{g}, \mathfrak{g}]$ 是 $\mathfrak{g}$ 的**换位子**.

例 1.1.14   称 $\{0\}$, $\mathfrak{g}$ 为 $\mathfrak{g}$ 的平凡理想; $\mathfrak{g}$ 的**中心**

$$\mathfrak{z}(\mathfrak{g}) := \left\{ z \in \mathfrak{g} \mid [x, z] = 0, \ \forall x \in \mathfrak{g} \right\}$$

也是 $\mathfrak{g}$ 的理想.

如果 I 是复李代数 $\mathfrak{g}$ 的一个理想, 则商空间 $\mathfrak{g}/I$ 上有一个自然的李代数结构定义如下:

$$[x + I, y + I] := [x, y] + I, \quad \forall x, y \in \mathfrak{g}.$$

称 $(\mathfrak{g}/I, [\ ,\ ])$ 为 $\mathfrak{g}$ 关于理想 I 的**商李代数**.

引理 1.1.15   设 $\mathfrak{g}_1, \mathfrak{g}_2$ 是两个复李代数, $f : \mathfrak{g}_1 \to \mathfrak{g}_2$ 是一个李代数同态, 则

(1) $\operatorname{Ker} f := \{x \in \mathfrak{g}_1 \mid f(x) = 0\}$ 是 $\mathfrak{g}_1$ 的一个理想, $\operatorname{Im} f := \{f(x) \mid x \in \mathfrak{g}_1\}$ 是 $\mathfrak{g}_2$ 的一个子代数;

(2) 李代数同态 f 诱导了一个李代数同构

$$\mathfrak{g}_1 / \operatorname{Ker} f \to \operatorname{Im} f, \quad x + \operatorname{Ker} f \mapsto f(x), \quad \forall x \in \mathfrak{g}_1.$$

定义 1.1.16   若 $\mathfrak{g}$ 不含非平凡理想 (指除 $\{0\}$ 和 $\mathfrak{g}$ 以外的理想), 并且 $\mathfrak{g}$ 不是 Abel 李代数, 则称 $\mathfrak{g}$ 是**单李代数**.

显然, 若 $\mathfrak{g}$ 是单李代数, 则 $\mathfrak{z}(\mathfrak{g}) = \{0\}$, $[\mathfrak{g}, \mathfrak{g}] = \mathfrak{g}$.

例 1.1.17 $\mathfrak{gl}_n$ 不是单李代数, 因为 $\mathfrak{z}(\mathfrak{gl}_n) = \mathbb{C} I_{n \times n} \neq \{0\}$; $\mathfrak{sl}_2$ 是单李代数.

定义 1.1.18   设 $\mathfrak{g}_1, \mathfrak{g}_2$ 是两个复李代数, 则向量空间 $\mathfrak{g}_1 \oplus \mathfrak{g}_2$ 按如下定义也成为一个李代数, 称为李代数 $\mathfrak{g}_1$ 与 $\mathfrak{g}_2$ 的 (外) **直和**:

$$[(x_1, x_2), (y_1, y_2)] := ([x_1, y_1], [x_2, y_2]), \quad \forall x_1, y_1 \in \mathfrak{g}_1, \forall x_2, y_2 \in \mathfrak{g}_2.$$

李代数 $\mathfrak{g}_1$ 与 $\mathfrak{g}_2$ 的 (外) 直和仍记作 $\mathfrak{g}_1 \oplus \mathfrak{g}_2$.

注记 1.1.19   设 I_1, I_2 是李代数 $\mathfrak{g}$ 的两个理想, 若作为向量空间 $\mathfrak{g} = I_1 \oplus I_2$, 则称 $\mathfrak{g}$ 是 I_1 和 I_2 的 **(内) 直和**, 仍记作 $\mathfrak{g} = I_1 \oplus I_2$.

定义 1.1.20   一个有限维复李代数 $\mathfrak{g}$, 如果同构于有限多个单李代数的 **(外) 直和**, 则称 $\mathfrak{g}$ 为**半单李代数**.

引理 1.1.21   若 $\mathfrak{g}$ 是半单李代数, 则 $\mathfrak{z}(\mathfrak{g}) = \{0\}$ 并且 $\mathfrak{g} = [\mathfrak{g}, \mathfrak{g}]$.

证明   根据半单李代数的定义, 直接验证 $\mathfrak{z}(\mathfrak{g}) = \{0\}$, $[\mathfrak{g}, \mathfrak{g}] = \mathfrak{g}$.   □

设 I 是 $\mathfrak{g}$ 的理想, 若 I 作为李代数是单的, 则称 I 是 $\mathfrak{g}$ 的**单理想**.

引理 1.1.22   设 $\mathfrak{g}$ 是一个复李代数, 那么 $\mathfrak{g}$ 是半单李代数当且仅当存在 $\mathfrak{g}$ 的单理想 $I_1, \cdots, I_t$ 使得 $\mathfrak{g} = I_1 \oplus \cdots \oplus I_t$. 此时, $\{I_i \mid 1 \leqslant i \leqslant t\}$ 是 $\mathfrak{g}$ 的全部单理想且 $\mathfrak{g}$ 的理想都是其中一些单理想的直和. 特别地, $\mathfrak{g}$ 的所有理想以及同态像也是半单李代数.

证明   根据半单李代数的定义, 结论的前半部分是平凡的. 下设 $\mathfrak{g}$ 是半单李代数, I 是 $\mathfrak{g}$ 的一个单理想, 因为 $\mathfrak{z}(\mathfrak{g}) = \{0\}$, 所以 $[I, \mathfrak{g}] \neq 0$, 那么一定存在某个 I_k, 使得 $[I, I_k] \neq 0$, 进而 $I = [I, I_k] = I_k$.

设 J 是 $\mathfrak{g}$ 的一个理想, 不妨设存在某个非负整数 $0 \leqslant s \leqslant t$, 使得 $\forall 1 \leqslant k \leqslant s$, $J \cap I_k \neq \{0\}$, 而 $\forall s < k \leqslant t$, $J \cap I_k = \{0\}$. 那么 $\forall 1 \leqslant k \leqslant s$, $J \cap I_k = I_k$, 下面来证明 $J = I_1 \oplus \cdots \oplus I_s$. 设 $x = x_1 + \cdots + x_s + \cdots + x_t \in J$, 其中 $x_k \in I_k$, $\forall 1 \leqslant k \leqslant t$. 令 $y := x - (x_1 + \cdots + x_s) = x_{s+1} + \cdots + x_t \in J$, 固定一个 $s < k \leqslant t$, 则 $\forall z \in I_k$, $0 = [y, z] \in J \cap I_k$, 又 $[y, z] = [x_{s+1}, z] + \cdots + [x_t, z] = [x_k, z]$, 所以 $x_k \in \mathfrak{z}(I_k) = \{0\}$, $x_k = 0$, 进而 $y = 0$, 即 $x = x_1 + \cdots + x_s$.   □

引理 1.1.23   若 $\mathfrak{g}$ 是半单李代数, 则 $\mathfrak{g}$ 是线性李代数.

证明   考虑伴随表示 $\mathrm{ad} : \mathfrak{g} \to \mathfrak{gl}(\mathfrak{g})$, 显然 $\mathrm{Ker}\, \mathrm{ad} = \mathfrak{z}(\mathfrak{g})$, 因为 $\mathfrak{g}$ 是半单李代数, 所以 $\mathfrak{z}(\mathfrak{g}) = \{0\}$, 从而 ad 是一个单同态.   □

实际上, 可以证明每个有限维复李代数都是线性李代数[1].

设 A 是复数域 $\mathbb{C}$ 上的一个 (不必结合的) 代数, 一个复线性映射 $\delta : A \to A$ 如果满足 $\forall x, y \in A$, $\delta(xy) = \delta(x)y + x\delta(y)$, 则称 δ 为 A 的一个**导子**. 用 $\mathrm{Der}\, A$ 表示 A 的所有导子组成的向量空间, 则 $\mathrm{Der}\, A$ 构成一个线性李代数 (习题 1.1.27).

定义 1.1.24   设 $\mathfrak{g}$ 是复李代数, δ 是 $\mathfrak{g}$ 的一个幂零导子, 定义

$$\exp \delta := \sum_{s=0}^{\infty} \frac{\delta^s}{s!} \in \mathrm{End}_{\mathbb{C}}\, \mathfrak{g}.$$

引理 1.1.25   设 $\mathfrak{g}$ 是复李代数, δ 是 $\mathfrak{g}$ 的一个幂零导子, 则 $\exp \delta$ 可逆并且 $\forall x, y \in \mathfrak{g}$, 有

$$[\exp \delta(x), \exp \delta(y)] = \exp \delta([x, y]).$$

从而 $\exp \delta$ 是 $\mathfrak{g}$ 上的李代数自同构.

证明 因为 δ 是幂零的, 所以 $\exp\delta$ 是 $\mathfrak{g}$ 上合理定义的线性变换. 令 $\eta :=$ $\exp\delta - \mathrm{Id}_{\mathfrak{g}}$, 则 $\eta = \delta\exp\delta$, 所以 η 在 $\mathfrak{g}$ 上也是幂零的, 因此形式幂级数 $\sum_{i\geqslant 0}(-1)^i\eta^i$ 是 $\mathfrak{g}$ 上合理定义的线性变换, 又 $(\mathrm{Id}_{\mathfrak{g}}+\eta)\sum_{i\geqslant 0}(-1)^i\eta^i = \mathrm{Id}_{\mathfrak{g}}$, 所以 $\exp\delta = \mathrm{Id}_{\mathfrak{g}}+\eta$ 是 $\mathfrak{g}$ 上的可逆线性变换.

我们来证明 $\forall x, y \in \mathfrak{g}$, $\exp\delta([x,y]) = [\exp\delta(x), \exp\delta(y)]$. 事实上, 存在正整数 N, 使得 $\delta^N = 0$. 从而

$$\exp\delta([x,y]) = \sum_{s=0}^{2N} \frac{\delta^s([x,y])}{s!}$$

$$(\text{Leibniz 公式}) = \sum_{s=0}^{2N}\sum_{p+q=s}\left[\frac{\delta^p(x)}{p!}, \frac{\delta^q(y)}{q!}\right]$$

$$= \left[\sum_{p=0}^{N}\frac{\delta^p(x)}{p!}, \sum_{q=0}^{N}\frac{\delta^q(y)}{q!}\right]$$

$$= [\exp\delta(x), \exp\delta(y)].$$

引理得证. □

定义 1.1.26 设 $\mathfrak{g}$ 是一个复李代数, $\mathrm{Aut}(\mathfrak{g})$ 是 $\mathfrak{g}$ 的**自同构群**. 若 $x \in \mathfrak{g}$ 使得 $\mathrm{ad}\,x$ 幂零, 则

$$\exp(\mathrm{ad}\,x) := \sum_{k\geqslant 0}\frac{(\mathrm{ad}\,x)^k}{k!} \in \mathrm{Aut}(\mathfrak{g}).$$

由所有形如 $\exp(\mathrm{ad}\,x)$ $(x \in \mathfrak{g})$ 且 $\mathrm{ad}\,x$ 幂零, 生成的 $\mathrm{Aut}(\mathfrak{g})$ 的子群 $\mathrm{Inn}(\mathfrak{g})$ 称为 $\mathfrak{g}$ 的**内自同构群**, 其中的自同构称为**内自同构**.

习 题 1.1

习题 1.1.27 设 A 是复数域 $\mathbb{C}$ 上的一个 (不必结合的) 代数, 证明对于任意的 δ_1, $\delta_2 \in \mathrm{Der}\,A$, $[\delta_1, \delta_2] := \delta_1\delta_2 - \delta_2\delta_1 \in \mathrm{Der}\,A$, 从而 $\mathrm{Der}\,A$ 构成一个李代数.

习题 1.1.28 设 $\mathfrak{g}$ 是复李代数, 证明 $\mathrm{ad}\,\mathfrak{g} := \{\mathrm{ad}\,x \mid x \in \mathfrak{g}\} \subseteq \mathrm{Der}\,\mathfrak{g}$ 以及

$$[\mathrm{ad}\,x, \mathrm{ad}\,y] = \mathrm{ad}[x,y], \quad \forall x, y \in \mathfrak{g}.$$

并验证 $\mathrm{ad}\,\mathfrak{g}$ 构成 $\mathrm{Der}\,\mathfrak{g}$ 的一个理想.

习题 1.1.29 设 I, J 是 $\mathfrak{g}$ 的两个理想, 证明 $[I, J]$ 也是 $\mathfrak{g}$ 的一个理想.

习题 1.1.30 若 $n \geqslant 2$, 用 $\mathfrak{n}(n, \mathbb{C})$ 表示由所有 n 阶严格上三角矩阵组成的复向量空间, 证明 $\mathfrak{n}(n, \mathbb{C})$ 是 $\mathfrak{sl}_n$ 的李子代数, 但不是 $\mathfrak{sl}_n$ 的理想.

习题 1.1.31 证明 $\forall\phi \in \mathrm{Aut}(\mathfrak{g})$, $\forall x \in \mathfrak{g}$, $\phi\,\mathrm{ad}\,x\,\phi^{-1} = \mathrm{ad}\,\phi(x)$. 特别地, $\mathrm{Inn}(\mathfrak{g}) \lhd \mathrm{Aut}(\mathfrak{g})$.

1.2 可解李代数和幂零李代数

类似于群论中的可解群与幂零群, 在李代数理论中也有可解李代数与幂零李代数的概念, 它们提供了非半单李代数的基本例子.

定义 1.2.1 定义复李代数 $\mathfrak{g}$ 的导序列为

$$\mathfrak{g}^{(0)} := \mathfrak{g}, \quad \mathfrak{g}^{(i)} := [\mathfrak{g}^{(i-1)}, \mathfrak{g}^{(i-1)}], \quad \forall i \geqslant 1.$$

特别地, $\mathfrak{g}^{(1)}$ 就是 $\mathfrak{g}$ 的换位子 $[\mathfrak{g}, \mathfrak{g}]$. 若存在自然数 n, 使得 $\mathfrak{g}^{(n)} = 0$, 则称 $\mathfrak{g}$ 为**可解李代数**.

设 I 是 $\mathfrak{g}$ 的理想, 若 I 作为复李代数是可解的, 则称 I 是 $\mathfrak{g}$ 的**可解理想**.

例 1.2.2 设 $n \in \mathbb{N}$, 用 $\mathfrak{b}(n, \mathbb{C})$ 表示由所有 n 阶上三角矩阵组成的复向量空间, 可以验证 $\mathfrak{b}(n, \mathbb{C})$ 是可解李代数 (习题 1.2.19).

例 1.2.3 任何单李代数 (及半单李代数) 都不是可解李代数. 特别地, 单李代数 $\mathfrak{sl}_2$ 不是可解李代数.

引理 1.2.4 设 $\mathfrak{g}$ 是一个复李代数.

(1) 若 $\mathfrak{g}$ 是可解的, 则 $\mathfrak{g}$ 的子代数以及 $\mathfrak{g}$ 的同态像都是可解的;

(2) 设 I 是 $\mathfrak{g}$ 的可解理想, 若 $\mathfrak{g}/I$ 是可解的, 则 $\mathfrak{g}$ 是可解的;

(3) 若 I, J 是 $\mathfrak{g}$ 的两个可解理想, 则 $I + J$ 也是 $\mathfrak{g}$ 的可解理想.

证明 (1) 是显然的. 对于 (2), $\mathfrak{g}/I$ 可解, 所以存在正整数 n, 使得 $(\mathfrak{g}/I)^{(n)} = 0$, 即 $\mathfrak{g}^{(n)} \subseteq I$, 又 I 是可解的, 则存在正整数 m, 使得 $I^{(m)} = 0$, 从而 $\mathfrak{g}^{(m+n)} = 0$. 对于 (3), 因为 I 可解, 根据 (1) 可知 $(I + J)/J \cong I/(I \cap J)$ 可解, 又 J 可解, 根据 (2) 可知 $I + J$ 也可解. $\square$

定义 1.2.5 设 $\mathfrak{g}$ 是一个有限维复李代数, 则 $\mathfrak{g}$ 中存在唯一的极大可解理想 (指其不真包含于 $\mathfrak{g}$ 的任何一个可解理想), 记为 $\operatorname{rad}\mathfrak{g}$.

引理 1.2.6 设 V 是一个有限维复向量空间, $\mathfrak{g} \subseteq \mathfrak{gl}(V)$ 是一个李代数, $I \lhd \mathfrak{g}$. 又设 $\lambda : I \to \mathbb{C}$ 是一个线性函数, 令

$$V_\lambda := \{v \in V \mid x \cdot v = \lambda(x)v, \forall x \in I\},$$

则 V_λ 是 $\mathfrak{g}$-不变子空间, 即 $\forall y \in \mathfrak{g}, \forall v \in V_\lambda, y \cdot v \in V_\lambda$.

证明 我们只需证明 $\forall y \in \mathfrak{g}, \forall x \in I, \forall 0 \neq v \in V_\lambda$, 有 $x \cdot (y \cdot v) = \lambda(x)y \cdot v$ 即可. 事实上, $x \cdot (y \cdot v) = [x, y] \cdot v + y \cdot (x \cdot v) = \lambda([x, y])v + \lambda(x)y \cdot v$. 因此, 只需证明 $\lambda([x, y]) = 0$ 即可.

令 $U := \mathbb{C}\text{-Span}\{v, y \cdot v, \cdots\}$, 则存在最小的正整数 m 使得 $v, y \cdot v, \cdots, y^{m-1} \cdot v$ 线性无关, 而 $v, y \cdot v, \cdots, y^m \cdot v$ 线性相关, 则 $U = \mathbb{C}\text{-Span}\{v, y \cdot v, \cdots, y^{m-1} \cdot v\}$ 是

一个 m 维子空间. 令

$$U_s = \mathbb{C}\text{-Span}\{v, y \cdot v, \cdots, y^{s-1} \cdot v\}, \quad s = 1, 2, \cdots, m.$$

对 s 归纳来证明

$$a \cdot (y^{s-1} \cdot v) \equiv \lambda(a) y^{s-1} \cdot v \mod U_{s-1}, \quad \forall a \in I.$$

当 $s = 1$ 时, $a \cdot v = \lambda(a)v$, 结论成立 (规定 $U_0 := 0$). 下设 $s > 1$,

$$a \cdot (y^{s-1} \cdot v) = [a, y] \cdot (y^{s-2} \cdot v) + y \cdot (a \cdot (y^{s-2} \cdot v))$$

$$(\text{归纳假设}) = [a, y] \cdot (y^{s-2} \cdot v) + y \cdot (\lambda(a) y^{s-2} \cdot v + z)$$

$$(\text{归纳假设}) \equiv \lambda(a) y^{s-1} \cdot v \mod U_{s-1},$$

其中 $z \in U_{s-2}$. 则 U 是一个 I-不变子空间并且 $a \downarrow_U$ 在基 $\{v, y \cdot v, \cdots, y^{m-1} \cdot v\}$ 下的矩阵是对角线元素全为 $\lambda(a)$ 的上三角矩阵. 特别地, $\mathrm{Tr}(a \downarrow_U) = m\lambda(a)$.

一方面, 根据前面的讨论知 x, y 和 $[x, y]$ 均可限制为 U 上的线性变换, 因此 $\mathrm{Tr}([x, y] \downarrow_U) = \mathrm{Tr}(x \downarrow_U y \downarrow_U - y \downarrow_U x \downarrow_U) = 0$. 另一方面, 将 $a \in I$ 取作 $[x, y]$, 可得 $\mathrm{Tr}([x, y] \downarrow_U) = m\lambda([x, y])$, 又 $m > 0$, 所以 $\lambda([x, y]) = 0$. □

定理 1.2.7 设 $V \neq 0$ 是有限维复向量空间, $\mathfrak{g}$ 是 $\mathfrak{gl}(V)$ 的可解子代数, 则 $\mathfrak{g}$ 中的所有线性变换在 V 中必存在公共特征向量.

证明 对 $\dim_{\mathbb{C}} \mathfrak{g}$ 归纳, $\dim_{\mathbb{C}} \mathfrak{g} = 1$ 时结论显然成立. 下设 $\dim_{\mathbb{C}} \mathfrak{g} > 1$, 由于 $\mathfrak{g}$ 是可解的, 所以 $[\mathfrak{g}, \mathfrak{g}]$ 是 $\mathfrak{g}$ 的真理想, 取包含 $[\mathfrak{g}, \mathfrak{g}]$ 的一个余维数为 1 的子空间 I. 则 $\forall x \in \mathfrak{g}$, $[x, I] \subseteq [\mathfrak{g}, \mathfrak{g}] \subseteq I$, 所以 I 是一个余维数为 1 的理想. 设 $\mathfrak{g} = I \oplus \mathbb{C}z$, 由于 I 也是可解的且 $\dim_{\mathbb{C}} I = \dim_{\mathbb{C}} \mathfrak{g} - 1$, 应用归纳假设, 存在 $0 \neq w \in V$, 使得 w 是 I 中所有元素的公共特征向量, 即 $\forall a \in I$, 存在 $\lambda_a \in \mathbb{C}$, 使得 $a \cdot w = \lambda_a w$, 则 $\lambda : I \to \mathbb{C}$, $a \mapsto \lambda_a$ 是一个线性函数. 那么 $V_\lambda = \{v \in V \mid a \cdot v = \lambda(a)v, \forall a \in I\}$ 是一个非零 (因为 $w \in V_\lambda$) 子空间, 根据引理 1.2.6, V_λ 是 $\mathfrak{g}$-稳定子空间. 特别地, $zV_\lambda \subseteq V_\lambda$, 所以存在 $v \in V_\lambda$ 是 z 的特征向量, 则 v 是 $\mathfrak{g}$ 中所有元素的公共特征向量. □

推论 1.2.8 (李定理) 设 V 是有限维复向量空间, $\mathfrak{g}$ 是 $\mathfrak{gl}(V)$ 的可解子代数, 则存在 V 的一组基, 使得 $\mathfrak{g}$ 中的线性变换在这组基下的矩阵都是上三角矩阵.

定义 1.2.9 设 $\mathfrak{g}$ 是一个复李代数, 考虑 $\mathfrak{g}$ 中的理想序列

$$\mathfrak{g}^0 := \mathfrak{g}, \quad \mathfrak{g}^i := [\mathfrak{g}, \mathfrak{g}^{i-1}], \quad \forall i \geqslant 1.$$

若存在自然数 n, 使得 $\mathfrak{g}^n = 0$, 则称 $\mathfrak{g}$ 是**幂零李代数**.

设 $x \in \mathfrak{g}$, 若 $\mathrm{ad}\, x$ 是 $\mathfrak{g}$ 上的幂零线性变换, 则称 x 是 **ad-幂零**的.

例 1.2.10 设 n 是任意正整数, 则 $\mathfrak{n}(n,\mathbb{C})$ 是幂零李代数 (习题 1.2.18).

引理 1.2.11 幂零李代数都是可解李代数.

例 1.2.12 可解李代数不一定是幂零李代数, 例如 $\mathfrak{b}(n,\mathbb{C})$ 可解但不幂零.

引理 1.2.13 设 $\mathfrak{g}$ 是一个复李代数.

(1) 若 $\mathfrak{g}$ 是幂零的, 则 $\mathfrak{g}$ 的子代数和同态像是幂零的;

(2) 若 $\mathfrak{g}/\mathfrak{z}(\mathfrak{g})$ 是幂零的, 则 $\mathfrak{g}$ 是幂零的;

(3) 若 $\mathfrak{g} \neq 0$ 是幂零的, 则 $\mathfrak{z}(\mathfrak{g}) \neq \{0\}$.

证明 应用幂零李代数的定义即可.   □

引理 1.2.14 设 V 是有限维复向量空间, 若 $x \in \mathfrak{gl}(V)$ 是幂零的, 则 $\mathrm{ad}\, x$ 也是幂零的.

证明 任意 $y \in \mathfrak{gl}(V)$, 定义 $l_x(y) := xy$, $r_x(y) := yx$, 那么 $\mathrm{ad}\, x = l_x - r_x$. 因为 x 幂零, 所以 l_x, r_x 是向量空间 $\mathfrak{gl}(V)$ 上的两个可交换的幂零线性变换, 所以 $\mathrm{ad}\, x$ 是向量空间 $\mathfrak{gl}(V)$ 上的幂零线性变换.   □

引理 1.2.15 设 V 是 n 维复向量空间, $\mathfrak{g}$ 是 $\mathfrak{gl}(V)$ 的子代数, 若 $\mathfrak{g}$ 中每个元素作为 V 上的线性变换都是幂零的, 那么

(1) 存在非零向量 $v \in V$, 使得 $\forall x \in \mathfrak{g}$, $x \cdot v = 0$;

(2) 存在长度为 n 的子空间序列

$$0 = V_0 \subset V_1 \subset V_2 \subset \cdots \subset V_n = V,$$

使得 $\forall x \in \mathfrak{g}$, $\forall 1 \leqslant i \leqslant n$, $x \cdot V_i \subset V_{i-1}$;

(3) 存在 V 的一组基, 使得 $\mathfrak{g}$ 的每个元素在这组基下的矩阵都是严格上三角矩阵.

证明 (2) 和 (3) 是 (1) 的简单推论, 下面来证明 (1).

对 $\dim_{\mathbb{C}} \mathfrak{g}$ 归纳, $\dim_{\mathbb{C}} \mathfrak{g} = 1$ 时结论是显然的. 下设 $\dim_{\mathbb{C}} \mathfrak{g} > 1$, 设 L 是 $\mathfrak{g}$ 的一个极大 (真) 子代数. 定义线性映射 $\varphi : L \to \mathfrak{gl}(\mathfrak{g}/L)$, 满足

$$\varphi(x)(y + L) := [x,y] + L, \quad \forall x \in L, \forall y \in \mathfrak{g}.$$

显然 φ 是合理定义的且 $\forall x_1, x_2 \in L$,

$$\begin{aligned}
\varphi([x_1,x_2])(y+L) &= [[x_1,x_2],y] + L \\
&= ([x_1,[x_2,y]] - [x_2,[x_1,y]]) + L \\
&= [\varphi[x_1],\varphi[x_2]](y+L),
\end{aligned}$$

所以 φ 是李代数同态. 则 $\varphi(L)$ 是 $\mathfrak{gl}(\mathfrak{g}/L)$ 是子代数, 根据引理 1.2.14, $\forall x \in \mathfrak{g}$, $\mathrm{ad}_{\mathfrak{g}}\, x$ 是幂零的, 从而 $\varphi(L)$ 中的元素都是幂零的, 又 $\dim_{\mathbb{C}} \varphi(L) < \dim_{\mathbb{C}} \mathfrak{g}$, 根据归纳假设,

存在 $y \notin L$, 使得 $\forall x \in L$, $\varphi(x)(y + L) = L$, 即 $[x,y] \in L$. 令 $\tilde{L} := L \oplus \mathbb{C}y$, 则 $\tilde{L}$ 是 $\mathfrak{g}$ 的子代数, 根据 L 的极大性, 则 $\tilde{L} = \mathfrak{g}$, 即 L 是 $\mathfrak{g}$ 的余维 1 的理想, 对 L 应用 归纳假设可知 $N = \{v \in V \mid x \cdot v = 0, \forall x \in L\}$ 是非零子空间. 根据引理 1.2.6, N 是 $\mathfrak{g}$-稳定子空间, 特别地 $yN \subseteq N$, 即 y 可限制为 N 上的幂零线性变换, 所以存在 $0 \neq v \in N$ 使得 $y \cdot v = 0$. □

定理 1.2.16 (Engel) 设 $\mathfrak{g}$ 是有限维复李代数, $\mathfrak{g}$ 是幂零的当且仅当 $\mathfrak{g}$ 中的每 个元素都是 ad-幂零的.

证明 必要性是显然的, 下面来证明充分性. 不妨设 $\dim_{\mathbb{C}} \mathfrak{g} = n$, 考虑 $\mathfrak{g}$ 的伴 随表示 $\mathrm{ad} : \mathfrak{g} \to \mathfrak{gl}(\mathfrak{g})$, 根据引理 1.2.15, 由于 $\mathrm{ad}\,\mathfrak{g}$ 中的元素都是幂零的, 所以存在 $\mathfrak{g}$ 的长度为 n 的理想链

$$0 = I_0 \subset I_1 \subset I_2 \subset \cdots \subset I_n = \mathfrak{g},$$

使得 $\forall 1 \leqslant k \leqslant n$, $[\mathfrak{g}, I_k] \subseteq I_{k-1}$, 所以 $\mathfrak{g}^n = 0$. □

推论 1.2.17 设 $\mathfrak{g}$ 是有限维幂零李代数, I 是 $\mathfrak{g}$ 的非零理想, 则 $I \cap \mathfrak{z}(\mathfrak{g}) \neq 0$.

证明 根据幂零李代数的定义, 一定存在正整数 k 满足

$$I' := \underbrace{[\mathfrak{g}, [\mathfrak{g}, \cdots, [\mathfrak{g}, I] \cdots]]}_{k-1\text{个}} \neq 0, \quad \underbrace{[\mathfrak{g}, [\mathfrak{g}, \cdots, [\mathfrak{g}, I] \cdots]]}_{k\text{个}} = 0. \quad \square$$

习 题 1.2

习题 1.2.18 证明所有 n 阶严格上三角矩阵组成的复李代数 $\mathfrak{n}(n, \mathbb{C})$ 是幂零李代数.

习题 1.2.19 证明所有 n 阶上三角矩阵组成的复李代数 $\mathfrak{b}(n, \mathbb{C})$ 是可解李代数.

习题 1.2.20 设 $f : \mathfrak{g}_1 \to \mathfrak{g}_2$ 是李代数的同态, 证明 $\mathfrak{g}_1$ 可解当且仅当同态 f 的核 $\mathrm{Ker}\, f$ 与像 $\mathrm{Im}\, f$ 都可解.

习题 1.2.21 设 $\mathfrak{g}$ 是有限维复李代数, 证明 $\mathfrak{g}$ 是可解的当且仅当 $[\mathfrak{g}, \mathfrak{g}]$ 是幂零的.

1.3 g-模及 g-模同态

本节将介绍 $\mathfrak{g}$-模理论中的一些标准构造与主要结果. 回忆如果 V 是一个复向 量空间, 每个李代数同态 $\phi : \mathfrak{g} \to \mathfrak{gl}(V)$(简记为 (ϕ, V)) 都称为 $\mathfrak{g}$ 在 V 上的一个**表 示**, 或称 V 是一个 **g-模**. 与有限群的表示理论类似, 在 $\mathfrak{g}$-模范畴里同样可以定义子 模、商模以及模的直和等概念.

定义 1.3.1 设 V 是一个 $\mathfrak{g}$-模, 则 V 的对偶空间 V^* 按如下方式也自然成为 一个 $\mathfrak{g}$-模: $\forall x \in \mathfrak{g}$, $\forall f \in V^*$,

$$(x \cdot f)(v) := -f(x \cdot v), \quad \forall v \in V.$$

称 V^* 为**对偶模**或**反轭模**.

定义 1.3.2 设 V, N 是两个 $\mathfrak{g}$-模, $V \otimes N$ 表示 V 与 N 作为复向量空间的张量积. $V \otimes N$ 按如下方式也自然成为一个 $\mathfrak{g}$-模: $\forall x \in \mathfrak{g}, \forall v \in V, \forall n \in N,$

$$x \cdot (v \otimes n) := (x \cdot v) \otimes n + v \otimes (x \cdot n).$$

设 V, N 是两个 $\mathfrak{g}$-模, 在 $\mathrm{Hom}_{\mathbb{C}}(V, N)$ 上有一个自然的 $\mathfrak{g}$-模结构定义如下 (习题 1.3.12): $\forall x \in \mathfrak{g}, \forall f \in \mathrm{Hom}_{\mathbb{C}}(V, N)$

$$(x \cdot f)(v) := x \cdot f(v) - f(x \cdot v), \quad \forall v \in V.$$

定义 1.3.3 设 V, N 是两个 $\mathfrak{g}$-模, 定义

$$\mathrm{Hom}_{\mathfrak{g}}(V, N) := \left(\mathrm{Hom}_{\mathbb{C}}(V, N)\right)^{\mathfrak{g}} := \left\{ f \in \mathrm{Hom}_{\mathbb{C}}(V, N) \mid x \cdot f = 0, \forall x \in \mathfrak{g} \right\}.$$

换句话说, $f \in \mathrm{Hom}_{\mathfrak{g}}(V, N)$ 当且仅当 $f : V \to N$ 是 $\mathbb{C}$-线性映射且 $\forall x \in \mathfrak{g}, \forall v \in V,$

$$f(x \cdot v) = x \cdot f(v).$$

称 $\mathrm{Hom}_{\mathfrak{g}}(V, N)$ 中的元素为 $\mathfrak{g}$-**模同态**. 若 $V = N$, 则记 $\mathrm{End}_{\mathfrak{g}} V := \mathrm{Hom}_{\mathfrak{g}}(V, V)$.

$\mathfrak{g}$-模以及 $\mathfrak{g}$-模同态全体构成了所谓的 $\mathfrak{g}$-模范畴.

定义 1.3.4 设 V 是一个 $\mathfrak{g}$-模 (或 $\mathfrak{g}$ 的表示), 如果 V 中不存在非平凡子模 (指除 0 和 V 以外的子模), 则称 V 是**单 $\mathfrak{g}$-模** (或者 $\mathfrak{g}$ 的**不可约表示**). 否则, 称 V 是**可约的**.

设 $V \neq 0$ 是一个有限维复向量空间, $\mathfrak{g} \subseteq \mathfrak{gl}(V)$ 是一个可解线性李代数. 根据定理 1.2.7, 存在非零向量 $v \in V$, 使得 $\mathfrak{g} \cdot v \subseteq \mathbb{C}v$ (即 v 是 $\mathfrak{g}$ 中所有元素的公共特征向量), 从而有下述推论.

推论 1.3.5 有限维可解李代数的每个有限维不可约表示都是一维的.

设 T 是复数域 $\mathbb{C}$ 上的一个未定元, $\mathbb{C}[T]$ 是 $\mathbb{C}$ 上关于未定元 T 的一元多项式环, 其分式域为有理函数域 $\mathbb{C}(T)$.

引理 1.3.6 (1) $\mathbb{C}(T)$ 是一个具有不可数维数的复向量空间;

(2) 设 V 是一个具有至多可数维数的非零复向量空间, $\phi \in \mathrm{End}_{\mathbb{C}} V$. 则存在 $c \in \mathbb{C}$, 使得 $\phi - c \mathrm{Id}_V$ 不是 V 上的可逆线性变换.

证明 (1) 假设 $\mathbb{C}(T)$ 是具有至多可数维数的复向量空间. 设集合

$$\left\{ P_i(T)/Q_i(T) \mid i \in I \right\}$$

中的元素构成复向量空间 $\mathbb{C}(T)$ 的 $\mathbb{C}$-基, 其中 I 为一个至多可数集, 并且 $\forall i \in I$, $P_i(T), Q_i(T) \in \mathbb{C}[t]$ 满足 $(P_i(T), Q_i(T)) = 1$.

把每个 $P_i(T), Q_i(T)$ 都完全分解成一次因式的乘积, 由于 I 至多可数, 我们可以找到 $c \in \mathbb{C}$, 使得 $T - c$ 不整除每一个 $Q_i(T)$. 由此可以推断 $\dfrac{1}{T-c}$ 不能被这可数个基元素 $\{P_i(T)/Q_i(T) \mid i \in I\}$ 所 $\mathbb{C}$-线性表出, 矛盾!

(2) 假设 $\forall c \in \mathbb{C}, \phi - c\,\mathrm{Id}_V$ 都是 V 上的可逆线性变换, 则 $\forall 0 \neq P(T) \in \mathbb{C}[T]$, $P(\phi)$ 都是 V 上的一个可逆线性变换. 固定 V 中一个非零向量 v, 于是可以定义如下映射:

$$\theta : \ \mathbb{C}(T) \longrightarrow V, \quad P(T)/Q(T) \mapsto P(\phi)Q(\phi)^{-1}v,$$

其中 $P(T), 0 \neq Q(T) \in \mathbb{C}[T]$. 根据我们的假设, 显然 θ 是一个合理定义的单射, 但 V 是一个具有至多可数维数的复向量空间, 而根据 (1) 的结果, $\mathbb{C}(T)$ 是一个具有不可数维数的复向量空间, 矛盾! $\qquad\square$

引理 1.3.7 (Schur 引理) 设 $V \neq 0$ 是一个具有至多可数维数的不可约 g-模, 则

$$\mathrm{End}_{\mathfrak{g}}\, V \cong \mathbb{C}.$$

证明 由引理 1.3.6 存在 $c \in \mathbb{C}$, 使得 $\phi - c\,\mathrm{Id}_V$ 不是 V 上的可逆线性变换. 假设 $\mathrm{Ker}(\phi - c\,\mathrm{Id}_V) = \{0\}$, 由于 $V \neq 0$ 不可约, 从而 $\mathrm{Im}(\phi - c\,\mathrm{Id}_V) = V$, 则 $\phi - c\,\mathrm{Id}_V$ 是 V 上的可逆线性变换, 矛盾! 因此 $\mathrm{Ker}(\phi - c\,\mathrm{Id}_V) \neq \{0\}$, 又 $0 \neq V$ 不可约, 所以 $\mathrm{Ker}(\phi - c\,\mathrm{Id}_V) = V$, 则 $\phi = c\,\mathrm{Id}_V \in \mathbb{C}\,\mathrm{Id}_V$. $\qquad\square$

定义 1.3.8 设 V 是一个 g-模, 如果 V 不能分解成两个非平凡子模 (指除 0 和 V 以外的子模) 的直和, 则称 V 是**不可分解模**.

给定李代数 g 的两个不可分解表示 (例如不可约表示) V 与 N, 如何将 $V \otimes N$ 分解成一些不可分解 g-模的直和? 即如何确定每个不可分解表示在张量积表示的分解中的重数? 这是李代数的表示理论中的一个基本问题.

定义 1.3.9 设 V 是一个 g-模, 若 V 能够分解成一些单 g-模的直和, 则称 V 是**半单 g-模** (或**完全可约表示**).

下面是半单表示理论中的标准结果.

引理 1.3.10 设 g 是一个有限维复李代数, V 是一个有限维 g-模, 则下述等价:

(1) V 是半单 g-模;

(2) V 是一些单 g-模的和;

(3) V 的每个子模 N 都有补子模, 即存在 V 的另一个子模 U 使得 $V = N \oplus U$.

下面这个定理是有限维复半单李代数的有限维表示的经典结果.

定理 1.3.11 (Weyl 完全可约性) 设 g 是有限维复半单李代数, V 是一个有限维 g-模, 则 V 是半单 g-模.

证明　留作习题.　　　　　　　　　　　　　　　　　　　　　　　　□

习　题　1.3

习题 1.3.12　设 V, N 是两个 $\mathfrak{g}$-模, 验证 $\mathrm{Hom}_{\mathbb{C}}(V, N)$ 上有一个自然的 $\mathfrak{g}$-模结构定义如下:

$$\forall x \in \mathfrak{g}, \forall f \in \mathrm{Hom}_{\mathbb{C}}(V, N), \quad (x \cdot f)(v) := x \cdot f(v) - f(x \cdot v), \quad \forall v \in V.$$

习题 1.3.13　设 V, N 是两个 $\mathfrak{g}$-模, 考虑典范线性映射 $\theta : V^* \otimes N \to \mathrm{Hom}_{\mathbb{C}}(V, N)$, 其中

$$\forall f \in V^*, \forall n \in N, \quad \theta(f \otimes n)(v) := f(v)n, \quad \forall v \in V.$$

证明 θ 是一个 $\mathfrak{g}$-模同态. 进一步, 若 $\dim_{\mathbb{C}} V < \infty$, 则 θ 是一个 $\mathfrak{g}$-模同构.

习题 1.3.14　试举一个例子说明 Schur 引理对于无限维的不可约 $\mathfrak{g}$-模有可能不成立.

习题 1.3.15　证明定理 1.3.11.

习题 1.3.16　举例说明存在李代数 $\mathfrak{g}$, 使得 $\mathfrak{g}$ 有不完全可约的有限维表示.

1.4　$\mathfrak{sl}_2$ 的表示

作为唯一的秩一的单李代数, $\mathfrak{sl}_2$ 是最简单的也是最重要的单李代数, 它的表示是所有半单李代数的表示理论的基石, 本节将介绍 $\mathfrak{sl}_2$ 的表示的基本知识.

回忆 e, f, h 是例 1.1.8 中给出的 $\mathfrak{sl}_2$ 的 $\mathbb{C}$-基. 设 V 是一个 $\mathfrak{sl}_2$-模 (不要求是有限维的). 对任意 $\lambda \in \mathbb{C}$, 令 $V_\lambda = \{v \in V \mid h \cdot v = \lambda v\}$, 若 $V_\lambda \neq 0$, 则称 V_λ 是 V 的**权空间**, λ 是 V 的**权**, V_λ 中的非零向量称为权为 λ 的**权向量**.

引理 1.4.1　设 V 是一个 $\mathfrak{sl}_2$-模, 则

(1) $eV_\lambda \subseteq V_{\lambda+2}, fV_\lambda \subseteq V_{\lambda-2}$;

(2) $N = \bigoplus_{\lambda \in \mathbb{C}} V_\lambda$ 是 V 的子模;

(3) 若 V 是有限维的, 则 $V = N$.

证明　(1) 和 (2) 是平凡的. 对于 (3), 根据 Weyl 完全可约性定理, 不妨设 V 是不可约 $\mathfrak{sl}_2$-模, 注意到 h 在复向量空间 V 上一定存在特征向量, 所以 N 是 V 的非零子模, 从而 $V = N$.　　　　　　　　　　　　　　　　　　　　□

定义 1.4.2　设 V 是一个 $\mathfrak{sl}_2$-模, $\lambda \in \mathbb{C}, 0 \neq v \in V_\lambda$ 是一个权向量. 如果满足 $e \cdot v = 0$, 则称 v 是 V 的一个权为 λ 的**极大向量**. 进一步, 若 V 作为 $\mathfrak{sl}_2$-模可由 v 生成, 则称 V 是**最高权模**, v 是 V 的**最高权向量**, λ 是 V 的**最高权**.

引理 1.4.3　设 $m \in \mathbb{N}$, $L(m)$ 是具有基 $\{v_0, v_1, \cdots, v_m\}$ 的一个 $m+1$ 维复向量空间, 令 $v_{-1} := 0, v_{m+1} := 0$, 按如下方式定义 e, f, h 在 $L(m)$ 上的作用:

$$\forall 0 \leqslant i \leqslant m, \quad e \cdot v_i := (m-i+1)v_{i-1}, \quad f \cdot v_i := (i+1)v_{i+1}, \quad h \cdot v_i := (m-2i)v_i.$$

则上述定义给出了 $L(m)$ 上的 $\mathfrak{sl}_2$-模结构, 满足:

(1) v_0 是权为 m 的极大向量, $L(m)$ 作为 $\mathfrak{sl}_2$-模可由 v_0 生成;

(2) $L(m) = \bigoplus_{0 \leqslant i \leqslant m} L(m)_{m-2i}$, 其中 $L(m)_{m-2i} = \mathbb{C}v_i$.

证明 按照定义直接验算在每个基向量 v_i 上,

$$[e, f] \cdot v_i = h \cdot v_i, \quad [h, e] \cdot v_i = 2e \cdot v_i, \quad [h, f] \cdot v_i = 2f \cdot v_i.$$

所以 $L(m)$ 在上述定义下成为一个 $\mathfrak{sl}_2$-模. 再根据定义, (1) 和 (2) 是显然的. □

定理 1.4.4 设 $m \in \mathbb{N}$, 则 $L(m)$ 是 $m+1$ 维不可约 $\mathfrak{sl}_2$-模. 进一步, 若 V 是任意 $m+1$ 维不可约 $\mathfrak{sl}_2$-模, 则 $V \cong L(m)$. 从而映射 $m \mapsto L(m)$ 给出了自然数集与有限维不可约 $\mathfrak{sl}_2$-模的同构类之间的一个双射.

证明 设 N 是 $L(m)$ 的非零子模, 则根据习题 1.4.8, 一定存在某个权向量 v_i 属于 N. 又根据 $L(m)$ 的构造, v_i 可生成整个 $L(m)$, 所以 $N = L(m)$, 故 $L(m)$ 是不可约的.

设 V 是一个 $m+1$ 维不可约 $\mathfrak{sl}_2$-模, 根据引理 1.4.1(3), V 可分解为有限多个非零权空间的直和. 又根据引理 1.4.1(1), 一定存在 $V_\lambda \neq 0$, 使得 $eV_\lambda = 0$. 取 $0 \neq v \in V_\lambda$, 对每个 $i \geqslant 0$, 令 $w_i := \frac{1}{i!}f^i \cdot v$, 则

$$w_i \in V_{\lambda-2i}, \quad h \cdot w_i = (\lambda - 2i)w_i, \quad f \cdot w_i = (i+1)w_{i+1}.$$

对 i 归纳可证明 $e \cdot w_i = (\lambda - i + 1)w_{i-1}$. 由于 V 只有有限多个非零权空间, 所以存在非负整数 n, 使得 $w_n \neq 0$, $w_{n+1} = 0$, 从而 $W_n := \mathbb{C}\text{-Span}\{w_0, w_1, \cdots, w_n\}$ 是 V 的一个 $n+1$ 维的非零子模, 又 V 是不可约的, 所以 $V = W_n$, $m = n$. 此外, 注意到 $0 = e \cdot w_{n+1} = (\lambda - n)w_n$, 所以 $\lambda = n = m$. 进一步, $v_i \mapsto w_i$, $0 \leqslant i \leqslant m$ 给出了 $L(m)$ 到 V 的同构 □

推论 1.4.5 设 V 是有限维 $\mathfrak{sl}_2$-模, 则 V 完全可约. 若当 V 分解为不可约 $\mathfrak{sl}_2$-模的直和时直和项的个数为 k, 则 $k = \dim_{\mathbb{C}} V_0 + \dim_{\mathbb{C}} V_1$, 其中 V_0, V_1 分别是权 0 和权 1 对应的权空间.

定理 1.4.6 (Clebsch-Gordon 公式) 设 $m, n \in \mathbb{N}$ 是两个自然数并且 $m \geqslant n$, 则存在 $\mathfrak{sl}_2$-模同构

$$L(n) \otimes L(m) \cong L(m) \otimes L(n) \cong L(m+n) \oplus L(m+n-2) \oplus \cdots \oplus L(m-n).$$

证明 设 $L(m) = \bigoplus_{0 \leqslant i \leqslant m} \mathbb{C}v_i$, v_i 是权为 $m-2i$ 的权向量, $L(n) = \bigoplus_{0 \leqslant j \leqslant n} \mathbb{C}u_j$, u_j 是权为 $n-2j$ 的权向量. 令 $V := L(m) \otimes L(n)$, 则

$$\{v_i \otimes u_j \mid 0 \leqslant i \leqslant m, 0 \leqslant j \leqslant n\}$$

是 V 的基. 任意 $0 \leqslant k \leqslant m+n$, 令

$$V_{m+n-2k} = \mathbb{C}\text{-}\mathrm{Span}\{v_i \otimes u_j \mid i+j=k, 1 \leqslant i \leqslant m, 1 \leqslant j \leqslant n\},$$

则 $V = \bigoplus_{0 \leqslant k \leqslant m+n} V_{m+n-2k}$. 设 $V \cong \bigoplus_{i \in I} L(\lambda_i)$, 其中 I 是有限指标集, $\lambda_i \in \mathbb{N}$. 注意到 $\forall 0 \leqslant s \leqslant n$, $\dim_{\mathbb{C}} V_{m+n-2s} = s+1$, 结合有限维不可约 $\mathfrak{sl}_2$-模的结构可知, 直和 $\bigoplus_{i \in I} L(\lambda_i)$ 中一定包含下面 $n+1$ 个直和项

$$L(m+n),\ L(m+n-2),\ \cdots,\ L(m-n).$$

考察 V 和 $\bigoplus_{k=0}^{n} L(m+n-2k)$ 的维数 (都具有维数 $mn+m+n+1$) 可知

$$V \cong L(m+n) \oplus L(m+n-2) \oplus \cdots \oplus L(m-n).$$

定义线性映射

$$P : L(m) \otimes L(n) \to L(n) \otimes L(m), \quad v \otimes u \mapsto u \otimes v,$$

则 P 是线性同构. 又根据定义 $\forall x \in \mathfrak{g}, \forall v \in L(m), \forall u \in L(n)$,

$$P\big(x \cdot (v \otimes u)\big) = P\big((x \cdot v) \otimes u + v \otimes (x \cdot u)\big) = (x \cdot u) \otimes v + u \otimes (x \cdot v) = x \cdot P(v \otimes u).$$

所以 P 是 $\mathfrak{g}$-模同构. $\qquad\qquad\qquad\qquad\qquad\qquad\qquad\qquad\qquad\qquad\qquad\qquad\qquad$ □

注记 1.4.7　$\mathfrak{sl}_2$ 除了有限维不可约表示, 还有很多无限维不可约表示, 例如, 考虑 $V := \mathbb{C}[x]$,

$$e \mapsto \frac{d}{dx}, \quad h \mapsto -2x\frac{d}{dx}, \quad f \mapsto -x^2\frac{d}{dx},$$

则这就定义了 $\mathfrak{sl}_2$ 的一个无限维不可约表示.

设 $\lambda \in \mathbb{C}$, $\Delta(\lambda)$ 是一个具有一组可数基 $\{u_0, u_1, \cdots, u_m, \cdots\}$ 的无限维复向量空间. 定义 $\mathfrak{sl}_2$ 在 $\Delta(\lambda)$ 上的作用:

$$\begin{aligned} h \cdot u_i &:= (\lambda - 2i)u_i, \\ f \cdot u_i &:= u_{i+1}, \\ e \cdot u_i &:= \begin{cases} 0, & i = 0, \\ i(\lambda - i + 1)u_{i-1}, & i > 0. \end{cases} \end{aligned} \tag{1.4.1}$$

直接验证, $\Delta(\lambda)$ 成为一个最高权 $\mathfrak{sl}_2$-模, u_0 是最高权向量. 显然,

$$\Delta(\lambda) = \bigoplus_{k \in \mathbb{Z}^{\geqslant 0}} \Delta(\lambda)_{\lambda-2k}, \quad \Delta(\lambda)_{\lambda-2k} = \mathbb{C}u_k.$$

$\Delta(\lambda)$ 称为 $\mathfrak{sl}_2$ 的最高权为 λ 的 **Verma 模**.

习 题 1.4

习题 1.4.8 设 V 是一个 $\mathfrak{sl}_2$-模, 满足 $V = \bigoplus_{\lambda \in \mathbb{C}} V_\lambda$. 若 N 是 V 的子模, 证明 $N = \bigoplus_{\lambda \in \mathbb{C}} N_\lambda$.

习题 1.4.9 设 $\lambda \in \mathbb{C}$.

(1) 若 $\lambda \notin \mathbb{N}$, 则 Verma 模 $\Delta(\lambda)$ 是单 $\mathfrak{sl}_2$-模;

(2) 若 $\lambda \in \mathbb{N}$, $N(\lambda)$ 是由 $\{u_i \mid i \geqslant \lambda + 1\}$ 张成的子空间, 则 $N(\lambda)$ 是 $\Delta(\lambda)$ 的唯一的极大子模且同构于 $\Delta(-\lambda - 2)$, 这时 $L(\lambda) \cong \Delta(\lambda)/N(\lambda)$.

1.5 Jordan 分解、Killing 型与 Cartan 准则

回忆线性代数中的知识. 设 V 是有限维复向量空间, $x \in \mathrm{End}_{\mathbb{C}} V$, 可适当地选取 V 的一组基, 使得 x 在这组基下的矩阵是 Jordan 矩阵. 用 x_s 表示 Jordan 矩阵的对角线部分对应的线性变换, x_n 表示 Jordan 矩阵的上三角部分对应的线性变换, 显然 $x = x_s + x_n$ 且 $x_s x_n = x_n x_s$, 称这个分解是 x 的 Jordan 分解. 若 $x_n = 0$, 则称 x 是 **半单的**. 本节一开始就来证明 x_s 和 x_n 实际上都可表示为无常数项的多项式在 x 处的赋值. 本节最后将给出有限维复半单李代数 $\mathfrak{g}$ 中元素的某种内蕴的抽象 Jordan 分解, 使得它与 $\mathfrak{g}$ 的任意有限维表示中对应线性变换的 Jordan 分解相吻合.

命题 1.5.1 (Jordan 分解) 设 V 是有限维复向量空间, 固定 $x \in \mathrm{End}_{\mathbb{C}} V$, 则存在 V 上的唯一的半单线性变换 x_s 和幂零线性变换 x_n, 使得 $x = x_s + x_n$ 并且 $x_s x_n = x_n x_s$. 进一步, 设 $\mathbb{C}[T]$ 是只含一个未定元 T 的多项式环, 则 $\mathbb{C}[T]$ 中存在不含常数项的两个多项式 $p(T)$ 和 $q(T)$, 使得 $x_s = p(x)$, $x_n = q(x)$. 称 $x = x_s + x_n$ 是 x 的 **Jordan 分解**.

证明 设 $f(T) = (T - \lambda_1)^{a_1} \cdots (T - \lambda_r)^{a_r}$ 是 x 的特征多项式, 其中 $\lambda_1, \cdots, \lambda_r$ 互不相同. 令 $V_i := \mathrm{Ker}(x - \lambda_i \, \mathrm{Id}_V)^{a_i}$, 称 V_i 是对应特征值 λ_i 的广义特征子空间且 $(T - \lambda_i)^{a_i}$ 是 $x \!\downarrow_{V_i}$ 的特征多项式. 利用中国剩余定理, 存在多项式 $p(T)$, 满足

$$p(T) \equiv \lambda_i \mod (T - \lambda_i)^{a_i}, \quad i = 1, \cdots, r,$$

$$p(T) \equiv 0 \mod T.$$

则 $p(T)$ 无常数项且 $\forall v \in V_i$, $p(x)(v) = \lambda_i v$. 又令 $q(T) := T - p(T)$, 则 $q(T)$ 无常数项且 $\forall v \in V_i$, $q(x)^{a_i}(v) = (x - \lambda_i \, \mathrm{Id}_V)^{a_i}(v) = 0$. 令 $x_s := p(x)$, $x_n := q(x)$, 由于 $V = V_1 \oplus \cdots \oplus V_r$, 所以 x_s 是半单的, x_n 是幂零的, 并且 $x_s x_n = x_n x_s$.

最后来证明唯一性, 设 $x = x_s' + x_n'$, 其中 x_s' 是半单的, x_n' 是幂零的, 并且 $x_s' x_n' = x_n' x_s'$. 那么 x_s', x_n' 都与 x 可交换, 从而 x_s' 与 x_s 可交换, x_n' 与 x_n 可交换, 所以 $x_s - x_s' = x_n' - x_n$ 既是幂零的又是半单的, 所以 $x_s' = x_s$, $x_n' = x_n$. $\qquad\square$

引理 1.5.2   设 V 是有限维复向量空间, $x \in \mathrm{End}_{\mathbb{C}} V$, 若 x 有 Jordan 分解 $x = x_s + x_n$, 则 $\mathrm{ad}\, x = \mathrm{ad}\, x_s + \mathrm{ad}\, x_n$ 是 $\mathrm{ad}\, x$ 在 $\mathrm{End}_{\mathbb{C}}(\mathrm{End}_{\mathbb{C}} V)$ 中的 Jordan 分解.

证明   设 $\dim_{\mathbb{C}} V = n$, 取 V 的一个 $\mathbb{C}$-基 $v_1, \cdots, v_n$, 使得 x_s 在这组基下的矩阵是对角矩阵 $\mathrm{diag}\{\lambda_1, \cdots, \lambda_n\}$, 用 $e_{ij}(1 \leqslant i, j \leqslant n)$ 表示在基 $v_1, \cdots, v_n$ 下对应矩阵单位 $E_{i,j}$ 的线性变换, 则 $\{e_{ij} \mid 1 \leqslant i, j \leqslant n\}$ 是 $\mathrm{End}_{\mathbb{C}}(\mathrm{End}_{\mathbb{C}} V)$ 的一组基, 并且 $\mathrm{ad}\, x_s(e_{ij}) = (\lambda_i - \lambda_j) e_{ij}$. 所以 $\mathrm{ad}\, x_s$ 是半单的, 又根据引理 1.2.14, $\mathrm{ad}\, x_n$ 是幂零的, 且 $[\mathrm{ad}\, x_s, \mathrm{ad}\, x_n] = \mathrm{ad}[x_s, x_n] = 0$, 所以 $\mathrm{ad}\, x = \mathrm{ad}\, x_s + \mathrm{ad}\, x_n$ 是 $\mathrm{ad}\, x$ 的 Jordan 分解. $\qquad\square$

引理 1.5.3   设 A 是任一个有限维代数 (不要求是结合的), $\mathrm{Der}\, A$ 是 A 上的全体导子组成的子空间, $x \in \mathrm{Der}\, A$, 若 $x = x_s + x_n$ 是 x 在 $\mathrm{End}_{\mathbb{C}} A$ 中的 Jordan 分解, 则 $x_s, x_n \in \mathrm{Der}\, A$.

证明   由于 $\mathrm{Der}\, A$ 是线性空间, 所以只需证明半单部分 $x_s \in \mathrm{Der}\, A$. 对任意 $\lambda \in \mathbb{C}$,

$$A_\lambda := \{a \in A \mid (x - \lambda)^n(a) = 0, \ n \gg 0\},$$

则 $A_\lambda = 0$ 或者 A_λ 是 x 的对应特征值 λ 的广义特征子空间, 那么 x_s 在 A_λ 上的作用是数乘 λ. 下面来证明 $\forall \lambda, \mu \in \mathbb{C}$, $A_\lambda A_\mu \subseteq A_{\lambda+\mu}$. 对 n 归纳可证明公式:

$$\left(x - (\lambda + \mu)\right)^n(ab) = \sum_{i=0}^{n} \binom{n}{i} \left((x - \lambda)^{n-i} a\right) \left((x - \mu)^i b\right). \tag{1.5.1}$$

因此若 $a \in A_\lambda$, $b \in A_\mu$, 则 $n \gg 0$ 时, 可使得 $\left(x - (\lambda + \mu)\right)^n(ab) = 0$, 即 $ab \in A_{\lambda+\mu}$. 这时 $x_s(ab) = (\lambda + \mu)ab = x_s(a)b + a x_s(b)$, 又 $A = \bigoplus_{\lambda \in \mathbb{C}} A_\lambda$, 所以 $x_s \in \mathrm{Der}\, A$. $\qquad\square$

接下来要讨论的 Killing 型是研究有限维李代数的一个重要工具, 利用 Killing 型将给出判别李代数可解的 Cartan 准则.

定义 1.5.4   设 $\mathfrak{g}$ 是一个复李代数, 定义 $\mathfrak{g}$ 上的双线性型

$$\kappa : \mathfrak{g} \times \mathfrak{g} \longrightarrow \mathbb{C}, \quad (x, y) \mapsto \mathrm{Tr}(\mathrm{ad}\, x\, \mathrm{ad}\, y),$$

称 κ 是 $\mathfrak{g}$ 上的 Killing 型.

Killing 型是**对称的**, 即 $\forall x, y \in \mathfrak{g}$, $\kappa(x, y) = \kappa(y, x)$; 同时 Killing 型还是**结合的**(或者称为**不变的**), 即 $\forall x, y, z \in \mathfrak{g}$, $\kappa([x, y], z) = \kappa(x, [y, z])$.

引理 1.5.5   设 I 是李代数 $\mathfrak{g}$ 的理想, κ 是 $\mathfrak{g}$ 上的 Killing 型, κ_I 是 I 上的 Killing 型, 则 $\kappa_I = \kappa \downarrow_I$.

证明   留作习题. $\qquad\square$

设 V 是一个有限维复向量空间, $\mathfrak{g} \subseteq \mathfrak{gl}(V)$ 是一个可解李代数, 根据李定理, 存在 V 的 $\mathbb{C}$-基, 使得 $\mathfrak{g}$ 中的线性变换在这个 $\mathbb{C}$-基下的矩阵都是上三角矩阵, 因此 $\forall x \in \mathfrak{g}$, $\forall y \in [\mathfrak{g}, \mathfrak{g}]$, $\mathrm{Tr}(xy) = 0$.

引理 1.5.6 设 $A \subseteq B$ 是 $\mathfrak{gl}(V)$ 的两个子空间, V 是有限维复向量空间, 令

$$M := \{x \in \mathfrak{gl}(V) \mid [x, B] \subseteq A\}.$$

若 $x \in M$ 满足 $\forall y \in M$, $\mathrm{Tr}(xy) = 0$, 则 x 是幂零的.

证明 设 $\dim_{\mathbb{C}} V = m$, $x = x_s + x_n$ 是 x 的 Jordan 分解. 取 V 的一个 $\mathbb{C}$-基 $v_1, \cdots, v_m$ 使得 x_s 在这组基下的矩阵是对角矩阵 $\mathrm{diag}(a_1, \cdots, a_m)$. 要证明 $x_s = 0$, 只需证明 $\forall 1 \leqslant i \leqslant m$, $a_i = 0$. 将 $\mathbb{C}$ 看作有理数域 $\mathbb{Q}$ 上的向量空间, 设 E 是由 $a_1, \cdots, a_m$ 生成的 $\mathbb{Q}$-子空间, 下面来证明 $E = 0$. 事实上, 只需证明 $E^* := \mathrm{Hom}_{\mathbb{Q}}(E, \mathbb{Q}) = 0$ 即可.

设 $f \in E^*$, y 表示在基 $v_1, \cdots, v_m$ 下对应对角矩阵 $\mathrm{diag}(f(a_1), \cdots, f(a_m))$ 的线性变换. 对任意 $1 \leqslant i, j \leqslant m$, 用 $e_{ij} \in \mathfrak{gl}(V)$ 表示在基 $v_1, \cdots, v_m$ 下对应矩阵单位 $E_{i,j}$ 的线性变换, 则

$$(\mathrm{ad}\, x_s)e_{ij} = (a_i - a_j)e_{ij}, \quad (\mathrm{ad}\, y)e_{ij} = (f(a_i) - f(a_j))e_{ij}.$$

一方面, 注意到 f 是线性函数, 若 $a_i - a_j = a_k - a_l$, 则 $f(a_i) - f(a_j) = f(a_k) - f(a_l)$, 所以可以构造拉格朗日差值多项式 $r(T) \in \mathbb{C}[T]$, 使得 $r(a_i - a_j) = f(a_i) - f(a_j)$, 从而 $r(\mathrm{ad}\, x_s) = \mathrm{ad}\, y$; 另一方面, 注意到若 $a_i - a_j = 0$, 则 $f(a_i) - f(a_j) = 0$, 所以 $r(T) \in T\mathbb{C}[T]$ 无常数项. 又存在 $p(T) \in T\mathbb{C}[T]$ 使得 $\mathrm{ad}\, x_s = p(\mathrm{ad}\, x)$, 所以存在 $q(T) \in T\mathbb{C}[T]$, 使得 $q(\mathrm{ad}\, x) = \mathrm{ad}\, y$, 又 $(\mathrm{ad}\, x)B \subseteq A$, 所以 $(\mathrm{ad}\, y)B \subseteq A$, 即 $y \in M$. 根据已知条件, 有 $0 = \mathrm{Tr}(xy) = \sum_{i=1}^{m} a_i f(a_i)$, 等式两端用 f 作用得 $\sum_{i=1}^{m} f(a_i)^2 = 0$, 又 $f(a_i)$ 是有理数, 所以 $\forall 1 \leqslant i \leqslant m$, $f(a_i) = 0$, 即 $f = 0$. $\qquad\square$

引理 1.5.7 设 V 是 n 维复向量空间, $\mathfrak{g}$ 是 $\mathfrak{gl}(V)$ 的李子代数. 则 $\mathfrak{g}$ 是可解李代数当且仅当 $\forall x \in \mathfrak{g}$, $\forall y \in [\mathfrak{g}, \mathfrak{g}]$, $\mathrm{Tr}(xy) = 0$.

证明 引理 1.5.6 的前面一段的讨论证明了必要性. 下面证明充分性. 要证明 $\mathfrak{g}$ 是可解的, 只需证明 $[\mathfrak{g}, \mathfrak{g}]$ 是幂零的, 根据 Engel 定理, 只需证明 $[\mathfrak{g}, \mathfrak{g}]$ 中的元素是 ad-幂零的, 根据引理 1.2.14, 只需证明 $\forall a \in [\mathfrak{g}, \mathfrak{g}]$ 是幂零的. 在引理 1.2.14 中, 取 $A = [\mathfrak{g}, \mathfrak{g}]$, $B = \mathfrak{g}$, $M = \{x \in \mathfrak{gl}(V) \mid [x, \mathfrak{g}] \subseteq [\mathfrak{g}, \mathfrak{g}]\}$, 显然 $\mathfrak{g} \subseteq M$. 对 $\forall x, y \in \mathfrak{g}$, $\forall z \in M$, $\mathrm{Tr}([x, y]z) = \mathrm{Tr}(x[y, z])$, 由于 $[y, z] \in [\mathfrak{g}, \mathfrak{g}]$, 根据已知条件, $\mathrm{Tr}(x[y, z]) = 0$. 因此 $\forall a \in [\mathfrak{g}, \mathfrak{g}]$, $\forall z \in M$, $\mathrm{Tr}(az) = 0$, 根据引理 1.5.6 可知 a 是幂零的. $\qquad\square$

定理 1.5.8 (Cartan 准则) 设 $\mathfrak{g}$ 是有限维复李代数, 则 $\mathfrak{g}$ 是可解李代数当且仅当 $\forall x \in \mathfrak{g}$, $\forall y \in [\mathfrak{g}, \mathfrak{g}]$, $\kappa(x, y) = 0$.

证明 考虑 $\mathfrak{g}$ 的伴随表示, 若 $\mathfrak{g}$ 可解, 则 $\mathrm{ad}\,\mathfrak{g}$ 也可解, 利用引理 1.5.7 的必要性即得 $\forall x \in \mathfrak{g}$, $\forall y \in [\mathfrak{g}, \mathfrak{g}]$, $\kappa(x, y) = 0$. 对于充分性, 利用引理 1.5.7 的充分性即得 $\mathfrak{g}/\mathfrak{z}(\mathfrak{g}) \cong \mathrm{ad}\,\mathfrak{g}$ 是可解的, 所以 $\mathfrak{g}$ 是可解的. $\qquad\square$

设 $\mathfrak{g}$ 是一个有限维复李代数, 回忆 $\mathrm{rad}\,\mathfrak{g}$ 是 $\mathfrak{g}$ 的唯一的极大可解理想.

定理 1.5.9　设 $\mathfrak{g} \neq 0$ 是一个有限维复李代数, 那么下述等价:

(1) $\mathfrak{g}$ 是半单李代数;

(2) $\operatorname{rad}\mathfrak{g} = 0$;

(3) $\mathfrak{g}$ 上的 Killing 型 κ 是非退化的;

(4) $\mathfrak{g}$ 无非零的 Abel 理想.

证明　$(2) \Rightarrow (3)$. 令

$$S := \{x \in \mathfrak{g} \mid \kappa(x,y) = 0, \forall y \in \mathfrak{g}\},$$

则 S 是 $\mathfrak{g}$ 的一个理想. 根据 S 的定义, 对 $\forall x \in S, \forall y \in [S,S]$, $\kappa_S(x,y) = \kappa(x,y) = 0$, 由 Cartan 准则知 S 可解, 又 $\operatorname{rad}\mathfrak{g} = 0$, 所以 $S = 0$, κ 非退化.

$(3) \Rightarrow (4)$. 若 I 是 $\mathfrak{g}$ 的一个 Abel 理想, 则 $\forall x \in I, \forall y \in \mathfrak{g}$,

$$(\operatorname{ad}x \operatorname{ad}y)^2\mathfrak{g} \subseteq [I,I] = 0,$$

所以 $\operatorname{ad}x\operatorname{ad}y$ 是幂零的, 从而 $\kappa(x,y) = \operatorname{Tr}(\operatorname{ad}x\operatorname{ad}y) = 0$, 所以 $x \in S$, 即 $I \subseteq S$, 但由 κ 非退化知 $S = 0$, 从而 $I = 0$.

$(4) \Rightarrow (2)$. 假若理想 $I := \operatorname{rad}\mathfrak{g} \neq 0$, 则一定存在某个非负整数 m, 使得 $I^{(m)} \neq 0$ 而 $I^{(m+1)} = 0$, 则 $I^{(m)}$ 是非零 Abel 理想, 矛盾!

$(1) \Rightarrow (2)$. 假若 $\operatorname{rad}\mathfrak{g} \neq 0$, 则根据引理 1.1.22, 可知 $\operatorname{rad}\mathfrak{g}$ 是半单李代数, 这与 $\operatorname{rad}\mathfrak{g}$ 可解矛盾!

$(2) \Rightarrow (1)$. 因为 $\operatorname{rad}\mathfrak{g} = 0$, 所以 $\mathfrak{g}$ 不是 Abel 李代数并且 $\dim_{\mathbb{C}}\mathfrak{g} \geqslant 3$ (事实上, 若 $\dim_{\mathbb{C}}\mathfrak{g} = 1$ 或 2, 则 $\mathfrak{g}$ 是可解李代数). 对 $\dim_{\mathbb{C}}\mathfrak{g}$ 归纳, 若 $\dim_{\mathbb{C}}\mathfrak{g} = 3$, 则 $\mathfrak{g}$ 一定是单李代数 (否则, $\mathfrak{g}$ 中含有一维或二维可解理想, 这与 $\operatorname{rad}\mathfrak{g} = 0$ 矛盾!), 结论成立. 下设 $\dim_{\mathbb{C}}\mathfrak{g} > 3$, 若 $\mathfrak{g}$ 是单李代数, 结论显然成立. 下设 $\mathfrak{g}$ 不是单李代数, 取 $\mathfrak{g}$ 的一个非零真理想 I, 令 $I^{\perp} := \{x \in \mathfrak{g} \mid \kappa(x,y) = 0, \forall y \in I\}$, 则 $I^{\perp}$ 也是 $\mathfrak{g}$ 的理想. 根据 $I^{\perp}$ 的定义, $\forall x \in I \cap I^{\perp}, \forall y \in [I \cap I^{\perp}, I \cap I^{\perp}]$, $0 = \kappa(x,y) = \kappa_{I \cap I^{\perp}}(x,y)$, 由, Cartan 准则知 $I \cap I^{\perp}$ 是可解理想, 所以 $I \cap I^{\perp} = \{0\}$. 又根据 (2) 和 (3) 的等价性可知 $\dim_{\mathbb{C}}I + \dim_{\mathbb{C}}I^{\perp} = \dim_{\mathbb{C}}\mathfrak{g}$, 所以 $\mathfrak{g} = I \oplus I^{\perp}$. 那么 $I, I^{\perp}$ 的理想也是 $\mathfrak{g}$ 的理想, 所以 $\operatorname{rad}I = 0$, $\operatorname{rad}I^{\perp} = 0$. 又 $\dim_{\mathbb{C}}I < \dim_{\mathbb{C}}\mathfrak{g}$, $\dim_{\mathbb{C}}I^{\perp} < \dim_{\mathbb{C}}\mathfrak{g}$, 根据归纳假设, I 和 $I^{\perp}$ 都可写作单理想的直和, 所以 $\mathfrak{g}$ 可写作单理想的直和.　　　□

推论 1.5.10　设 $\mathfrak{g}$ 是一个有限维复李代数, 则 $\mathfrak{g}/\operatorname{rad}\mathfrak{g}$ 是半单李代数.

定理 1.5.11　设 $\mathfrak{g}$ 是复半单李代数, 则 $\operatorname{ad}\mathfrak{g} = \operatorname{Der}\mathfrak{g}$.

证明　记 $M := \operatorname{ad}\mathfrak{g}$, $D := \operatorname{Der}\mathfrak{g}$, κ_M 和 κ_D 分别是 M, D 上的 Killing 型. 因为 M 是 D 的理想, 所以 $\kappa_M = \kappa_D \downarrow_M$. 又由于 $\mathfrak{g}$ 是半单的, 所以 M 也是半单的, 从而 κ_M 是非退化的, 则 $D = M \oplus M^{\perp}$, 其中

$$M^\perp := \{x \in D \mid \kappa_D(x, y) = 0, \forall y \in M\}$$

也是 D 的理想. 设 $\delta \in M^\perp$, 则 $\forall x \in \mathfrak{g}$, $0 = [\delta, \mathrm{ad}\, x] = \mathrm{ad}\,\delta(x)$. 又因为当 $\mathfrak{g}$ 半单时, 伴随表示 ad 是忠实的, 所以 $\delta(x) = 0$, 即 $\delta = 0$, 所以 $M^\perp = 0$, $M = D$. $\square$

设 $\mathfrak{g}$ 是复半单李代数, 则伴随表示 $\mathrm{ad} : \mathfrak{g} \to \mathfrak{gl}(\mathfrak{g})$ 是忠实的. 设 $x \in \mathfrak{g}$, 则 $\mathrm{ad}\, x \in \mathrm{ad}\,\mathfrak{g} = \mathrm{Der}\,\mathfrak{g}$ 的 Jordan 分解有如下形式: $\mathrm{ad}\, x = \mathrm{ad}\, x_s + \mathrm{ad}\, x_n$, $x_s, x_n \in \mathfrak{g}$, 其中 $\mathrm{ad}\, x_s$ 是半单部分, $\mathrm{ad}\, x_n$ 是幂零部分. 由于 ad 是忠实的, 可以推出

$$x = x_s + x_n \quad \text{且} \quad [x_s, x_n] = 0. \tag{1.5.2}$$

称 (1.5.2) 为 x 的**抽象 Jordan 分解**, 称 x_s 是 x 的**半单部分**, x_n 是 x 的**幂零部分**. 由于 $\mathrm{ad}\, x$ 的 Jordan 分解是唯一的且 ad 是忠实的, 故 x 的抽象 Jordan 分解唯一.

定理 1.5.12 设 V 是有限维复向量空间, $\mathfrak{g} \subseteq \mathfrak{gl}(V)$ 是复半单李代数, 则 $\forall x \in \mathfrak{g}$, x 作为 $\mathfrak{g}$ 中元素的抽象 Jordan 分解和 x 作为 $\mathrm{End}_{\mathbb{C}}\, V$ 中元素的 Jordan 分解一致.

证明 设 $x = x_s + x_n$ 是 $x \in \mathrm{End}_{\mathbb{C}}\, V$ 的 Jordan 分解, x_s 是半单部分, x_n 是幂零部分, 且 $[x_s, x_n] = 0$. 记 $\mathrm{ad} := \mathrm{ad}_{\mathfrak{gl}(V)}$, 根据引理 1.5.2, $\mathrm{ad}\, x = \mathrm{ad}\, x_s + \mathrm{ad}\, x_n$ 是 $\mathrm{ad}\, x \in \mathrm{End}_{\mathbb{C}}(\mathrm{End}_{\mathbb{C}}\, V)$ 的 Jordan 分解. 若 $x_s, x_n \in \mathfrak{g}$, 则 $\mathrm{ad}_{\mathfrak{g}}\, x = \mathrm{ad}_{\mathfrak{g}}\, x_s + \mathrm{ad}_{\mathfrak{g}}\, x_n$ 是 $\mathrm{ad}_{\mathfrak{g}}\, x \in \mathrm{End}_{\mathbb{C}}\, \mathfrak{g}$ 的 Jordan 分解. 从而 $x = x_s + x_n$ 是 $x \in \mathfrak{g}$ 的抽象 Jordan 分解, 因此下面只需证明 $x_s, x_n \in \mathfrak{g}$.

令 $N := N_{\mathfrak{gl}(V)}(\mathfrak{g}) := \{y \in \mathfrak{gl}(V) \mid [y, \mathfrak{g}] \subseteq \mathfrak{g}\}$(称 N 是 $\mathfrak{g}$ 在 $\mathfrak{gl}(V)$ 中的正规化子), 由于 $x \in \mathfrak{g} \subseteq N$, 而 $\mathrm{ad}\, x_s$, $\mathrm{ad}\, x_n$ 都是 $\mathrm{ad}\, x$ 的不含常数项的多项式, 所以 x_s, $x_n \in N$. 对于 V 的任意 $\mathfrak{g}$-子模 W, 定义

$$\mathfrak{g}_W := \{y \in \mathfrak{gl}(V) \mid y(W) \subseteq W,\ \mathrm{Tr}(y \downarrow_W) = 0\},$$

显然 $\mathfrak{g}_W$ 是子代数且 $\mathfrak{g} = [\mathfrak{g}, \mathfrak{g}] \subseteq \mathfrak{g}_W$. 此外, 由于 x_n 可写作 x 的无常数项的多项式, 所以 $x_n(W) \subseteq W$, 又 x_n 是幂零的, 所以 $\mathrm{Tr}(x_n \downarrow_W) = 0$, 则 $x_n \in \mathfrak{g}_W$, 从而 $x_s = x - x_n \in \mathfrak{g}_W$. 令

$$\mathfrak{g}' := N \cap \left(\bigcap_W \mathfrak{g}_W \right),$$

其中 W 取遍 V 的所有 $\mathfrak{g}$-子模. 根据以上讨论, $\mathfrak{g}'$ 是子代数, $\mathfrak{g} \subseteq \mathfrak{g}'$ 且 $x_s, x_n \in \mathfrak{g}'$. 因此, 下面只需证明 $\mathfrak{g}' = \mathfrak{g}$.

首先, 将 $\mathfrak{g}'$ 看作 $\mathfrak{g}$-模, 根据 Weyl 完全可约性定理, $\mathfrak{g}$ 作为 $\mathfrak{g}'$ 的 $\mathfrak{g}$-子模存在补子模, 即存在 $\mathfrak{g}'$ 的 $\mathfrak{g}$-子模 M 使得 $\mathfrak{g}' = \mathfrak{g} \oplus M$. 又由于 $\mathfrak{g}' \subseteq N$, 所以 $[\mathfrak{g}, \mathfrak{g}'] \subseteq \mathfrak{g}$, 从

而 $[\mathfrak{g}, M] \subseteq \mathfrak{g} \cap M = 0$, 即 $\forall y \in M$, $[\mathfrak{g}, y] = 0$. 设 W 是 V 的任意不可约 $\mathfrak{g}$-子模, 则 $y \in \operatorname{End}_{\mathfrak{g}} W$. 根据 Schur 引理, y 在 W 上是数乘作用, 又 $y \in M \subseteq \mathfrak{g}_W$, 所以 $\operatorname{Tr}(y \downarrow_W) = 0$, 从而 y 在 W 上是零作用. 再根据 Weyl 完全可约性定理, V 是完全可约的 $\mathfrak{g}$-模, 所以 y 在 V 上是零作用, 即 $y = 0$, 则 $M = 0$, $\mathfrak{g} = \mathfrak{g}'$. □

推论 1.5.13　设 $\mathfrak{g}$ 是有限维复半单李代数, V 是有限维复向量空间, $\phi : \mathfrak{g} \to \mathfrak{gl}(V)$ 是 $\mathfrak{g}$ 的一个表示. 若 $x = x_s + x_n$ 是 x 的抽象 Jordan 分解, 则 $\phi(x) = \phi(x_s) + \phi(x_n)$ 是 $\phi(x) \in \operatorname{End} V$ 的 Jordan 分解.

证明　根据定理 1.5.12, 只需证明 $\phi(x) = \phi(x_s) + \phi(x_n)$ 是 $\phi(x)$ 在 $\phi(\mathfrak{g})$ 中的抽象 Jordan 分解. 事实上, 设 $\dim_{\mathbb{C}} \mathfrak{g} = m$, 则存在 $\mathfrak{g}$ 的 $\mathbb{C}$-基 $y_1, \cdots, y_m$ 使得 $\operatorname{ad}_{\mathfrak{g}} x_s$ 在这个基下的矩阵是对角矩阵, 取 $\phi(y_1), \cdots, \phi(y_m)$ 中的一个极大线性无关组构成 $\phi(\mathfrak{g})$ 的 $\mathbb{C}$-基, 则 $\operatorname{ad}_{\phi(\mathfrak{g})} \phi(x_s)$ 在这个基下的矩阵是对角矩阵. 又存在正整数 N 使得 $(\operatorname{ad}_{\mathfrak{g}} x_n)^N \mathfrak{g} = 0$, 则 $0 = \phi((\operatorname{ad}_{\mathfrak{g}} x_n)^N \mathfrak{g}) = (\operatorname{ad}_{\phi(\mathfrak{g})} \phi(x_n))^N \phi(\mathfrak{g})$, 所以 $\operatorname{ad}_{\phi(\mathfrak{g})} \phi(x_n)$ 是幂零的. 此外, $[\phi(x_s), \phi(x_n)] = \phi([x_s, x_n]) = 0$, 所以 $\phi(x) = \phi(x_s) + \phi(x_n)$ 是 $\phi(x) \in \phi(\mathfrak{g})$ 的抽象 Jordan 分解. □

习　题　1.5

习题 1.5.14　设 I 是 $\mathfrak{g}$ 的理想, κ 是 $\mathfrak{g}$ 上的 Killing 型, κ_I 是 I 上的 Killing 型, 证明 $\kappa_I = \kappa \downarrow_I$.

习题 1.5.15　证明对于李代数 $\mathfrak{gl}_n$,

$$\kappa(x, y) = 2n \operatorname{Tr}(xy) - 2 \operatorname{Tr}(x) \operatorname{Tr}(y), \quad \forall x, y \in \mathfrak{gl}_n.$$

而对于李代数 $\mathfrak{sl}_n$,

$$\kappa(x, y) = 2n \operatorname{Tr}(xy), \quad \forall x, y \in \mathfrak{sl}_n.$$

1.6　单李代数的分类和简约李代数

下面这个定理给出了有限维复单李代数的分类.

定理 1.6.1 (有限维复单李代数的分类)　复数域 $\mathbb{C}$ 上的每个有限维单李代数都同构于如下中的唯一一个:

(1) 典型单李代数:

$A_n (n \geqslant 1)$ 型:　$\mathfrak{sl}_{n+1}$.

$$\mathfrak{sl}_{n+1} := \left\{ A = (a_{i,j})_{(n+1) \times (n+1)} \in \mathfrak{gl}_{n+1} \,\middle|\, \operatorname{Tr}(A) := \sum_{i=1}^{n+1} a_{i,i} = 0 \right\},$$

且 $\dim_{\mathbb{C}} \mathfrak{sl}_{n+1} = (n+1)^2 - 1$.

$B_n(n \geqslant 2)$ 型: $\mathfrak{so}_{2n+1}$. 令 $T := \begin{pmatrix} 1 & 0 & 0 \\ 0 & 0 & I_n \\ 0 & I_n & 0 \end{pmatrix}$, 其中 I_n 是 n 阶单位矩阵, 则

$$\mathfrak{so}_{2n+1} := \{A \in \mathfrak{gl}_{2n+1} | A^t T + TA = 0\}$$

$$= \left\{ \begin{pmatrix} 0 & C^t & -B^t \\ B & M & P \\ -C & Q & -M^t \end{pmatrix} \in \mathfrak{gl}_{2n+1} \middle| \begin{array}{c} M, P, Q \in \mathrm{M}_{n \times n}(\mathbb{C}), \\ B, C \in \mathrm{M}_{n \times 1}(\mathbb{C}), \\ P = -P^t, \quad Q = -Q^t \end{array} \right\},$$

且 $\dim_{\mathbb{C}} \mathfrak{so}_{2n+1} = 2n^2 + n$.

$C_n(n \geqslant 3)$ 型: $\mathfrak{sp}_{2n}$. 令 $T := \begin{pmatrix} 0 & I_n \\ -I_n & 0 \end{pmatrix}$, 则

$$\mathfrak{sp}_{2n} := \left\{ A \in \mathfrak{gl}_{2n} \middle| A^t T + TA = 0 \right\}$$

$$= \left\{ \begin{pmatrix} M & P \\ Q & -M^t \end{pmatrix} \in \mathfrak{gl}_{2n} \middle| \begin{array}{c} M, P, Q \in \mathrm{M}_{n \times n}(\mathbb{C}), \\ P = P^t, \quad Q = Q^t \end{array} \right\},$$

且 $\dim_{\mathbb{C}} \mathfrak{sp}_{2n} = 2n^2 + n$.

$D_n(n \geqslant 4)$ 型: $\mathfrak{so}_{2n}$. 令 $T := \begin{pmatrix} 0 & I_n \\ I_n & 0 \end{pmatrix}$, 则

$$\mathfrak{so}_{2n} := \left\{ A \in \mathfrak{gl}_{2n} \middle| A^t T + TA = 0 \right\}$$

$$= \left\{ \begin{pmatrix} M & P \\ Q & -M^t \end{pmatrix} \in \mathfrak{gl}_{2n} \middle| \begin{array}{c} M, P, Q \in \mathrm{M}_{n \times n}(\mathbb{C}), \\ P = -P^t, \quad Q = -Q^t \end{array} \right\},$$

且 $\dim_{\mathbb{C}} \mathfrak{so}_{2n} = 2n^2 - n$.

(2) 例外型单李代数:

G_2 型单李代数 $\mathfrak{g}(G_2)$. $\dim_{\mathbb{C}} \mathfrak{g}(G_2) = 14$, 并且 $\mathfrak{g}(G_2)$ 可以实现为一个 8 维的非结合代数 Cayley 代数的导子李代数.

F_4 型单李代数 $\mathfrak{g}(F_4)$. $\dim_{\mathbb{C}} \mathfrak{g}(F_4) = 52$, 并且 $\mathfrak{g}(F_4)$ 可以实现为一个非结合代数 Jordan 代数的导子李代数.

E_6 型单李代数 $\mathfrak{g}(E_6)$ 具有维数 78, E_7 型单李代数 $\mathfrak{g}(E_7)$ 具有维数 133, E_8 型单李代数 $\mathfrak{g}(E_8)$ 具有维数 248, 它们的具体构造也与非结合代数 Jordan 代数紧密相关, 参见文献 [50].

例 1.6.2 映射 $\begin{pmatrix} 0 & c & -b \\ b & m & 0 \\ -c & 0 & -m \end{pmatrix} \mapsto \begin{pmatrix} -m/2 & c/2 \\ b & m/2 \end{pmatrix}$ 给出了李代数同构 $\mathfrak{so}_3 \cong \mathfrak{sl}_2$.

定义 1.6.3　设 $\mathfrak{g}$ 是有限维复李代数, 若 $\mathfrak{z}(\mathfrak{g}) = \mathrm{rad}\,\mathfrak{g}$, 则称李代数 $\mathfrak{g}$ 为**简约李代数**.

例 1.6.4　任何半单李代数都是简约李代数. 一般线性李代数 $\mathfrak{gl}_n$ 就是一个非半单的简约李代数的例子.

引理 1.6.5　若复李代数 $\mathfrak{g}$ 是简约李代数, 则 $\mathfrak{g} = \mathfrak{z}(\mathfrak{g}) \oplus [\mathfrak{g}, \mathfrak{g}]$. 特别地, $[\mathfrak{g}, \mathfrak{g}] \cong \mathfrak{g}/\mathrm{rad}\,\mathfrak{g}$ 是半单李代数.

证明　因为 $\mathfrak{z}(\mathfrak{g}) = \mathrm{rad}\,\mathfrak{g}$, 所以 $[\mathrm{rad}\,\mathfrak{g}, \mathfrak{g}] = 0$. 进而 $\mathfrak{g}$ 和 $\mathrm{rad}\,\mathfrak{g}$ 都可自然地看作 $\mathfrak{g}/\mathrm{rad}\,\mathfrak{g}$-模, 又 $\mathfrak{g}/\mathrm{rad}\,\mathfrak{g}$ 是半单李代数, 所以 $\mathfrak{g}$ 中存在 $\mathfrak{g}/\mathrm{rad}\,\mathfrak{g}$-子模 $\mathfrak{g}'$, 使得 $\mathfrak{g} = \mathrm{rad}\,\mathfrak{g} \oplus \mathfrak{g}'$. 注意到 $[\mathfrak{g}, \mathfrak{g}'] = (\mathfrak{g}/\mathrm{rad}\,\mathfrak{g}) \cdot \mathfrak{g}' \subseteq \mathfrak{g}'$, 所以 $\mathfrak{g}'$ 是 $\mathfrak{g}$ 的理想, 又 $\mathfrak{g}' \cong \mathfrak{g}/\mathrm{rad}\,\mathfrak{g}$ 是半单李代数, 所以 $[\mathfrak{g}, \mathfrak{g}] = [\mathfrak{g}', \mathfrak{g}'] = \mathfrak{g}'$.　　　　$\square$

定义 1.6.6　若 $\mathfrak{g}$ 是一个有限维复李代数, 作为向量空间 $\mathfrak{g} = L \oplus I$, 其中 L 是 $\mathfrak{g}$ 的一个李子代数, I 是 $\mathfrak{g}$ 的一个理想, 则 $\mathfrak{g}$ 称为 L 与 I 的 (内)**半直积**, 记为 $\mathfrak{g} = L \ltimes I$. 此时若记 $\alpha : L \to \mathrm{Der}\,I$ 使得 $\forall x \in L$, $\alpha(x) = (\mathrm{ad}\,x) \downarrow_I$, 则 $\forall x, x' \in L$, $\forall y, y' \in I$,

$$[x + y, x' + y'] = [x, x'] + \big(\alpha(x)(y') - \alpha(x')(y) + [y, y']\big). \tag{1.6.1}$$

引理 1.6.7　设 $\mathrm{rad}\,\mathfrak{g}$ 是单 $\mathfrak{g}$-模, 则 $\mathfrak{g}$ 中存在同构于 $\mathfrak{g}/\mathrm{rad}\,\mathfrak{g}$ 的子代数 $\mathfrak{g}'$, 使得

$$\mathfrak{g} = \mathfrak{g}' \ltimes \mathrm{rad}\,\mathfrak{g}.$$

证明　若 $\mathrm{rad}\,\mathfrak{g} = 0$ 或 $\mathrm{rad}\,\mathfrak{g} = \mathfrak{g}$, 则结论是平凡的. 下设 $\mathfrak{g} \neq 0$ 既不半单又不可解. 换句话说, 设 $0 \subset \mathrm{rad}\,\mathfrak{g} \subset \mathfrak{g}$.

若 $\mathfrak{z}(\mathfrak{g}) \neq 0$, 则 $\mathfrak{z}(\mathfrak{g})$ 是 $\mathrm{rad}\,\mathfrak{g}$ 的非零 $\mathfrak{g}$-子模, 而根据条件 $\mathrm{rad}\,\mathfrak{g}$ 是单 $\mathfrak{g}$-模, 所以 $\mathfrak{z}(\mathfrak{g}) = \mathrm{rad}\,\mathfrak{g}$, 即 $\mathfrak{g}$ 是简约李代数, 根据引理 1.6.5, $\mathfrak{g} = \mathrm{rad}\,\mathfrak{g} \oplus [\mathfrak{g}, \mathfrak{g}]$.

下设 $\mathfrak{z}(\mathfrak{g}) = 0$.

(1) 因为 $[\mathrm{rad}\,\mathfrak{g}, \mathrm{rad}\,\mathfrak{g}] \subset \mathrm{rad}\,\mathfrak{g}$, $\mathrm{rad}\,\mathfrak{g}$ 是单 $\mathfrak{g}$-模, 所以 $[\mathrm{rad}\,\mathfrak{g}, \mathrm{rad}\,\mathfrak{g}] = 0$.

(2) 令 $M = \mathrm{Hom}_{\mathbb{C}}(\mathfrak{g}, \mathrm{rad}\,\mathfrak{g})$, M 是一个 $\mathfrak{g}$-模. 令

$$L := \big\{\mathrm{ad}\,x : \mathfrak{g} \to \mathrm{rad}\,\mathfrak{g} \mid x \in \mathrm{rad}\,\mathfrak{g}\big\},$$
$$M_c := \big\{f \in M \mid f \downarrow_{\mathrm{rad}\,\mathfrak{g}} = \lambda_f\,\mathrm{Id}_{\mathrm{rad}\,\mathfrak{g}}, \lambda_f \in \mathbb{C}\big\},$$
$$M_0 := \big\{f \in M \mid f \downarrow_{\mathrm{rad}\,\mathfrak{g}} = 0\big\}.$$

根据 (1), $L \subseteq M_0 \subset M_c$ 且 $\dim_{\mathbb{C}} M_c = \dim_{\mathbb{C}} M_0 + 1$.

(3) 因为 $\mathfrak{z}(\mathfrak{g}) = 0$, 所以 $\mathrm{ad} : \mathrm{rad}\,\mathfrak{g} \to L$ 是线性同构, 又由于 $\forall x, z \in \mathfrak{g}$, $\forall y \in \mathrm{rad}\,\mathfrak{g}$,

$$(x \cdot \mathrm{ad}\,y)z = [x, (\mathrm{ad}\,y)z] - (\mathrm{ad}\,y)[x, z] = [[x, y], z] = (\mathrm{ad}[x, y])z,$$

所以 L 是 M 的 $\mathfrak{g}$-子模且 $\mathrm{ad}: \mathrm{rad}\,\mathfrak{g} \to L$ 是 $\mathfrak{g}$-模同构.

(4) 对 $\forall x \in \mathfrak{g}, \forall z \in \mathrm{rad}\,\mathfrak{g}, \forall f \in M_c$, 根据定义,

$$(x \cdot f)z = [x, f(z)] - f([x,z]) = \lambda_f[x,z] - \lambda_f[x,z] = 0,$$

所以 $x \cdot f \in M_0$, 因此 M_0 和 M_c 都是 M 的 $\mathfrak{g}$-子模. 进一步, 若 $x \in \mathrm{rad}\,\mathfrak{g}$, 利用 (1) 可知 $\forall y \in \mathfrak{g}$,

$$(x \cdot f)y = [x, f(y)] - f([x,y]) = -\lambda_f[x,y],$$

因此 $x \cdot f = -\lambda_f \,\mathrm{ad}\, x$, 所以 $(\mathrm{rad}\,\mathfrak{g})M_c \subseteq L$.

(5) 根据 (4) 的讨论, $\mathrm{rad}\,\mathfrak{g}$ 在商模 M_c/L 和 M_0/L 上的作用是零作用, 从而 $\mathfrak{g}$-模 M_c/L 和 M_0/L 都可看作 $\mathfrak{g}/\mathrm{rad}\,\mathfrak{g}$-模. 又 $\mathfrak{g}/\mathrm{rad}\,\mathfrak{g}$ 是半单李代数, 所以 M_0/L 在 M_c/L 中存在一维补子模 $\mathbb{C}\bar{f}$, 其中 $f \in M_c \setminus M_0$. 又半单李代数在一维模上的作用都是零作用, 所以 $\forall x \in \mathfrak{g}, 0 = \bar{x} \cdot \bar{f} = \overline{x \cdot f}$, 即 $x \cdot f \in L$, 进而 $\mathfrak{g} \cdot f \subseteq L$. 不妨设 $f \downarrow_{\mathrm{rad}\,\mathfrak{g}}$ 是恒等映射, 则根据 (4), $\forall x \in \mathrm{rad}\,\mathfrak{g}, x \cdot f = -\mathrm{ad}\,x$, 所以 $\mathfrak{g} \cdot f = L$.

(6) 利用 (3) 和 (5) 的讨论, 考虑 (满) 线性映射

$$\sigma : \mathfrak{g} \to \mathfrak{g} \cdot f = L, \quad x \mapsto x \cdot f.$$

容易验证, $\mathrm{Ker}\,\sigma = \{x \in \mathfrak{g} \mid x \cdot f = 0\}$ 是 $\mathfrak{g}$ 的子代数且

$$\dim_{\mathbb{C}} \mathfrak{g} = \dim_{\mathbb{C}} L + \dim_{\mathbb{C}} \mathrm{Ker}\,\sigma = \dim_{\mathbb{C}} \mathrm{rad}\,\mathfrak{g} + \dim_{\mathbb{C}} \mathrm{Ker}\,\sigma.$$

设 $x \in \mathrm{Ker}\,\sigma \cap \mathrm{rad}\,\mathfrak{g}$, 利用 (4), $0 = x \cdot f = -\mathrm{ad}\,x$, 从而 $x = 0$ (因为 $\mathfrak{z}(\mathfrak{g}) = 0$ 意味着 ad 是单射). 所以 $\mathfrak{g} = \mathrm{Ker}\,\sigma \ltimes \mathrm{rad}\,\mathfrak{g}$. $\square$

引理 1.6.8 设 I 是 $\mathfrak{g}$ 的理想, $\mathfrak{g}/I$ 是半单李代数, 则 $\mathfrak{g}$ 中存在同构于 $\mathfrak{g}/I$ 的子代数 $\mathfrak{g}'$, 使得 $\mathfrak{g} = \mathfrak{g}' \ltimes I$.

证明 若 $\mathfrak{g}$ 是半单李代数 (即 $\mathrm{rad}\,\mathfrak{g} = 0$), 根据引理 1.1.22, 结论显然成立. 下设 $\mathrm{rad}\,\mathfrak{g} \neq 0$, 因为 $\mathfrak{g}/I$ 是半单李代数, 所以 $\mathrm{rad}\,\mathfrak{g} \subseteq I$. 对 $\dim_{\mathbb{C}} I$ 归纳, 若 $\dim_{\mathbb{C}} I = 1$, 则 $I = \mathrm{rad}\,\mathfrak{g}$ 是单 $\mathfrak{g}$-模, 根据引理 1.6.7, 结论成立.

下设 $\dim_{\mathbb{C}} I > 1$, 若 I 是单 $\mathfrak{g}$-模, 则 $I = \mathrm{rad}\,\mathfrak{g}$, 同样根据引理 1.6.7, 结论成立.

下设 I 作为 $\mathfrak{g}$-模可约, I' 是 I 的非零真子模 (即 I' 是 $\mathfrak{g}$ 的理想), 则 I/I' 是 $\mathfrak{g}/I'$ 的非零理想, $(\mathfrak{g}/I')/(I/I') \cong \mathfrak{g}/I$ 是半单李代数, 且 $\dim_{\mathbb{C}} I/I' < \dim_{\mathbb{C}} I$. 根据归纳假设, 存在 $\mathfrak{g}/I'$ 的同构于 $\mathfrak{g}/I$ 的子代数 $\overline{\mathfrak{g}'}$ 使得 $\mathfrak{g}/I' = \overline{\mathfrak{g}'} \ltimes I/I'$. 设 $\pi : \mathfrak{g} \to \mathfrak{g}/I'$ 是自然同态, $\mathfrak{g}' = \pi^{-1}(\overline{\mathfrak{g}'})$, 则 $\mathfrak{g}'/I' = \overline{\mathfrak{g}'} \cong \mathfrak{g}/I$ 是半单李代数. 再根据归纳假设, 存在 $\mathfrak{g}'$ 的同构于 $\mathfrak{g}'/I'$ 的子代数 $\mathfrak{g}''$, 使得 $\mathfrak{g}' = \mathfrak{g}'' \ltimes I'$. 那么 $\mathfrak{g} = \mathfrak{g}' + I = \mathfrak{g}'' + I' + I = \mathfrak{g}'' + I$. 又 $\mathfrak{g}'' \cap I = \mathfrak{g}'' \cap \mathfrak{g}' \cap I = \mathfrak{g}'' \cap I' = \{0\}$, 所以 $\mathfrak{g} = \mathfrak{g}'' \ltimes I$. $\square$

推论 1.6.9　设 $\mathfrak{g}$ 是一个有限维复李代数, 则 $\mathfrak{g}$ 同构于它的根基 $\mathrm{rad}\,\mathfrak{g}$ 与半单李代数 $\mathfrak{g}/\mathrm{rad}\,\mathfrak{g}$ 的 (外) 半直积 (习题 1.6.10), 即 $\mathfrak{g} \cong (\mathfrak{g}/\mathrm{rad}\,\mathfrak{g}) \ltimes \mathrm{rad}\,\mathfrak{g}$.

习　题　1.6

习题 1.6.10　任给两个李代数 I, L 以及一个李代数同态 $\alpha\colon L \to \mathrm{Der}\,I$, 类似于公式 (1.6.1), 证明公式: $\forall\, x, x' \in L, \forall\, y, y' \in I$,

$$[x + y, x' + y'] = ([x, x'], \alpha(x)(y') - \alpha(x')(y) + [y, y'])$$

在 $\mathfrak{g} := L \oplus I$ 上定义了一个李代数结构, 称为 L 和 I 的 (外)**半直积**, 仍记作 $L \ltimes I$.

习题 1.6.11　证明存在李代数同构 $\mathfrak{sl}_2 \cong \mathfrak{so}_3 \cong \mathfrak{sp}_2$, $\mathfrak{so}_5 \cong \mathfrak{sp}_4$, $\mathfrak{so}_6 \cong \mathfrak{sl}_4$. 此外, $\mathfrak{so}_2$ 是一维 Abel 李代数, $\mathfrak{so}_4$ 不是单李代数.

习题 1.6.12　设 $\mathfrak{g}$ 是一个简约李代数, V 是 $\mathfrak{g}$ 的一个有限维表示使得 $V\!\downarrow_{\mathfrak{z}(\mathfrak{g})}$ 是一个半单 $\mathfrak{z}(\mathfrak{g})$-模, 证明 V 作为 $\mathfrak{g}$-模完全可约.

1.7　普遍包络代数与 PBW 定理

对于任意一个 (不必有限维的) 李代数 $\mathfrak{g}$, 我们可以与之关联一个结合代数 $U(\mathfrak{g})$, 使得 $\mathfrak{g}$ 作为李代数的表示一一对应到 $U(\mathfrak{g})$ 作为结合代数的表示, 从而把非结合的李代数 $\mathfrak{g}$ 的研究从某种意义上归结到结合代数 $U(\mathfrak{g})$ 的研究. 本节中, V 是任意一个 (不必有限维的) 复向量空间, $\mathfrak{g}$ 是任意 (不必有限维的) 复李代数.

定义 1.7.1　$\mathfrak{g}$ 的**普遍包络代数**是指一个二元对 $(U(\mathfrak{g}), \mathrm{can})$, 其中 $U(\mathfrak{g})$ 是一个具有单位元的结合代数, $\mathrm{can}\colon \mathfrak{g} \to U(\mathfrak{g})$ 是一个李代数同态, 使得它具有如下泛性质: 任给一个有单位元的结合代数 A 以及一个李代数同态 $\varphi\colon \mathfrak{g} \to A$, 存在唯一的保持单位元的结合代数同态 $\psi\colon U(\mathfrak{g}) \to A$ 使得 $\varphi = \psi \circ \mathrm{can}$.

注记 1.7.2　根据普遍包络代数的泛性质定义, 可以知道给定李代数 $\mathfrak{g}$ 的普遍包络代数在同构意义下是唯一的.

命题 1.7.3　设 $\mathfrak{g}$ 是一个任意的李代数, V 是一个复向量空间, 则

$$\{V \text{ 上的 } U(\mathfrak{g})\text{-模结构}\} \overset{1:1}{\longleftrightarrow} \{V \text{ 上的 } \mathfrak{g}\text{-模结构}\}.$$

定理 1.7.4　存在范畴的同构: $\{U(\mathfrak{g})\text{-模}\} \cong \{\mathfrak{g}\text{-模}\}$.

注记 1.7.5　平凡一维表示 $\mathfrak{g} \to \mathbb{C}$, $x \mapsto 0$, $\forall\, x \in \mathfrak{g}$ 诱导出一个代数同态 $\varepsilon\colon U(\mathfrak{g}) \to \mathbb{C}$, 称作 $U(\mathfrak{g})$ 的**增广映射**或**余单位**. 实际上, $U(\mathfrak{g})$ 一般是一个非交换但余交换的 Hopf 代数, 其**余乘**结构是由下面的映射所唯一决定的 $U(\mathfrak{g})$ 到 $U(\mathfrak{g}) \otimes U(\mathfrak{g})$ 的代数同态:

$$\Delta(x) = x \otimes 1 + 1 \otimes x, \quad \forall\, x \in \mathfrak{g}.$$

而其对**极**是由下面的映射所唯一决定 $U(\mathfrak{g})$ 上的代数反自同态 (即 $U(\mathfrak{g})$ 到反代数 $U(\mathfrak{g})^{\mathrm{op}}$ 的代数同态):

$$S(x) := -x, \quad \forall\, x \in \mathfrak{g}.$$

前面已经知道了李代数 $\mathfrak{g}$ 的普遍包络代数在同构意义的唯一性, 接下来讨论李代数 $\mathfrak{g}$ 的普遍包络代数的存在性.

定义 1.7.6 设 V 任意复向量空间, 令

$$T^0 V = \mathbb{C}, \ \ T^1 V = V, \ \ T^2 V = V \otimes V, \ \cdots, T^m V = \underbrace{V \otimes \cdots \otimes V}_{m\uparrow}, \cdots.$$

令

$$T(V) := T^0 V \oplus T^1 V \oplus \cdots \oplus T^m V \oplus \cdots.$$

定义 $T(V)$ 上的结合乘法:

$$(v_1 \otimes \cdots \otimes v_k)(w_1 \otimes \cdots \otimes w_m) = v_1 \otimes \cdots \otimes v_k \otimes w_1 \otimes \cdots \otimes w_m.$$

则 $T(V)$ 成为一个有单位元的结合代数, 称为 V 上的**张量代数**. 用 $\mathrm{can} : V \hookrightarrow T(V)$ 表示典范嵌入, 即将 V 与 $T^1(V)$ 等同.

命题 1.7.7 张量代数 $T(V)$ 具有泛性质: 任给一个有单位元的结合代数 A, 以及任给一线性映射 $f : V \to A$, 存在唯一的保持单位元的代数同态 $\bar{f} : T(V) \to A$ 使得 $f = \bar{f} \circ \mathrm{can}$, 即下图交换

引理 1.7.8 设 $\mathfrak{g}$ 是任意复李代数, $T(\mathfrak{g})$ 是张量代数, I 是由所有形如 $x \otimes y - y \otimes x - [x, y],\ \forall\, x, y \in \mathfrak{g}$ 的元素生成的 $T(\mathfrak{g})$ 的双边理想, 令 $U(\mathfrak{g}) := T(\mathfrak{g})/I$, 映射 $\mathrm{can} : \mathfrak{g} \to U(\mathfrak{g})$, $x \mapsto \overline{x}$ 是典范映射, 则 $(U(\mathfrak{g}), \mathrm{can})$ 或结合代数 $U(\mathfrak{g})$ 是 $\mathfrak{g}$ 的普遍包络代数.

证明 设 A 是 $\mathbb{C}$ 上任一个结合代数, $\varphi : \mathfrak{g} \to A$ 是一个李代数同态. 根据张量代数 $T(\mathfrak{g})$ 的泛性质, 存在唯一的保持单位元的结合代数同态 $\psi' : T(\mathfrak{g}) \to A$, 使得 $\psi' \circ \mathrm{can} = \varphi$. 又 $\forall\, x, y \in \mathfrak{g}$,

$$\psi'([x, y]) = \varphi([x, y]) = [\varphi(x), \varphi(y)] = [\psi'(x), \psi'(y)],$$

所以 $\psi'(I) = 0$, 则 ψ' 可诱导出同态 $\psi : U(\mathfrak{g}) = T(\mathfrak{g})/I \to A$, 且 $\psi \circ \mathrm{can} = \varphi$. 又设 $\phi : U(\mathfrak{g}) \to A$ 是保持单位元的结合代数, 满足 $\phi \circ \mathrm{can} = \varphi$, 则 $\forall\, x \in \mathfrak{g}$, $\phi(\mathrm{can}(x)) = $

$\psi(\mathrm{can}(x))$, 又根据 $U(\mathfrak{g})$ 的构造, $U(\mathfrak{g})$ 作为结合代数可由 $\{\overline{x} := \mathrm{can}(x) \mid x \in \mathfrak{g}\}$ 生成, 所以 $\phi = \psi$.   □

推论 1.7.9 任意李代数 $\mathfrak{g}$ 都有一个普遍包络代数.

例 1.7.10 若 $\mathfrak{g} = \{0\}$, 则 $U(\mathfrak{g}) = \mathbb{C}$; 若 $\mathfrak{g} = \mathbb{C}$ (平凡李括号), 则 $U(\mathfrak{g}) = \mathbb{C}[T]$, 其中 T 是 $\mathbb{C}$ 上的未定元.

接下来的 PBW 定理告诉我们如何从 $\mathfrak{g}$ 的 $\mathbb{C}$-基出发构造出普遍包络代数 $U(\mathfrak{g})$ 的 $\mathbb{C}$-基.

命题 1.7.11 (Poincaré-Birkhoff-Witt) 设 $\mathfrak{g}$ 是任意复李代数, $(I, \geqslant)$ 是一个全序集, $\{x_i \mid i \in I\}$ 是 $\mathfrak{g}$ 的一组有序基. 令 $\overline{x}_i := \mathrm{can}(x_i), \forall i \in I$, 则

$$\left\{ \overline{x}_{i_1} \cdots \overline{x}_{i_m} \ \middle|\ m \in \mathbb{N},\, i_1, \cdots, i_m \in I,\, i_1 \leqslant \cdots \leqslant i_m \right\}$$

构成 $U(\mathfrak{g})$ 的一个 $\mathbb{C}$-基.

推论 1.7.12 设 $\mathfrak{g}$ 是任意复李代数, L_1 和 L_2 是 $\mathfrak{g}$ 的两个具有有序 $\mathbb{C}$-基的李子代数. 假设作为向量空间 $\mathfrak{g} = L_1 \oplus L_2$, 则乘法映射

$$U(L_1) \otimes U(L_2) \to U(\mathfrak{g}), \quad x \otimes y \mapsto xy$$

定义了一个 $\bigl(U(L_1), U(L_2)\bigr)$-双模同构.

注记 1.7.13 注意上述乘法映射一般不是代数同态.

推论 1.7.14 设 $\mathfrak{g} = L_1 \oplus \cdots \oplus L_k$, 其中每个 L_i 都是 $\mathfrak{g}$ 的具有有序 $\mathbb{C}$-基的李子代数, 则

$$U(\mathfrak{g}) = U(L_1) \cdots U(L_k).$$

我们这里不打算给出 PBW 定理证明的全部技术性细节, 而只是给出其证明的主要思路.

定义 1.7.15 设 A 是一个结合 $\mathbb{C}$-代数, A 的一个滤过是指一个线性子空间序列:

$$\{0\} \subseteq A_{\leqslant 0} \subseteq A_{\leqslant 1} \subseteq \cdots \subseteq A,$$

使得

(1) $A = \bigcup_{i \geqslant 0} A_{\leqslant i}$;

(2) 任意 $i, j \in \mathbb{N}$, $A_{\leqslant i} A_{\leqslant j} \subseteq A_{\leqslant i+j}$.

如果 A 有一个滤过, 则称 A 是一个**滤过代数**.

引理 1.7.16 假设 A 是一个滤过代数, 则 A 的**相伴分次代数**定义为

$$\mathrm{gr}(A) := \bigoplus_{i \geqslant 0} A_{\leqslant i}/A_{\leqslant i-1},$$

其中 $A_{\leqslant -1} := 0$. 其上有一个自然定义的结合 $\mathbb{C}$-代数结构: $\forall x \in A_{\leqslant i}$, $\forall y \in A_{\leqslant j}$,

$$(x + A_{i-1})(y + A_{j-1}) := xy + A_{\leqslant i+j-1}.$$

注记 1.7.17　给定一个非负 $\mathbb{Z}$-分次代数 A, 即 $A = \bigoplus_{i \geqslant 0} A_i$ 满足: $\forall i, j \in \mathbb{N}$, $A_i A_j \subseteq A_{i+j}$. 则 $A_{\leqslant m} := \bigoplus_{0 \leqslant i \leqslant m} A_i$ 定义了 A 上的一个滤过, 使得 A 的相伴分次代数 $\mathrm{gr}(A)$ 自然同构于 A.

回忆 $T(\mathfrak{g}) = \bigoplus_{i \geqslant 0} T^i \mathfrak{g}$ 是非负 $\mathbb{Z}$-分次代数. 令 $T_{\leqslant m}(\mathfrak{g}) := \bigoplus_{0 \leqslant i \leqslant m} T^i \mathfrak{g}$, 则 $T(\mathfrak{g})$ 是滤过代数, 带有滤过

$$\{0\} \subseteq T_{\leqslant 0}(\mathfrak{g}) \subseteq T_{\leqslant 1}(\mathfrak{g}) \subseteq \cdots \subseteq T(\mathfrak{g}),$$

且相伴分次代数 $\mathrm{gr}(T(\mathfrak{g})) = T(\mathfrak{g})$.

定义 1.7.18　假设 V 是一个线性空间, $T(V)$ 是 V 的张量代数. 用 J 表示由所有形如 $x \otimes y - y \otimes x$ $(\forall x, y \in V)$ 的元素生成的 $T(V)$ 的双边理想, 令 $S(V) = T(V)/J$, 它是一个交换代数, 称作同 V 相关的对称代数. 若 $\dim_{\mathbb{C}} V = n < \infty$, 则 $S(V) \cong \mathbb{C}[T_1, \cdots, T_n]$, 其中 $T_1, \cdots, T_n$ 是 $\mathbb{C}$ 上的 n 个未定元.

设 $\pi : T(\mathfrak{g}) \twoheadrightarrow S(\mathfrak{g})$ 是典范同态. 令 $S^i \mathfrak{g} := \pi(T^i \mathfrak{g})$, 注意到 J 是具有非负 $\mathbb{Z}$-分次的理想, 所以 $S(\mathfrak{g}) = \bigoplus_{i \geqslant 0} S^i \mathfrak{g}$ 是非负 $\mathbb{Z}$-分次代数. 令

$$S_{\leqslant m}(\mathfrak{g}) := \pi(T_{\leqslant m}(\mathfrak{g})) = \bigoplus_{0 \leqslant i \leqslant m} S^i \mathfrak{g},$$

则 $S(\mathfrak{g})$ 是滤过代数, 带有滤过

$$\{0\} \subseteq S_{\leqslant 0}(\mathfrak{g}) \subseteq S_{\leqslant 1}(\mathfrak{g}) \subseteq \cdots \subseteq S(\mathfrak{g}),$$

且相伴分次代数 $\mathrm{gr}(S(\mathfrak{g})) = S(\mathfrak{g})$.

设 $\rho : T(\mathfrak{g}) \twoheadrightarrow U(\mathfrak{g})$ 是典范同态. 令 $U^i \mathfrak{g} := \rho(T^i \mathfrak{g})$, 则 $U(\mathfrak{g}) = \sum_{i \geqslant 0} U^i \mathfrak{g}$. 令

$$U_{\leqslant m}(\mathfrak{g}) := \rho(T_{\leqslant m}(\mathfrak{g})) = \sum_{0 \leqslant i \leqslant m} U^i \mathfrak{g},$$

则 $U(\mathfrak{g})$ 是滤过代数, 带有滤过

$$\{0\} \subseteq U_{\leqslant 0}(\mathfrak{g}) \subseteq U_{\leqslant 1}(\mathfrak{g}) \subseteq \cdots \subseteq U(\mathfrak{g}),$$

设 $\mathrm{gr}(U(\mathfrak{g}))$ 是 $U(\mathfrak{g})$ 的相伴分次代数. 定义线性映射

$$\bar{\rho} : T(\mathfrak{g}) = \mathrm{gr}(T(\mathfrak{g})) \to \mathrm{gr}(U(\mathfrak{g})),$$

满足 $\bar{\rho}(x) = \rho(x) + U_{\leqslant m-1}(\mathfrak{g})$, 其中 $x \in T^m \mathfrak{g}$. 容易验证 $\bar{\rho}$ 是代数同态.

　　下面的定理是 PBW 定理的证明中最核心的部分. 它告诉我们尽管普遍包络代数 $U(\mathfrak{g})$ 不是一个非负 $\mathbb{Z}$-分次代数, 但是它有一个滤过代数结构使得其相伴分次代数与对称代数 $S(\mathfrak{g})$ 同构, 这个重要的关联使得能够把对称代数 $S(\mathfrak{g})$ 的许多好的性质 (如单项式基、无零因子性质等) 都传递到普遍包络代数 $U(\mathfrak{g})$ 上来.

　　定理 1.7.19　　下面两个同态映射有相同的核

$$S(\mathfrak{g}) \xleftarrow{\pi} T(\mathfrak{g}) = \mathrm{gr}\big(T(\mathfrak{g})\big) \xrightarrow{\bar{\rho}} \mathrm{gr}\big(U(\mathfrak{g})\big).$$

特别地, π 和 $\bar{\rho}$ 可诱导出 $\mathbb{C}$-代数同构 $\omega : S(\mathfrak{g}) \to \mathrm{gr}\big(U(\mathfrak{g})\big)$.

　　证明　　留作习题.

习　题　1.7

　　习题 1.7.20　　验证在引理 1.7.8 中, 典范嵌入 $\mathrm{can} : \mathfrak{g} \to U(\mathfrak{g})$ 是单的李代数同态.

　　习题 1.7.21　　设 X 是一非空集合, 描述 X 上的自由李代数 $F(X)$ 所具有的泛性质.

　　习题 1.7.22　　证明定理1.7.19.

1.8　半单李代数的根空间分解

　　半单李代数的根空间分解是半单李代数的结构最核心的内容, 它给出第 2 章的抽象根系理论在半单李代数中的具体实现. 在本小节中, 始终假设 $\mathfrak{g}$ 是有限维复半单李代数.

　　定义 1.8.1　　设 $\mathfrak{h}$ 是 $\mathfrak{g}$ 的非零子代数, 若 $\mathfrak{h}$ 中的元素都是半单的, 则称 $\mathfrak{h}$ 是**环面子代数**, 极大的环面子代数称为 **Cartan 子代数**.

　　设 V 是有限维复向量空间, $\sigma, \tau \in \mathrm{End}_{\mathbb{C}} V$, 若 σ 和 τ 是半单的且 $\sigma\tau = \tau\sigma$, 则 σ, τ 可同时对角化. 进而 $\forall a, b \in \mathbb{C}$, $a\sigma + b\tau$ 也是半单的.

　　引理 1.8.2　　环面子代数 $\mathfrak{h}$ 是 Abel 李代数.

　　证明　　设 $\dim_{\mathbb{C}} \mathfrak{h} = \ell$. 任取 $x \in \mathfrak{h}$, 则 $(\mathrm{ad}\, x)\mathfrak{h} \subseteq \mathfrak{h}$. 由于 x 是半单元素, 所以 $\mathrm{ad}\, x \downarrow_{\mathfrak{h}}$ 是半单的, 即存在 $\mathfrak{h}$ 的一组基 $x_1, \cdots, x_\ell$, 使得 $\mathrm{ad}\, x(x_i) = \lambda_i x_i$, 其中 $\lambda_i \in \mathbb{C}$, 那么 $(\mathrm{ad}\, x_i)^2 x = 0$, 即 x 是 $\mathrm{ad}\, x_1, \cdots, \mathrm{ad}\, x_\ell$ 的特征值全为 0 的公共广义特征向量. 又 $\mathrm{ad}\, x_1, \cdots, \mathrm{ad}\, x_\ell$ 是半单的, 所以 $\forall 1 \leqslant i \leqslant \ell$, $\mathrm{ad}\, x_i(x) = 0$.　　□

　　引理 1.8.3　　设 $\mathfrak{h}$ 是 $\mathfrak{g}$ 的一个 Cartan 子代数, $x \in \mathfrak{g}$, 若 $[x, \mathfrak{h}] = 0$, 则 $x_s \in \mathfrak{h}$.

　　证明　　设 $x = x_s + x_n$ 是 x 的抽象 Jordan 分解. 根据命题 1.5.1, 存在 $p(T) \in T\mathbb{C}[T]$, 使得 $\mathrm{ad}\, x_s = p(\mathrm{ad}\, x)$, 则 $[x, \mathfrak{h}] = 0$ 意味着 $\mathrm{ad}\, x_s(\mathfrak{h}) = 0$. 令 $\mathfrak{h}' = \mathfrak{h} + \mathbb{C} x_s$, 则 $\mathfrak{h}'$ 是一个环面子代数, 再由 $\mathfrak{h}$ 的极大性知 $\mathfrak{h} = \mathfrak{h}'$, 所以 $x_s \in \mathfrak{h}$.　　□

　　固定 $\mathfrak{g}$ 的一个 Cartan 子代数 $\mathfrak{h}$, 则 $\mathrm{ad}\, \mathfrak{h}$ 中的线性变换可同时对角化. 对任意

$\alpha \in \mathfrak{h}^* := \operatorname{Hom}_{\mathbb{C}}(\mathfrak{h}, \mathbb{C})$, 令 $\mathfrak{g}_\alpha := \{x \in \mathfrak{g} \mid [h, x] = \alpha(h)x, \, \forall h \in \mathfrak{h}\}$. 定义

$$\Phi := \{\alpha \in \mathfrak{h}^* \setminus \{0\} \mid \mathfrak{g}_\alpha \neq 0\}.$$

称

$$\mathfrak{g} = \mathfrak{g}_0 \oplus \bigoplus_{\alpha \in \Phi} \mathfrak{g}_\alpha$$

为 $\mathfrak{g}$ 的**根空间分解**, Φ 是 $\mathfrak{g}$ 的**根系**, Φ 中的元素称为 $\mathfrak{g}$ 的**根**.

例 1.8.4 回忆 e, f, h 是例 1.1.8 中给出的 $\mathfrak{sl}_2$ 的 $\mathbb{C}$-基, 则 $\mathfrak{h} = \mathbb{C}h$ 是 $\mathfrak{sl}_2$ 的一个 Cartan 子代数, 根系 $\Phi = \{2, -2\}$, $(\mathfrak{sl}_2)_0 = \mathbb{C}h$, $(\mathfrak{sl}_2)_2 = \mathbb{C}e$, $(\mathfrak{sl}_2)_{-2} = \mathbb{C}f$, 根空间分解 $\mathfrak{sl}_2 = \mathbb{C}h \oplus \mathbb{C}e \oplus \mathbb{C}f$.

例 1.8.5 设 $n \geqslant 1$, 考虑特殊线性李代数

$$\mathfrak{sl}_{n+1} = \{A = (a_{ij})_{(n+1) \times (n+1)} \in \mathrm{M}_{(n+1) \times (n+1)}(\mathbb{C}) \mid \operatorname{Tr} A = 0\},$$

显然

$$E_{i,j}, \quad 1 \leqslant i \neq j \leqslant n+1,$$
$$E_{i,i} - E_{i+1,i+1}, \quad 1 \leqslant i \leqslant n$$

构成 $\mathfrak{sl}_{n+1}$ 的一个 $\mathbb{C}$-基, 令

$$e_i = E_{i,i+1}, \quad f_i = E_{i+1,i}, \quad h_i = E_{i,i} - E_{i+1,i+1}, \quad 1 \leqslant i \leqslant n.$$

任给 $1 \leqslant j \leqslant n+1$, 定义线性函数 $\varepsilon_j : \mathrm{M}_{(n+1) \times (n+1)}(\mathbb{C}) \to \mathbb{C}$ 使得 $\varepsilon_j(A) = a_{jj}$. 此外, 对 $i = 1, 2, \cdots, n$, 记 $\alpha_i := \varepsilon_i - \varepsilon_{i+1}$.

令 $\mathfrak{h} = \sum_{i=1}^n \mathbb{C}h_i$, 则

$$\mathfrak{h} = \left\{ \operatorname{diag}(\lambda_1, \cdots, \lambda_{n+1}) \,\middle|\, \sum_{i=1}^{n+1} \lambda_i = 0, \, \lambda_i \in \mathbb{C} \right\}$$

是 $\mathfrak{sl}_{n+1}$ 的 Cartan 子代数. 任给 $h = \operatorname{diag}(\lambda_1, \cdots, \lambda_{n+1}) \in \mathfrak{h}$, 以及 $\forall 1 \leqslant i < j \leqslant n+1$,

$$[h, E_{i,j}] = (\lambda_i - \lambda_j)E_{i,j} = (\varepsilon_i - \varepsilon_j)(h)E_{i,j} = (\alpha_i + \cdots + \alpha_{j-1})(h)E_{i,j},$$
$$[h, E_{j,i}] = (\lambda_j - \lambda_i)E_{j,i} = (\varepsilon_j - \varepsilon_i)(h)E_{j,i} = -(\alpha_i + \cdots + \alpha_{j-1})(h)E_{j,i},$$

从而 $\Phi = \{\pm(\varepsilon_i - \varepsilon_j) \mid 1 \leqslant i < j \leqslant n+1\}$,

$$(\mathfrak{sl}_{n+1})_0 = \mathfrak{h}, \quad (\mathfrak{sl}_{n+1})_{\varepsilon_i - \varepsilon_j} = \mathbb{C}E_{i,j}, \quad (\mathfrak{sl}_{n+1})_{\varepsilon_j - \varepsilon_i} = \mathbb{C}E_{j,i}, \; 1 \leqslant i < j \leqslant n+1,$$

以及根空间分解

$$\mathfrak{sl}_{n+1} = \mathfrak{h} \oplus \bigoplus_{1 \leqslant i < j \leqslant n+1} (\mathfrak{sl}_{n+1})_{\varepsilon_i - \varepsilon_j} \oplus \bigoplus_{1 \leqslant i < j \leqslant n+1} (\mathfrak{sl}_{n+1})_{\varepsilon_j - \varepsilon_i}.$$

例 1.8.6 设 $n \geqslant 2$, 考虑正交李代数 $\mathfrak{so}_{2n+1}$,

$$\mathfrak{so}_{2n+1} := \left\{ A \in \mathfrak{gl}_{2n+1} \mid A^t T + TA = 0 \right\}$$

$$= \left\{ \begin{pmatrix} 0 & C^t & -B^t \\ B & M & P \\ -C & Q & -M^t \end{pmatrix} \in \mathfrak{gl}_{2n+1} \middle| \begin{array}{l} M, P, Q \in \mathrm{M}_{n \times n}(\mathbb{C}), \\ B, C \in \mathrm{M}_{n \times 1}(\mathbb{C}), \\ P = -P^t, Q = -Q^t \end{array} \right\},$$

其中 T 的定义见定理 1.6.1. 为方便叙述, 对于一个 $2n + 1$ 阶矩阵 A, 我们记 $A = (a_{ij})_{0 \leqslant i,j \leqslant 2n}$. 显然 $\mathfrak{so}_{2n+1}$ 有如下 $\mathbb{C}$-基:

$$E_{i,i} - E_{n+i,n+i}, \quad 1 \leqslant i \leqslant n;$$
$$b_i := E_{i,0} - E_{0,n+i}, \quad 1 \leqslant i \leqslant n;$$
$$c_i := E_{0,i} - E_{n+i,0}, \quad 1 \leqslant i \leqslant n;$$
$$m_{ij} := E_{i,j} - E_{n+j,n+i}, \quad 1 \leqslant i \neq j \leqslant n;$$
$$p_{ij} := E_{i,n+j} - E_{j,n+i}, \quad 1 \leqslant i < j \leqslant n;$$
$$q_{ji} := p_{ij}^t = E_{n+j,i} - E_{n+i,j}, \quad 1 \leqslant i < j \leqslant n.$$

令 $\mathfrak{h} = \sum_{i=1}^{n} \mathbb{C}(E_{i,i} - E_{n+i,n+i})$, 则 $\mathfrak{h}$ 是 $\mathfrak{so}_{2n+1}$ 的 Cartan 子代数. 任意 $1 \leqslant j \leqslant n$, 定义线性函数 $\varepsilon_j : \mathrm{M}_{(2n+1) \times (2n+1)}(\mathbb{C}) \to \mathbb{C}$ 使得 $\varepsilon_j(A) = a_{jj}$.

直接计算 $\forall h = \sum_{i=1}^{n} a_i(E_{i,i} - E_{n+i,n+i}) \in \mathfrak{h}$,

$$[h, b_i] = a_i b_i, \qquad [h, c_i] = -a_i c_i, \qquad [h, m_{ij}] = (a_i - a_j)m_{i,j},$$
$$[h, p_{ij}] = (a_i + a_j)p_{ij}, \qquad [h, q_{ji}] = -(a_i + a_j)q_{ji}.$$

所以 $\Phi = \{\pm \varepsilon_i \mid 1 \leqslant i \leqslant n\} \cup \{\varepsilon_i - \varepsilon_j \mid 1 \leqslant i \neq j \leqslant n\} \cup \{\pm(\varepsilon_i + \varepsilon_j) \mid 1 \leqslant i < j \leqslant n\}$, 则 $\mathfrak{g} := \mathfrak{so}_{2n+1}$ 有如下根空间分解

$$\mathfrak{g} = \mathfrak{h} \oplus \left(\bigoplus_{1 \leqslant i \leqslant n} \mathfrak{g}_{\varepsilon_i} \right) \oplus \left(\bigoplus_{1 \leqslant i \leqslant n} \mathfrak{g}_{-\varepsilon_i} \right) \oplus \left(\bigoplus_{1 \leqslant i \neq j \leqslant n} \mathfrak{g}_{\varepsilon_i - \varepsilon_j} \right)$$

$$\oplus \left(\bigoplus_{1 \leqslant i < j \leqslant n} \mathfrak{g}_{\varepsilon_i + \varepsilon_j} \right) \oplus \left(\bigoplus_{1 \leqslant i < j \leqslant n} \mathfrak{g}_{-\varepsilon_i - \varepsilon_j} \right),$$

其中

$$\mathfrak{g}_{\varepsilon_i} = \mathbb{C}b_i, \quad \mathfrak{g}_{-\varepsilon_i} = \mathbb{C}c_i, \quad 1 \leqslant i \leqslant n;$$

$$\mathfrak{g}_{\varepsilon_i - \varepsilon_j} = \mathbb{C}m_{ij}, \quad 1 \leqslant i \neq j \leqslant n;$$

$$\mathfrak{g}_{\varepsilon_i + \varepsilon_j} = \mathbb{C}p_{ij}, \quad \mathfrak{g}_{-\varepsilon_i - \varepsilon_j} = \mathbb{C}q_{ji}, \quad 1 \leqslant i < j \leqslant n.$$

令

$$h_i := [2b_i, c_i] = 2(E_{i,i} - E_{n+i,n+i}), \quad 1 \leqslant i \leqslant n;$$

$$h_{ij} := [m_{ij}, m_{ji}] = (E_{i,i} - E_{n+i,n+i}) - (E_{j,j} - E_{n+j,n+j}), \quad 1 \leqslant i < j \leqslant n;$$

$$\tilde{h}_{ij} := [p_{ij}, q_{ji}] = (E_{i,i} - E_{n+i,n+i}) + (E_{j,j} - E_{n+j,n+j}), \quad 1 \leqslant i < j \leqslant n.$$

直接计算可验证

$$[h_i, 2b_i] = 4b_i, \qquad [h_i, c_i] = 2c_i, \qquad 1 \leqslant i \leqslant n;$$

$$[h_{ij}, m_{ij}] = 2m_{ij}, \quad [h_{ij}, m_{ji}] = -2m_{ji}, \quad 1 \leqslant i < j \leqslant n;$$

$$[\tilde{h}_{ij}, p_{ij}] = 2p_{ij}, \qquad [\tilde{h}_{ij}, q_{ji}] = -2q_{ji}, \quad 1 \leqslant i < j \leqslant n.$$

例 1.8.7 设 $n \geqslant 3$, 考虑辛李代数 $\mathfrak{sp}_{2n}$

$$\mathfrak{sp}_{2n} := \left\{ A \in \mathfrak{gl}_{2n} \mid A^t T + T A = 0 \right\}$$

$$= \left\{ \begin{pmatrix} M & P \\ Q & -M^t \end{pmatrix} \in \mathfrak{gl}_{2n} \middle| \begin{array}{l} M, P, Q \in \mathrm{M}_{n \times n}(\mathbb{C}), \\ P = P^t, \quad Q = Q^t \end{array} \right\},$$

其中 T 的定义见定理 1.6.1. 显然 $\mathfrak{sp}_{2n}$ 有如下 $\mathbb{C}$-基:

$$E_{i,i} - E_{n+i,n+i}, \qquad 1 \leqslant i \leqslant n;$$

$$m_{ij} := E_{i,j} - E_{n+j,n+i}, \qquad 1 \leqslant i \neq j \leqslant n;$$

$$p_{ij} := E_{i,n+j} + E_{j,n+i}, \qquad 1 \leqslant i < j \leqslant n;$$

$$q_{ji} := p_{ij}^t = E_{n+j,i} + E_{n+i,j}, \qquad 1 \leqslant i < j \leqslant n;$$

$$p_i := E_{i,n+i}, \qquad 1 \leqslant i \leqslant n;$$

$$q_i := E_{n+i,i}, \qquad 1 \leqslant i \leqslant n.$$

李代数 $\mathfrak{sp}_{2n}$ 的 Cartan 子代数 $\mathfrak{h}$ 以及函数 ε_i 的定义类似例 1.8.7.

直接计算 $\forall h = \sum_{i=1}^n a_i(E_{i,i} - E_{n+i,n+i}) \in \mathfrak{h}$, 有

$$[h, m_{ij}] = (a_i - a_j)m_{i,j}, \qquad 1 \leqslant i \neq j \leqslant n;$$

$$[h, p_{ij}] = (a_i + a_j)p_{ij}, \quad [h, q_{ji}] = -(a_i + a_j)q_{ji}, \quad 1 \leqslant i < j \leqslant n;$$

$$[h, p_i] = 2a_i p_i, \qquad\qquad [h, q_i] = -2a_i q_i, \quad 1 \leqslant i \leqslant n.$$

所以 $\Phi = \{\varepsilon_i - \varepsilon_j \mid 1 \leqslant i \neq j \leqslant n\} \cup \{\pm(\varepsilon_i + \varepsilon_j) \mid 1 \leqslant i < j \leqslant n\} \cup \{\pm 2\varepsilon_i \mid 1 \leqslant i \leqslant n\}$,
则 $\mathfrak{g} := \mathfrak{sp}_{2n}$ 有如下根空间分解

$$\mathfrak{g} = \mathfrak{h} \oplus \left(\bigoplus_{1 \leqslant i \neq j \leqslant n} \mathfrak{g}_{\varepsilon_i - \varepsilon_j} \right) \oplus \left(\bigoplus_{1 \leqslant i < j \leqslant n} \mathfrak{g}_{\varepsilon_i + \varepsilon_j} \right) \oplus \left(\bigoplus_{1 \leqslant i < j \leqslant n} \mathfrak{g}_{-\varepsilon_i - \varepsilon_j} \right)$$

$$\oplus \left(\bigoplus_{1 \leqslant i \leqslant n} \mathfrak{g}_{2\varepsilon_i} \right) \oplus \left(\bigoplus_{1 \leqslant i \leqslant n} \mathfrak{g}_{-2\varepsilon_i} \right),$$

其中

$$\begin{aligned}
\mathfrak{g}_{\varepsilon_i - \varepsilon_j} &= \mathbb{C}m_{ij}, & 1 &\leqslant i \neq j \leqslant n; \\
\mathfrak{g}_{\varepsilon_i + \varepsilon_j} &= \mathbb{C}p_{ij}, & 1 &\leqslant i < j \leqslant n; \\
\mathfrak{g}_{-\varepsilon_i - \varepsilon_j} &= \mathbb{C}q_{ji}, & 1 &\leqslant i < j \leqslant n; \\
\mathfrak{g}_{2\varepsilon_i} &= \mathbb{C}p_i, & 1 &\leqslant i \leqslant n; \\
\mathfrak{g}_{-2\varepsilon_i} &= \mathbb{C}q_i, & 1 &\leqslant i \leqslant n.
\end{aligned}$$

令

$$\begin{aligned}
h_{ij} &:= [m_{ij}, m_{ji}] = (E_{i,i} - E_{n+i,n+i}) - (E_{j,j} - E_{n+j,n+j}), & 1 &\leqslant i < j \leqslant n; \\
\tilde{h}_{ij} &:= [p_{ij}, q_{ji}] = (E_{i,i} - E_{n+i,n+i}) + (E_{j,j} - E_{n+j,n+j}), & 1 &\leqslant i < j \leqslant n; \\
h_i &:= [p_i, q_i] = E_{i,i} - E_{n+i,n+i}, & 1 &\leqslant i \leqslant n.
\end{aligned}$$

直接计算可验证

$$\begin{aligned}
[h_{ij}, m_{ij}] &= 2m_{ij}, & [h_{ij}, m_{ji}] &= -2m_{ji}, & 1 &\leqslant i < j \leqslant n; \\
[\tilde{h}_{ij}, p_{ij}] &= 2p_{ij}, & [\tilde{h}_{ij}, q_{ji}] &= -2q_{ji}, & 1 &\leqslant i < j \leqslant n; \\
[h_i, p_i] &= 2p_i, & [h_i, q_i] &= 2q_i, & 1 &\leqslant i \leqslant n.
\end{aligned}$$

例 1.8.8 设 $n \geqslant 4$, 考虑正交李代数 $\mathfrak{so}_{2n}$,

$$\begin{aligned}
\mathfrak{so}_{2n} &:= \left\{ A \in \mathfrak{gl}_{2n+1} \mid A^t T + TA = 0 \right\} \\
&= \left\{ \begin{pmatrix} M & P \\ Q & -M^t \end{pmatrix} \in \mathfrak{gl}_{2n+1} \,\middle|\, \begin{matrix} M, P, Q \in \mathrm{M}_{n \times n}(\mathbb{C}), \\ P = -P^t, Q = -Q^t \end{matrix} \right\},
\end{aligned}$$

其中 T 的定义见定理 1.6.1. 显然 $\mathfrak{so}_{2n}$ 有如下 $\mathbb{C}$-基:

$$\begin{aligned}
E_{i,i} - E_{n+i,n+i}, & & 1 &\leqslant i \leqslant n; \\
m_{ij} &:= E_{i,j} - E_{n+j,n+i}, & 1 &\leqslant i \neq j \leqslant n; \\
p_{ij} &:= E_{i,n+j} - E_{j,n+i}, & 1 &\leqslant i < j \leqslant n; \\
q_{ji} &:= p_{ij}^t = E_{n+j,i} - E_{n+i,j}, & 1 &\leqslant i < j \leqslant n.
\end{aligned}$$

令 $\mathfrak{h} = \sum_{i=1}^{n} \mathbb{C}(E_{i,i} - E_{n+i,n+i})$, 则 $\mathfrak{h}$ 是 $\mathfrak{so}_{2n}$ 的 Cartan 子代数. 类似前面的例子可定义线性函数 ε_i, $1 \leqslant i \leqslant n$.

直接计算 $\forall h = \sum_{i=1}^{n} a_i(E_{i,i} - E_{n+i,n+i}) \in \mathfrak{h}$,

$$[h, p_{ij}] = (a_i + a_j)p_{ij}, \qquad\qquad [h, q_{ji}] = -(a_i + a_j)q_{ji},$$

$$[h, m_{ij}] = (a_i - a_j)m_{ij}.$$

所以 $\Phi = \{\pm(\varepsilon_i + \varepsilon_j) \mid 1 \leqslant i < j \leqslant n\} \cup \{\varepsilon_i - \varepsilon_j \mid 1 \leqslant i \neq j \leqslant n\}$, 则 $\mathfrak{g} := \mathfrak{so}_{2n}$, 有如下根空间分解

$$\mathfrak{g} = \mathfrak{h} \oplus \left(\bigoplus_{1 \leqslant i \neq j \leqslant n} \mathfrak{g}_{\varepsilon_i - \varepsilon_j} \right) \oplus \left(\bigoplus_{1 \leqslant i < j \leqslant n} \mathfrak{g}_{\varepsilon_i + \varepsilon_j} \right) \oplus \left(\bigoplus_{1 \leqslant i < j \leqslant n} \mathfrak{g}_{-\varepsilon_i - \varepsilon_j} \right),$$

其中

$$\mathfrak{g}_{\varepsilon_i - \varepsilon_j} = \mathbb{C}m_{ij}, \quad 1 \leqslant i \neq j \leqslant n;$$
$$\mathfrak{g}_{\varepsilon_i + \varepsilon_j} = \mathbb{C}p_{ij}, \quad 1 \leqslant i < j \leqslant n;$$
$$\mathfrak{g}_{-\varepsilon_i - \varepsilon_j} = \mathbb{C}q_{ji}, \quad 1 \leqslant i < j \leqslant n.$$

令

$$h_{ij} := [m_{ij}, m_{ji}] = (E_{i,i} - E_{n+i,n+i}) - (E_{j,j} - E_{n+j,n+j}), \quad 1 \leqslant i < j \leqslant n;$$
$$\tilde{h}_{ij} := [p_{ij}, q_{ji}] = (E_{i,i} - E_{n+i,n+i}) + (E_{j,j} - E_{n+j,n+j}), \quad 1 \leqslant i < j \leqslant n.$$

直接计算可验证

$$[h_{ij}, m_{ij}] = 2m_{ij}, \quad [h_{ij}, m_{ji}] = -2m_{ji}, \quad 1 \leqslant i < j \leqslant n;$$
$$[\tilde{h}_{ij}, p_{ij}] = 2p_{ij}, \quad [\tilde{h}_{ij}, q_{ji}] = -2q_{ji}, \quad 1 \leqslant i < j \leqslant n.$$

命题 1.8.9 设 $\mathfrak{g}$ 是有限维复半单李代数, 则

(1) $\forall \alpha, \beta \in \mathfrak{h}^*$, $[\mathfrak{g}_\alpha, \mathfrak{g}_\beta] \subseteq \mathfrak{g}_{\alpha+\beta}$;

(2) $\forall \alpha \in \Phi$, $\forall x \in \mathfrak{g}_\alpha$, $\mathrm{ad}\, x$ 是幂零的.

证明 (1) $\forall h \in \mathfrak{h}$, $\forall x \in \mathfrak{g}_\alpha$, $\forall y \in \mathfrak{g}_\beta$, $[h, [x, y]] = [x, [h, y]] + [[h, x], y] = (\alpha + \beta)(h)[x, y]$, 由此 (1) 得证.

(2) 根据 (1) 并注意到 Φ 是有限集. □

命题 1.8.10 设 $\mathfrak{g}$ 是有限维复半单李代数, κ 是 $\mathfrak{g}$ 上的 Killing 型.

(1) 若 $\alpha, \beta \in \mathfrak{h}^*$ 且 $\alpha + \beta \neq 0$, 则 $\forall x \in \mathfrak{g}_\alpha$, $\forall y \in \mathfrak{g}_\beta$, $\kappa(x, y) = 0$;

(2) $\forall \alpha \in \Phi$, $\kappa \downarrow_{\mathfrak{g}_0}$, $\kappa \downarrow_{\mathfrak{g}_\alpha + \mathfrak{g}_{-\alpha}}$ 非退化;

(3) 若 $\alpha \in \Phi$, 则 $-\alpha \in \Phi$.

证明　(1) 由已知条件, 存在 $h \in \mathfrak{h}$ 使得 $(\alpha + \beta)(h) \neq 0$. 那么 $\forall x \in \mathfrak{g}_\alpha$, $\forall y \in \mathfrak{g}_\beta$, $\kappa([h, x], y) = \alpha(h)\kappa(x, y)$, 又 $\kappa([h, x], y) = -\kappa(x, [h, y]) = -\beta(h)\kappa(x, y)$, 所以 $(\alpha + \beta)(h)\kappa(x, y) = 0$, 进而 $\kappa(x, y) = 0$.

(2) 设 $x \in \mathfrak{g}_0$, 若 $\kappa(x, \mathfrak{g}_0) = 0$, 则根据 (1) 可知 $\kappa(x, \mathfrak{g}) = 0$, 又 κ 非退化, 所以 $x = 0$. 同理可证 $\kappa \downarrow_{\mathfrak{g}_\alpha + \mathfrak{g}_{-\alpha}}$ 非退化.

(3) 若 $\alpha \in \Phi$, 则 $\mathfrak{g}_\alpha \neq 0$. 若 $\mathfrak{g}_{-\alpha} = 0$, 则根据 (1) 可知, $\kappa(\mathfrak{g}_\alpha, \mathfrak{g}) = 0$. 由于 κ 非退化, 所以 $\mathfrak{g}_\alpha = 0$, 矛盾!　　　　　　　　　　□

引理 1.8.11　设 $\mathfrak{g}$ 是有限维复半单李代数, $\mathfrak{h}$ 是 $\mathfrak{g}$ 的 Cartan 子代数.

(1) Cartan 子代数 $\mathfrak{h} \subseteq \mathfrak{g}_0$ 且 $\kappa \downarrow_{\mathfrak{h}}$ 是非退化的, 进而 $\mathfrak{g}_0 = \mathfrak{h} \oplus \mathfrak{h}^\perp$, 其中

$$\mathfrak{h}^\perp = \{x \in \mathfrak{g}_0 \mid \kappa(x, h) = 0, \forall h \in \mathfrak{h}\}.$$

(2) $\mathfrak{g}_0 = \mathfrak{h}$, 进而 $\mathfrak{g} = \mathfrak{h} \oplus \bigoplus_{\alpha \in \Phi} \mathfrak{g}_\alpha$.

证明　(1) 由引理 1.8.2, Cartan 子代数 $\mathfrak{h}$ 是 Abel 的, 所以 $\mathfrak{h} \subseteq \mathfrak{g}_0$. 假设 $\kappa \downarrow_{\mathfrak{h}}$ 是退化的, 则存在非零元素 $h \in \mathfrak{h}$, 使得 $\kappa(h, \mathfrak{h}) = 0$. 又 $\kappa \downarrow_{\mathfrak{g}_0}$ 是非退化的, 所以存在 $x \in \mathfrak{g}_0$ 使得 $\kappa(x, h) \neq 0$. 因为 $[x, \mathfrak{h}] = 0$, 所以由引理 1.8.3, $x_s \in \mathfrak{h} \subseteq \mathfrak{g}_0$, 从而 $x_n = x - x_s \in \mathfrak{g}_0$ 且 $[x_n, \mathfrak{h}] = 0$. 进而 $\forall y \in \mathfrak{h}$, $[\mathrm{ad}\, x_n, \mathrm{ad}\, y] = \mathrm{ad}[x_n, y] = 0$, 即 $\mathrm{ad}\, x_n$ 和 $\mathrm{ad}\, y$ 交换, 所以 $\mathrm{ad}\, x_n \mathrm{ad}\, y$ 是幂零的, 从而 $\kappa(x_n, y) = 0$. 特别地, $\kappa(x_n, h) = 0$. 又 $x_s \in \mathfrak{h}$, $\kappa(x_s, h) = 0$, 所以 $\kappa(x, h) = \kappa(x_s, h) + \kappa(x_n, h) = 0$, 矛盾! 所以 $\kappa \downarrow_{\mathfrak{h}}$ 是非退化的, 进而 $\mathfrak{g}_0 = \mathfrak{h} \oplus \mathfrak{h}^\perp$. 利用 κ 的结合性容易验证 $\mathfrak{h}^\perp$ 是 $\mathfrak{g}$ 的李子代数.

(2) 根据 (1), 只需证明 $\mathfrak{h}^\perp = 0$. 任意 $x \in \mathfrak{h}^\perp$, 因为 $[x, \mathfrak{h}] = 0$, 所以 $x_s \in \mathfrak{h} \subseteq \mathfrak{g}_0$, 从而 $x_n = x - x_s \in \mathfrak{g}_0$ 且 $[x_n, \mathfrak{h}] = 0$. 同 (1) 可知 $\forall y \in \mathfrak{h}$, $\kappa(x_n, y) = 0$, 所以 $x_n \in \mathfrak{h}^\perp$, 所以 $x_s = x - x_n \in \mathfrak{h} \cap \mathfrak{h}^\perp = 0$, 进而 $x = x_n$ 是 ad-幂零的. 利用引理 1.2.15(3) 可得 $\kappa(\mathfrak{h}^\perp, \mathfrak{h}^\perp) = 0$, 进而 $\kappa(\mathfrak{h}^\perp, \mathfrak{g}) = 0$, 又 κ 是非退化的, 所以 $\mathfrak{h}^\perp = 0$.　　　　□

因为 $\kappa \downarrow_{\mathfrak{h}}$ 是非退化的, 所以有线性同构 $\mathfrak{h} \to \mathfrak{h}^*$, $h \mapsto \kappa(h, -)$. 设 $\phi \in \mathfrak{h}^*$ 在上述同构下的原像是 $t_\phi \in \mathfrak{h}$, 则 $\forall h \in \mathfrak{h}$, $\phi(h) = \kappa(t_\phi, h)$. 特别地, Φ 中的根在 $\mathfrak{h}$ 的原像集为 $\{t_\alpha \mid \alpha \in \Phi\}$. 现在定义 $\mathfrak{h}^*$ 上的非退化对称双线性型

$$(\lambda, \mu) := \kappa(t_\lambda, t_\mu), \quad \forall \lambda, \mu \in \mathfrak{h}^*.$$

命题 1.8.12　设 $\mathfrak{g}$ 是有限维复半单李代数, $\mathfrak{h}$ 是 $\mathfrak{g}$ 的 Cartan 子代数.

(1) $\mathfrak{h}^*$ 恰由 Φ 中的所有元素线性张成;

(2) 设 $\alpha \in \Phi$, 那么 $\forall x \in \mathfrak{g}_\alpha$, $\forall y \in \mathfrak{g}_{-\alpha}$, $[x, y] = \kappa(x, y)t_\alpha$;

(3) $\forall \alpha \in \Phi$, $(\alpha, \alpha) = \kappa(t_\alpha, t_\alpha) = \alpha(t_\alpha) \neq 0$;

(4) 设 $\alpha \in \Phi$, 令 $h_\alpha := \dfrac{2t_\alpha}{\kappa(t_\alpha, t_\alpha)}$, 则 $\alpha(h_\alpha) = 2$. 存在 $x_\alpha \in \mathfrak{g}_\alpha$, $y_\alpha \in \mathfrak{g}_{-\alpha}$, 使得

$$[h_\alpha, x_\alpha] = 2x_\alpha, \quad [h_\alpha, y_\alpha] = -2y_\alpha, \quad [x_\alpha, y_\alpha] = h_\alpha.$$

进一步, 设 $\mathfrak{g}^\alpha := \mathbb{C}h_\alpha \oplus \mathbb{C}x_\alpha \oplus \mathbb{C}y_\alpha$, 则 $\mathfrak{g}^\alpha \cong \mathfrak{sl}_2$;

(5) $\forall \alpha \in \Phi,\ h_\alpha = -h_{-\alpha}$.

证明 (1) 设 U 是由 Φ 中的元素张成的子空间. 若 U 真包含于 $\mathfrak{h}^*$, 则存在非零元素 $h \in \mathfrak{h}$, 使得 $\forall \alpha \in \Phi,\ \alpha(h) = 0$. 从而 $\operatorname{ad}h(\mathfrak{g}) = 0$, 即 $h \in \mathfrak{z}(\mathfrak{g}) = \{0\}$, 所以 $h = 0$, 矛盾!

(2) 设 $\alpha \in \Phi,\ x \in \mathfrak{g}_\alpha,\ y \in \mathfrak{g}_{-\alpha}$, 则 $\forall h \in \mathfrak{h}$,

$$\kappa(h, [x,y]) = \kappa([h,x], y) = \alpha(h)\kappa(x,y) = \kappa(t_\alpha, h)\kappa(x,y)$$
$$= \kappa(\kappa(x,y)t_\alpha, h).$$

又 $\kappa \downarrow_{\mathfrak{h}}$ 非退化, 所以 $[x,y] = \kappa(x,y)t_\alpha$.

(3) 假设 $(\alpha, \alpha) = 0$. 设 $x \in \mathfrak{g}_\alpha,\ y \in \mathfrak{g}_{-\alpha}$, 使得 $\kappa(x,y) = 1$. 根据 (2), $[x,y] = t_\alpha \in \mathfrak{h}$, 令 $K = \mathbb{C}x + \mathbb{C}y + \mathbb{C}t_\alpha$, 则 $[K, K] = \mathbb{C}t_\alpha$, 又 $[t_\alpha, t_\alpha] = 0$, 所以 K 是可解子代数, 从而 $\operatorname{ad}K \subseteq \mathfrak{gl}(\mathfrak{g})$ 也是可解的. 由李定理, $\operatorname{ad}K \subseteq \mathfrak{b}(n, \mathbb{C}),\ n = \dim_{\mathbb{C}}\mathfrak{g}$, 从而 $\operatorname{ad}t_\alpha = [\operatorname{ad}x, \operatorname{ad}y] \in \mathfrak{n}(n, \mathbb{C})$, 所以 $\operatorname{ad}t_\alpha$ 是幂零的. 又 $\operatorname{ad}t_\alpha$ 是半单的, 所以 $\operatorname{ad}t_\alpha = 0$, 进而 $t_\alpha = 0$, 矛盾!

(4) 由于 $\kappa(\mathfrak{g}_\alpha, \mathfrak{g}_{-\alpha}) \neq 0$, 所以存在 $x_\alpha \in \mathfrak{g}_\alpha,\ y_\alpha \in \mathfrak{g}_{-\alpha}$, 使得

$$\kappa(x_\alpha, y_\alpha) = \frac{2}{(\alpha, \alpha)} = \frac{2}{\kappa(t_\alpha, t_\alpha)}.$$

根据 (2), $[x_\alpha, y_\alpha] = \kappa(x_\alpha, y_\alpha)t_\alpha = h_\alpha,\ [h_\alpha, x_\alpha] = \alpha(h_\alpha)x_\alpha = 2x_\alpha,\ [h_\alpha, y_\alpha] = -\alpha(h_\alpha)y_\alpha = -2y_\alpha$.

(5) 根据定义 $t_{-\alpha} = -t_\alpha$, 从而 $h_{-\alpha} = \dfrac{2t_{-\alpha}}{(-\alpha, -\alpha)} = \dfrac{-2t_\alpha}{(\alpha, \alpha)} = -h_\alpha$. $\quad\square$

引理 1.8.13 (1) $\forall \alpha \in \Phi,\ \dim_{\mathbb{C}}\mathfrak{g}_\alpha = 1$. 特别地, $\mathfrak{g}^\alpha = \mathfrak{g}_\alpha \oplus \mathfrak{g}_{-\alpha} \oplus \mathfrak{h}_\alpha$, 其中 $\mathfrak{g}_\alpha = \mathbb{C}x_\alpha,\ \mathfrak{g}_{-\alpha} = \mathbb{C}y_\alpha,\ \mathfrak{h}_\alpha = [\mathfrak{g}_\alpha, \mathfrak{g}_{-\alpha}] = \mathbb{C}h_\alpha$.

(2) $\forall \alpha \in \Phi$, 若 $c\alpha \in \Phi,\ c \in \mathbb{C}$, 则 $c \in \{\pm 1\}$.

(3) 设 $\alpha, \beta \in \Phi$ 且 $\beta \neq \pm\alpha$, 则存在非负整数 p, q 使得

$$\Phi \cap \{\beta + r\alpha \mid r \in \mathbb{Z}\} = \{\beta + r\alpha \mid -p \leqslant r \leqslant q,\ r \in \mathbb{Z}\},$$

此外, $\beta(h_\alpha) = p - q$.

(4) 任意 $\alpha, \beta \in \Phi,\ \beta(h_\alpha) \in \mathbb{Z}$ 且 $\beta - \beta(h_\alpha)\alpha \in \Phi$.

(5) 设 $\alpha, \beta \in \Phi$ 且 $\alpha + \beta \in \Phi$, 则 $[\mathfrak{g}_\alpha, \mathfrak{g}_\beta] = \mathfrak{g}_{\alpha+\beta}$.

(6) $\mathfrak{g}$ 作为李代数是由根空间 $\mathfrak{g}_\alpha(\alpha \in \Phi)$ 生成的.

证明 设 $\alpha \in \Phi$, 令 $V := \mathbb{C}h_\alpha + \sum_{c \in \mathbb{C}\backslash\{0\}} \mathfrak{g}_{c\alpha}$. 先来验证 V 是 $\mathfrak{g}^\alpha$-子模. 事实上, $\operatorname{ad}h_\alpha(V) \subseteq V$ 是显然的. 对于 $c \neq -1$, $\operatorname{ad}x_\alpha(\mathfrak{g}_{c\alpha}) \subseteq \mathfrak{g}_{(c+1)\alpha}$, 而对于 $\forall z \in \mathfrak{g}_{-\alpha}$,

$\operatorname{ad} x_\alpha(z) = \kappa(x_\alpha, z)t_\alpha \in \mathbb{C}h_\alpha$, $\operatorname{ad} x_\alpha(h_\alpha) \in \mathfrak{g}_\alpha$, 所以 $\operatorname{ad} x_\alpha(V) \subseteq V$. 类似可验证 $\operatorname{ad} y_\alpha(V) \subseteq V$, 所以 V 是一个有限维 $\mathfrak{g}^\alpha$-子模.

根据 $\mathfrak{sl}_2$ 的有限维表示的结构, 对于 $c \in \mathbb{C} \setminus \{0\}$, $\mathfrak{g}_{c\alpha} \neq 0$ 仅当 $2c \in \mathbb{Z} \setminus \{0\}$. 从而 $V = V^{\mathrm{even}} \oplus V^{\mathrm{odd}}$, 这里

$$V^{\mathrm{even}} := \mathbb{C}h_\alpha + \sum_{c \in \mathbb{Z} \setminus \{0\}} \mathfrak{g}_{c\alpha}, \quad V^{\mathrm{odd}} := \sum_{c \in \frac{1}{2} + \mathbb{Z}} \mathfrak{g}_{c\alpha}.$$

类似上面的讨论, 可验证 V^{even} 和 V^{odd} 都是 V 的 $\mathfrak{g}^\alpha$-子模.

注意到按照 1.4 节中权空间的符号, $V^{\mathrm{even}} = \bigoplus_{c \in \mathbb{Z}} V_{2c}$, 其中 $V_{2c} = \mathfrak{g}_{c\alpha}$, $c \in \mathbb{Z} \setminus \{0\}$, $V_0 = \mathbb{C}h_\alpha$. 根据推论 1.4.5, 我们知道 V^{even} 是不可约 $\mathfrak{g}^\alpha$-模 (因为 $\dim_{\mathbb{C}} V_0 = 1$, $(V^{\mathrm{even}})_1 = 0$), 又 $\mathfrak{g}^\alpha = \mathbb{C}h_\alpha + \mathbb{C}x_\alpha + \mathbb{C}y_\alpha$ 是 V^{even} 的 $\mathfrak{g}^\alpha$-子模, 所以 $V^{\mathrm{even}} = \mathbb{C}h_\alpha + \mathbb{C}x_\alpha + \mathbb{C}y_\alpha$, 进而 $\mathfrak{g}_\alpha = \mathbb{C}x_\alpha$, $\mathfrak{g}_{-\alpha} = \mathbb{C}y_\alpha$ 且 $\forall c \in \mathbb{Z} \setminus \{0, 1, -1\}$, $\mathfrak{g}_{c\alpha} = 0$.

类似地, $V^{\mathrm{odd}} = \bigoplus_{s \in \mathbb{Z}} V_{2s+1}$, 其中 $V_{2s+1} = \mathfrak{g}_{\left(\frac{1}{2}+s\right)\alpha}$. 假设 $\frac{1}{2}\alpha \in \Phi$, 根据上面证明的结论知, $\alpha = 2\left(\frac{1}{2}\alpha\right)$ 不是 $\mathfrak{g}$ 的根, 矛盾! 所以 $\frac{1}{2}\alpha$ 不是根, $V_1 = 0 = (V^{\mathrm{odd}})_0$, 进而由推论 1.4.5 可知 $V^{\mathrm{odd}} = 0$. 所以 $\forall c \in \frac{1}{2} + \mathbb{Z}$, $\mathfrak{g}_{c\alpha} = 0$, $c\alpha$ 不是根. 至此证明了 (1) 与 (2).

(3) 设 $\alpha, \beta \in \Phi$ 且 $\beta \neq \pm\alpha$. 令 $N = \bigoplus_{r \in \mathbb{Z}} \mathfrak{g}_{\beta+r\alpha}$. 根据构造, N 显然是一个有限维 $\mathfrak{g}^\alpha$-子模. 此外 $\forall r \in \mathbb{Z}$, $N_{\beta(h_\alpha)+2r} = \mathfrak{g}_{\beta+r\alpha}$ 是 0 或者是 N 作为 $\mathfrak{g}^\alpha$-模的权空间. 显然, $\beta(h_\alpha) + 2r$ 要么全是偶数, 要么全是奇数. 再结合 (1) 以及推论 1.4.5 可知 N 是不可约 $\mathfrak{g}^\alpha$-模. 利用有限维不可约 $\mathfrak{sl}_2$ 的表示的结构知存在 $p, q \in \mathbb{Z}^{\geqslant 0}$, 使得 $N = \bigoplus_{r=-p}^{q} \mathfrak{g}_{\beta+r\alpha}$, 其中 $\forall -p \leqslant r \leqslant q$, $\mathfrak{g}_{\beta+r\alpha} \neq 0$. 所以

$$\Phi \cap \{\beta + r\alpha \mid r \in \mathbb{Z}\} = \{\beta + r\alpha \mid -p \leqslant r \leqslant q, \ r \in \mathbb{Z}\}.$$

此外, 由 $\beta(h_\alpha) + 2q = -\beta(h_\alpha) + 2p$ 得 $p - q = \beta(h_\alpha)$.

(4) 若 $\beta = \pm\alpha$, 则 $\beta(h_\alpha) = \pm 2 \in \mathbb{Z}$, $\beta - \beta(h_\alpha)\alpha = \mp\alpha \in \Phi$. 若 $\beta \neq \pm\alpha$, 根据 (3), $\beta(h_\alpha) = p - q \in \mathbb{Z}$, 且由于 $-p \leqslant -\beta(h_\alpha) \leqslant q$, 所以 $\beta - \beta(h_\alpha)\alpha \in \Phi$.

(5) 由于 $\dim_{\mathbb{C}} \mathfrak{g}_{\alpha+\beta} = 1$ 且 $[\mathfrak{g}_\alpha, \mathfrak{g}_\beta] \subseteq \mathfrak{g}_{\alpha+\beta}$, 所以只需证明 $[\mathfrak{g}_\alpha, \mathfrak{g}_\beta] \neq 0$. 考虑 (3) 的证明过程中构造的 $\mathfrak{g}^\alpha$-单模 $N = \bigoplus_{r=-p}^{q} \mathfrak{g}_{\beta+r\alpha}$, 注意到由于 $\alpha + \beta \in \Phi$, 所以这里 $q \geqslant 1$. 若 $[\mathfrak{g}_\alpha, \mathfrak{g}_\beta] = 0$, 则 $\sum_{r=-p}^{0} \mathfrak{g}_{\beta+r\alpha}$ 是 N 的非零真子模, 这与 N 是不可约 $\mathfrak{g}^\alpha$-模矛盾!

(6) 由于 $\mathfrak{h}^*$ 可由 Φ 线性张成, 所以 $\mathfrak{h}$ 可由所有 h_α, $\alpha \in \Phi$ 线性张成, 又 $h_\alpha = [x_\alpha, y_\alpha]$, 所以 $\mathfrak{g}$ 可由所有 $\mathfrak{g}_\alpha(\alpha \in \Phi)$ 生成. $\qquad \square$

定理 1.8.14　令 $E = \sum_{\alpha \in \Phi} \mathbb{R}\alpha \subseteq \mathfrak{h}^*$, 则 $\dim_{\mathbb{R}} E = \dim_{\mathbb{C}} \mathfrak{h}^*$ 且 $\mathfrak{h}^*$ 上的非退化对称双线性型可限制为实向量空间 E 上的 (实值) 对称正定双线性型, 从而使 E

成为有限维 (实) 欧氏空间.

证明 设 $\dim_{\mathbb{C}} \mathfrak{h} = \ell$, 从 Φ 中取 $\mathfrak{h}^*$ 的一组 $\mathbb{C}$-基 $\{\alpha_1, \cdots, \alpha_\ell\}$. 先来证明 Φ 中的元素可表示为 $\alpha_1, \cdots, \alpha_\ell$ 的有理线性组合.

设 $\beta \in \Phi$, $\beta = \sum_{i=1}^{\ell} c_i \alpha_i$, 其中 $c_i \in \mathbb{C}$. 则 $\forall 1 \leqslant j \leqslant \ell$, $\sum_{i=1}^{\ell} c_i(\alpha_i, \alpha_j) = (\beta, \alpha_j)$. 上述等式两端同乘 $\dfrac{2}{(\alpha_j, \alpha_j)}$ 得关于 $c_1, \cdots, c_\ell$ 的整系数线性方程组

$$\begin{cases} \displaystyle\sum_{i=1}^{\ell} \frac{2(\alpha_i, \alpha_1)}{(\alpha_1, \alpha_1)} c_i = \frac{2(\beta, \alpha_1)}{(\alpha_1, \alpha_1)}, \\ \qquad\qquad \cdots\cdots \\ \displaystyle\sum_{i=1}^{\ell} \frac{2(\alpha_i, \alpha_\ell)}{(\alpha_\ell, \alpha_\ell)} c_i = \frac{2(\beta, \alpha_\ell)}{(\alpha_\ell, \alpha_\ell)}. \end{cases}$$

由于度量矩阵 $(\alpha_i, \alpha_j)_{1 \leqslant i,j \leqslant \ell}$ 是非退化的, 所以方程组的系数矩阵

$$\left(\frac{2(\alpha_i, \alpha_j)}{(\alpha_j, \alpha_j)} \right)_{1 \leqslant i,j \leqslant \ell}$$

也是非退化的, 所以可解得 $c_i \in \mathbb{Q}$, 从而 $E = \mathbb{R} - \mathrm{Span}\{\alpha_1, \cdots, \alpha_\ell\}$ 且 $\dim_{\mathbb{R}} E = \ell$.

再来证明 $\forall \beta, \gamma \in \Phi$, $(\beta, \gamma) \in \mathbb{Q}$. 从而 $\mathfrak{h}^*$ 上的非退化对称双线性型可限制为 E 上的实值非退化对称双线性型. 事实上 $\forall \lambda, \mu \in \mathfrak{h}^*$, 有

$$(\lambda, \mu) = \kappa(t_\lambda, t_\mu) = \mathrm{Tr}(\mathrm{ad}\, t_\lambda \, \mathrm{ad}\, t_\mu) = \sum_{\alpha \in \Phi} \alpha(t_\lambda) \alpha(t_\mu) = \sum_{\alpha \in \Phi} (\lambda, \alpha)(\mu, \alpha).$$

特别地, $(\beta, \beta) = \sum_{\alpha \in \Phi}(\beta, \alpha)^2$, 等式两端同除以 $(\beta, \beta)^2$, 得

$$\frac{1}{(\beta, \beta)} = \sum_{\alpha \in \Phi} \left(\frac{(\alpha, \beta)}{(\beta, \beta)} \right)^2.$$

由于 $\dfrac{(\alpha, \beta)}{(\beta, \beta)} \in \mathbb{Q}$, 所以 $(\beta, \beta) \in \mathbb{Q}$, 又 $\dfrac{2(\gamma, \beta)}{(\beta, \beta)} \in \mathbb{Z}$, 所以 $(\beta, \gamma) \in \mathbb{Q}$.

最后证明 E 上的实值对称双线性型是正定的. 任取 $0 \neq \lambda \in E$, 因为 $(\ ,\ )$ 是 E 上的实值非退化对称双线性型, 所以一定存在某个 $\alpha \in \Phi$, 使得 $(\lambda, \alpha) \in \mathbb{R} \setminus \{0\}$, 从而 $(\lambda, \lambda) = \sum_{\alpha \in \Phi}(\lambda, \alpha)^2 > 0$. 所以 $(\ ,\ )$ 是 E 上的正定对称双线性型. $\qquad\square$

第 2 章　根系与 Weyl 群

根据 1.8 节的内容, 我们知道半单李代数 $\mathfrak{g}$ 的根空间分解说明 $\mathfrak{g}$ 的结构与欧氏空间中一些满足特定条件的有限子集 Φ 密切相关, 这就是本章所要讨论的根系的原型. 事实上, 半单李代数 $\mathfrak{g}$ 的结构完全由它所对应的根系唯一决定. 本章中, 设 ℓ 是一正整数, E 是一固定的 ℓ 维欧氏空间.

2.1　基本定义及例子

定义 2.1.1　设 Φ 是 E 的一个子集, 称 Φ 是 E 中的一个 **(抽象)根系**, 如果它满足:

(R1) Φ 是有限集, $0 \notin \Phi$, Φ 线性张成 E;

(R2) 若 $\alpha \in \Phi$, 则 $r\alpha \in \Phi$, $r \in \mathbb{R}$ 当且仅当 $r = \pm 1$;

(R3) $\forall \alpha, \beta \in \Phi$, $\dfrac{2(\beta, \alpha)}{(\alpha, \alpha)} \in \mathbb{Z}$;

(R4) $\forall \alpha, \beta \in \Phi$, $\beta - \dfrac{2(\beta, \alpha)}{(\alpha, \alpha)}\alpha \in \Phi$.

注记 2.1.2　设 $\alpha, \beta \in E$, 其中 $\alpha \neq 0$. 为了简化记号, 记

$$\alpha^{\vee} := \frac{2\alpha}{(\alpha, \alpha)}, \quad \langle \beta, \alpha^{\vee} \rangle := \frac{2(\beta, \alpha)}{(\alpha, \alpha)}.$$

定义 2.1.3　设 $\alpha \in \Phi$, 定义反射 $s_{\alpha} \in \mathrm{End}_{\mathbb{R}} E$ 如下

$$s_{\alpha}(\lambda) := \lambda - \langle \lambda, \alpha^{\vee} \rangle \alpha, \quad \forall \lambda \in E.$$

由 $\{s_{\alpha} \mid \alpha \in \Phi\}$ 生成的 $\mathrm{GL}(E)$ 的子群 W 称为根系 Φ 的 **Weyl 群**.

引理 2.1.4　根系 Φ 的 Weyl 群 W 是有限群.

证明　留作习题. □

设 $\alpha, \beta \in \Phi$. 回忆在欧氏空间 E 中有 Cauchy 不等式: $|(\alpha, \beta)|^2 \leqslant (\alpha, \alpha)(\beta, \beta)$. 设 θ 是 α 和 β 之间的夹角, 则

$$\cos\theta := \frac{(\alpha, \beta)}{\sqrt{(\alpha, \alpha)}\sqrt{(\beta, \beta)}}.$$

由于根系的定义要求有 $\langle \beta, \alpha^{\vee} \rangle$, $\langle \alpha, \beta^{\vee} \rangle \in \mathbb{Z}$, 从而 $4(\cos\theta)^2 \in \mathbb{Z}$.

引理 2.1.5 设 $\alpha, \beta \in \Phi$, $\alpha \neq \pm\beta$, θ 是 α 和 β 之间的夹角, 则 $r := 4(\cos\theta)^2 \in \{0, 1, 2, 3\}$. 又设 $(\alpha, \alpha) \geqslant (\beta, \beta)$, $(\beta, \alpha) \neq 0$, 则 $|\langle \beta, \alpha^\vee \rangle| = 1$, $|\langle \alpha, \beta^\vee \rangle| = r$.

证明 因为 $\alpha \neq \pm\beta$, 所以 $0 < \theta < \pi$, 则 $0 \leqslant (\cos\theta)^2 < 1$. 又因为

$$\langle \beta, \alpha^\vee \rangle \langle \alpha, \beta^\vee \rangle = 4(\cos\theta)^2 \in \mathbb{Z},$$

所以 $r = 4(\cos\theta)^2 \in \{0, 1, 2, 3\}$. 设 $(\alpha, \beta) \neq 0$ 且 $(\alpha, \alpha) \geqslant (\beta, \beta)$, 则

$$0 < |\langle \beta, \alpha^\vee \rangle| \leqslant |\langle \alpha, \beta^\vee \rangle|,$$

又注意到 $\langle \beta, \alpha^\vee \rangle$ 和 $\langle \alpha, \beta^\vee \rangle$ 都是整数, 所以 $|\langle \beta, \alpha^\vee \rangle| = 1$, $|\langle \alpha, \beta^\vee \rangle| = r$. $\square$

推论 2.1.6 设 $\alpha, \beta \in \Phi$ 且 $\alpha \neq \pm\beta$, 若 $(\alpha, \beta) > 0$, 则 $\alpha - \beta \in \Phi$; 若 $(\alpha, \beta) < 0$, 则 $\alpha + \beta \in \Phi$.

证明 不妨设 $(\alpha, \alpha) \geqslant (\beta, \beta)$. 若 $(\alpha, \beta) > 0$, 则由引理 2.1.5, $\langle \beta, \alpha^\vee \rangle = 1$, 从而 $s_\alpha(\beta) = \beta - \alpha \in \Phi$, 进而 $\alpha - \beta \in \Phi$. 若 $(\alpha, \beta) < 0$, 则由引理 2.1.5, $\langle \beta, \alpha^\vee \rangle = -1$, 从而 $s_\alpha(\beta) = \beta + \alpha \in \Phi$. $\square$

引理 2.1.7 设 $\alpha, \beta \in \Phi$ 且 $\alpha \neq \pm\beta$, 则存在非负整数 p, q 使得

$$\Phi \cap \{\beta + k\alpha \mid k \in \mathbb{Z}\} = \{\beta - p\alpha, \cdots, \beta, \cdots, \beta + q\alpha\}.$$

进一步, $p - q = \langle \beta, \alpha^\vee \rangle$.

证明 设 $p, q \in \mathbb{Z}^{\geqslant 0}$ 是最大的非负整数, 使得 $\beta - p\alpha, \beta + q\alpha \in \Phi$. 若存在某个 $-p < r < q$ 使得 $\beta + r\alpha \notin \Phi$, 那么一定存在 $s < t$, 使得

$$\beta + s\alpha \in \Phi, \quad \beta + (s+1)\alpha \notin \Phi, \quad \beta + t\alpha \in \Phi, \quad \beta + (t-1)\alpha \notin \Phi.$$

应用推论 2.1.6 得 $(\alpha, \beta + s\alpha) \geqslant 0$, $(\alpha, \beta + t\alpha) \leqslant 0$, 进而 $t \leqslant s$, 矛盾! 又注意到 $\forall -p \leqslant r \leqslant q$,

$$s_\alpha(\beta + r\alpha) = \beta - (\langle \beta, \alpha^\vee \rangle + r)\alpha \in \Phi,$$

并且 $\forall -p \leqslant r < s \leqslant q$,

$$-p \leqslant -(\langle \beta, \alpha^\vee \rangle + s) < -(\langle \beta, \alpha^\vee \rangle + r) \leqslant q,$$

所以 s_α 作用在根链 $\{\beta - p\alpha, \cdots, \beta + q\alpha\}$ 上恰好将根链反转. 特别地, $s_\alpha(\beta + q\alpha) = \beta - p\alpha$, 进而 $p - q = \langle \beta, \alpha^\vee \rangle$. $\square$

定义 2.1.8 设 Π 是 Φ 的子集. 如果它满足:

(B1) Π 是 E 的一组 $\mathbb{R}$-线性基;

(B2) 任给 $\beta \in \Phi$, 若 $\beta = \sum_{\alpha \in \Pi} k_\alpha \alpha$, 则 k_α 全为非负整数或全为非正整数,

则称 Π 是 Φ 的**基**, 并把 Π 中的元素称为**单根**.

令 $\Phi^+ = \{\beta \in \Phi \mid \beta = \sum_{\alpha \in \Pi} k_\alpha \alpha,\ k_\alpha \in \mathbb{Z}^{\geqslant 0},\ \forall \alpha\}$, $\Phi^- = -\Phi^+$, 称 Φ^+ 中的元素为**正根**, Φ^- 中的元素为**负根**. 关于 Φ 的基 Π 的存在性将在 2.2 节中给予证明, 那时显然有 $\Phi = \Phi^+ \sqcup \Phi^-$. 单根 $\alpha \in \Pi$ 对应的反射 s_α 称为**单反射**.

定义 2.1.9　设 $\mathfrak{g}$ 是一个有限维复半单李代数, 固定 $\mathfrak{g}$ 的一个 Cartan 子代数 $\mathfrak{h}$, $\Phi \subseteq \mathfrak{h}^*$ 是 $\mathfrak{g}$ 的根空间分解中产生的根系, 固定 Φ 的一个基 Π. 定义

$$\mathfrak{n} := \bigoplus_{\alpha \in \Phi^+} \mathfrak{g}_\alpha, \quad \mathfrak{n}^- := \bigoplus_{\alpha \in \Phi^-} \mathfrak{g}_\alpha, \quad \mathfrak{b} := \mathfrak{h} \oplus \mathfrak{n}, \quad \mathfrak{b}^- := \mathfrak{n}^- \oplus \mathfrak{h}.$$

显然 $\mathfrak{n}, \mathfrak{n}^-, \mathfrak{b}$ 以及 $\mathfrak{b}^-$ 都是 $\mathfrak{g}$ 的李子代数. 应用 PBW 定理可得普遍包络代数 $U(\mathfrak{g})$ 的如下三角分解.

推论 2.1.10　乘法映射诱导出如下的复向量空间同构:

$$U(\mathfrak{n}^-) \otimes U(\mathfrak{h}) \otimes U(\mathfrak{n}) \cong U(\mathfrak{g}) \cong U(\mathfrak{b}^-) \otimes U(\mathfrak{n}) \cong U(\mathfrak{n}^-) \otimes U(\mathfrak{b}). \tag{2.1.1}$$

例 2.1.11　回忆例 1.8.5 中特殊线性李代数 $\mathfrak{sl}_{n+1}(n \geqslant 1)$ 的根空间分解,

$$\Phi = \{\pm(\varepsilon_i - \varepsilon_j) \mid 1 \leqslant i < j \leqslant n+1\}$$

是 $\mathfrak{sl}_{n+1}$ 的根系, 则 $\Pi = \{\alpha_i = \varepsilon_i - \varepsilon_{i+1} \mid 1 \leqslant i \leqslant n\}$ 是 Φ 的基,

$$\Phi^+ = \{\varepsilon_i - \varepsilon_j = \alpha_i + \cdots + \alpha_{j-1} \mid 1 \leqslant i < j \leqslant n+1\}$$

是相应的正根集, 并且李代数 $\mathfrak{sl}_{n+1}$ 可由 $\{e_i, f_i \mid 1 \leqslant i \leqslant n\}$ 生成.

例 2.1.12　回忆例 1.8.6 中特殊正交李代数 $\mathfrak{so}_{2n+1}(n \geqslant 2)$ 的根空间分解以及根系 Φ, 则 $\Pi = \{\alpha_i = \varepsilon_i - \varepsilon_{i+1} \mid 1 \leqslant i < n\} \cup \{\beta_n = \varepsilon_n\}$ 是 Φ 的基.

$$\begin{aligned}
\Phi^+ = &\{\varepsilon_i = \alpha_i + \cdots + \alpha_{n-1} + \beta_n \mid 1 \leqslant i \leqslant n\} \\
&\cup \{\varepsilon_i - \varepsilon_j = \alpha_i + \cdots + \alpha_{j-1} \mid 1 \leqslant i < j \leqslant n\} \\
&\cup \{\varepsilon_i + \varepsilon_j \mid 1 \leqslant i < j \leqslant n\}
\end{aligned}$$

是相应的正根集, 并且李代数 $\mathfrak{so}_{2n+1}$ 可由

$$\{m_{ii+1}, m_{i+1i} \mid 1 \leqslant i < n\} \cup \{2b_n, c_n\}$$

生成.

例 2.1.13　回忆例 1.8.7 中辛李代数 $\mathfrak{sp}_{2n}(n \geqslant 3)$ 的根空间分解以及根系 Φ, 则 $\Pi = \{\alpha_i = \varepsilon_i - \varepsilon_{i+1} \mid 1 \leqslant i < n\} \cup \{\beta_n = 2\varepsilon_n\}$ 是 Φ 的基,

$$\begin{aligned}
\Phi^+ = &\{\varepsilon_i - \varepsilon_j = \alpha_i + \cdots + \alpha_{j-1} \mid 1 \leqslant i < j \leqslant n\} \\
&\cup \{\varepsilon_i + \varepsilon_j = \alpha_i + \cdots + \alpha_{j-1} + 2(\alpha_j + \cdots + \alpha_{n-1}) + \beta_n \mid 1 \leqslant i < j \leqslant n\} \\
&\cup \{2\varepsilon_i = 2(\alpha_i + \cdots + \alpha_{n-1}) + \beta_n \mid 1 \leqslant i \leqslant n\}
\end{aligned}$$

是相应的正根集, 并且李代数 $\mathfrak{sp}_{2n}$ 可由

$$\{m_{i,i+1}, m_{i+1,i} \mid 1 \leqslant i < n\} \cup \{p_n, q_n\}$$

生成.

例 2.1.14 回忆例 1.8.8 中特殊正交李代数 $\mathfrak{so}_{2n}(n \geqslant 4)$ 的根空间分解以及根系 Φ, 则 $\Pi = \{\alpha_i = \varepsilon_i - \varepsilon_{i+1} \mid 1 \leqslant i < n\} \cup \{\beta_n = \varepsilon_{n-1} + \varepsilon_n\}$ 是 Φ 的基.

$$\begin{aligned}\Phi^+ =& \{\varepsilon_i - \varepsilon_j = \alpha_i + \cdots + \alpha_{j-1} \mid 1 \leqslant i < j \leqslant n\} \\ & \cup \{\varepsilon_i + \varepsilon_j = (\alpha_i + \cdots + \alpha_{n-2}) + (\alpha_j + \cdots + \alpha_{n-1} + \beta_n) \mid 1 \leqslant i < j \leqslant n\}\end{aligned}$$

是相应的正根集, 并且李代数 $\mathfrak{so}_{2n}$ 可由

$$\{m_{i,i+1}, m_{i+1,i} \mid 1 \leqslant i < n\} \cup \{p_{n-1,n}, q_{n,n-1}\}$$

生成.

习 题 2.1

习题 2.1.15 证明根系 Φ 的 Weyl 群 W 是一个有限群.

习题 2.1.16 设 E 是 $\mathbb{R}$ 上的一个有限维实向量空间, G 是一个有限群作用在 E 上, 证明 E 上存在一个 G-不变内积, 即存在一个对称正定双线性型 (,), 使得 $\forall \alpha, \beta \in E, \forall w \in G$, $(w(\alpha), w(\beta)) = (\alpha, \beta)$.

习题 2.1.17 设 Φ 是 E 的根系, 令

$$\Phi^\vee := \{\alpha^\vee \mid \alpha \in \Phi\}.$$

证明 $\Phi^\vee$ 也是 E 的一个根系. 称 $\Phi^\vee$ 是 Φ 的**对偶根系**.

习题 2.1.18 设 Φ 是 E 的根系, Π 是 Φ 的基, $\Phi^\vee$ 是 Φ 的对偶根系, 令

$$\Pi^\vee := \{\alpha^\vee \mid \alpha \in \Pi\}.$$

证明 $\Pi^\vee$ 是 $\Phi^\vee$ 的一个基.

2.2 Weyl 群和 Weyl 房

本节中固定 Φ 为欧氏空间 E 中的一个根系, 将给出 Φ 的基 Π 的存在性证明.

定义 2.2.1 固定 Φ 的一个基 Π, 定义 E 上的偏序 "$\geqslant$" 如下:

$$\forall \lambda, \mu \in E, \lambda \geqslant \mu \text{ 当且仅当 } \quad \lambda - \mu = \sum_{\alpha \in \Pi} k_\alpha \alpha, \quad \text{ 其中 } \quad \forall \alpha \in \Pi, k_\alpha \in \mathbb{Z}^{\geqslant 0}.$$

若 $\lambda \geqslant \mu$ 且 $\lambda \neq \mu$, 则称 $\lambda > \mu$.

定义 2.2.2　设 $\gamma \in E$, 如果 $\forall \alpha \in \Phi$, $(\gamma, \alpha) \neq 0$, 则称 γ 是**正则权**.

对每个 $\alpha \in \Phi$, 定义

$$P_\alpha := (\mathbb{R}\alpha)^\perp = \big\{ \beta \in E \mid (\beta, \alpha) = 0 \big\},$$

则 $X := E \setminus \cup_{\alpha \in \Phi} P_\alpha$ 是由 E 的所有正则元素组成的集合.

设 $\gamma \in X$, 令

$$\Phi^+(\gamma) := \big\{ \alpha \in \Phi \mid (\gamma, \alpha) > 0 \big\}, \quad \Phi^-(\gamma) := \big\{ \alpha \in \Phi \mid (\gamma, \alpha) < 0 \big\}.$$

显然 $\Phi = \Phi^+(\gamma) \sqcup \Phi^-(\gamma)$. 定义

$$\Pi(\gamma) := \big\{ \alpha \in \Phi^+(\gamma) \mid \alpha \neq \alpha_1 + \alpha_2, \forall \alpha_1, \alpha_2 \in \Phi^+(\gamma) \big\}.$$

下面的定理保证了 Φ 的基 Π 的存在性.

定理 2.2.3　设 $\gamma \in X$, 则 $\Pi(\gamma)$ 是 Φ 的基且 $\Phi^+ = \Phi^+(\gamma)$, $\Phi^- = \Phi^-(\gamma)$. 进一步, 对于 Φ 的每个基 Π, 都存在 $\gamma \in X$, 使得 $\Pi = \Pi(\gamma)$.

证明　第一步: 断言 $\Phi^+(\gamma) \subseteq \mathbb{Z}^{\geq 0} \Pi(\gamma)$, 其中

$$\mathbb{Z}^{\geq 0} \Pi(\gamma) := \left\{ \sum_{\alpha \in \Pi(\gamma)} r_\alpha \alpha \,\middle|\, r_\alpha \in \mathbb{Z}^{\geq 0}, \ \forall \alpha \in \Pi(\gamma) \right\}.$$

若不然, 设 $\beta \in \Phi^+(\gamma) \setminus \mathbb{Z}^{\geq 0} \Pi(\gamma)$ 使得 (β, γ) 最小, 显然 $\beta \notin \Pi(\gamma)$. 所以存在 β_1, $\beta_2 \in \Phi^+(\gamma)$, 使得 $\beta = \beta_1 + \beta_2$, 从而 $(\beta, \gamma) = (\beta_1, \gamma) + (\beta_2, \gamma)$, 又 $(\beta_i, \gamma) > 0 (i = 1, 2)$, 根据 β 的取法可知, $\beta_i \in \mathbb{Z}^{\geq 0} \Pi(\gamma)$, 所以 $\beta \in \mathbb{Z}^{\geq 0} \Pi(\gamma)$, 矛盾!

第二步: 往证 $\forall \alpha, \beta \in \Pi(\gamma)$, $(\alpha, \beta) \leq 0$. 若不然, 假设 $(\alpha, \beta) > 0$, 则 $\alpha - \beta$, $\beta - \alpha \in \Phi = \Phi^+(\gamma) \sqcup \Phi^-(\gamma)$. 不妨设 $\alpha - \beta \in \Phi^+(\gamma)$, 则 $\alpha = (\alpha - \beta) + \beta$, 其中 $\beta \in \Pi(\gamma) \subseteq \Phi^+(\gamma)$ 且 $\alpha - \beta \in \Phi^+(\gamma)$, 这与 α 不可分解矛盾!

第三步: 断言 $\Pi(\gamma)$ 可线性张成整个欧氏空间 E. 事实上, 根据第一步, $\Phi^+(\gamma)$ 落在 $\Pi(\gamma)$ 张成的空间中, 又 $\Phi^+(\gamma)$ 可张成整个 E, 所以 $\Pi(\gamma)$ 可张成整个 E.

第四步: 断言 $\Pi(\gamma)$ 是一组 $\mathbb{R}$-线性无关的元素.

设 $0 = \sum_{\alpha \in \Pi(\gamma)} c_\alpha \alpha = \sum_{c_\alpha > 0} c_\alpha \alpha + \sum_{c_\beta < 0} c_\beta \beta$, 则

$$\sum_{c_\alpha > 0} c_\alpha \alpha = - \sum_{c_\beta < 0} c_\beta \beta.$$

从而根据第二步可知

$$0 \leq \left(\sum_{c_\alpha > 0} c_\alpha \alpha, - \sum_{c_\beta < 0} c_\beta \beta \right) = - \sum_{c_\alpha > 0, \, c_\beta < 0} c_\alpha c_\beta (\alpha, \beta) \leq 0,$$

从而 $\sum_{c_\alpha>0} c_\alpha \alpha = -\sum_{c_\beta<0} c_\beta \beta = 0$, 则 $0 = \sum_{c_\alpha>0} c_\alpha(\alpha,\gamma)$, 又 $(\alpha,\gamma) > 0$, 从而 $c_\alpha = 0$. 同理 $c_\beta = 0$.

根据第三步和第四步知 $\Pi(\gamma)$ 是 E 的 $\mathbb{R}$-基, 再根据第一步知 $\Pi(\gamma)$ 是 Φ 的基, 此外, 在基 $\Pi(\gamma)$ 下, 正根集是 $\Phi^+(\gamma)$, 负根集是 $\Phi^-(\gamma)$.

最后, 设 Π 是 Φ 的任意一个基. 取 $\gamma \in E$, 使得 $\forall \alpha \in \Pi$, $(\gamma,\alpha) > 0$. 则 $\forall \beta \in \Phi^+$, $(\gamma,\beta) > 0$, 而 $\forall \beta \in \Phi^-$, $(\beta,\gamma) < 0$, 所以 γ 是正则的且 $\Phi^+ \subseteq \Phi^+(\gamma)$, $\Phi^- \subseteq \Phi^-(\gamma)$. 又 $\Phi = \Phi^+ \sqcup \Phi^- = \Phi^+(\gamma) \sqcup \Phi^-(\gamma)$, 所以 $\Phi^+ = \Phi^+(\gamma)$, $\Phi^- = \Phi^-(\gamma)$. 又 Π 是 Φ 的基, 所以 Π 中的元素是不可分解的, 则 $\Pi \subseteq \Pi(\gamma)$. 而 Π 和 $\Pi(\gamma)$ 都是基, 所以 $\Pi = \Pi(\gamma)$. $\qquad\square$

推论 2.2.4 设 Π 是 Φ 的基, 则 $\forall \alpha \neq \beta \in \Pi$, $(\alpha,\beta) \leqslant 0$ 且 $\alpha - \beta \notin \Phi$.

定义 2.2.5 定义 X 上的等价关系 "$\sim$" 如下: $\forall x,y \in X$,

$$x \sim y \text{ 当且仅当 } \forall \alpha \in \Phi, (x,\alpha) \text{ 与 } (y,\alpha) \text{ 同号}.$$

称 X 在该等价关系下的等价类为 **Weyl 房**. 对每个 $\gamma \in X$, 用 $\mathfrak{C}(\gamma)$ 表示 γ 所在的 Weyl 房, 用 Σ 表示全体 Weyl 房的集合.

命题 2.2.6 设 $\gamma \in X$, 则 $\mathfrak{C}(\gamma) = \{\mu \in X \mid (\mu,\alpha) > 0, \forall \alpha \in \Pi(\gamma)\}$.

证明 若 $\mu \sim \gamma$, 由于 $\forall \alpha \in \Pi(\gamma)$, $(\gamma,\alpha) > 0$, 所以 $(\mu,\alpha) > 0$. 反之, 若 $\forall \alpha \in \Pi(\gamma)$, $(\mu,\alpha) > 0$, 则 $\forall \alpha \in \Phi^+(\gamma)$, $(\mu,\alpha) > 0$, 又 $\forall \alpha \in \Phi^-(\gamma)$, $(\mu,\alpha) < 0$, 所以 $\mu \sim \gamma$. $\qquad\square$

命题 2.2.7 $\forall \gamma \in X$, $\mathfrak{C}(\gamma) \mapsto \Pi(\gamma)$ 给出了从 Σ 到 Φ 的全部基组成的集合的一一对应, 记作 π.

证明 若 $\gamma \sim \mu$, 则 $\Phi^+(\gamma) = \Phi^+(\mu)$, 所以 $\Pi(\gamma) = \Pi(\mu)$, 映射定义合理. 若 $\Pi(\gamma) = \Pi(\mu)$, 根据命题 2.2.6, 则 $\mathfrak{C}(\gamma) = \mathfrak{C}(\mu)$, 所以映射是单射. 又根据定理 2.2.3, 映射是满的. $\qquad\square$

定义 2.2.8 给定 Φ 的一个基 Π, 称在命题 2.2.7 给出的一一对应下, 对应于 Π 的 Weyl 房为**基本房**, 记作 $\mathfrak{C}(\Pi)$. 显然, 若 $\Pi = \Pi(\gamma)$, 则 $\mathfrak{C}(\Pi) = \mathfrak{C}(\gamma)$.

命题 2.2.9 $\forall \sigma \in W$, $\forall \gamma \in X$, $\sigma(\mathfrak{C}(\gamma)) = \mathfrak{C}(\sigma(\gamma))$, $\sigma(\Pi(\gamma)) = \Pi(\sigma(\gamma))$.

证明 注意到 σ 是正交变换 (保持内积), 故 $\forall \alpha \in \Phi$, $\forall \mu \in \mathfrak{C}(\gamma)$,

$$(\sigma(\mu),\sigma(\alpha)) = (\mu,\alpha), \quad (\sigma(\gamma),\sigma(\alpha)) = (\gamma,\alpha).$$

而 (μ,α) 和 (γ,α) 同号, 所以 $(\sigma(\mu),\sigma(\alpha))$ 和 $(\sigma(\gamma),\sigma(\alpha))$ 同号, 所以

$$\sigma(\mu) \in \mathfrak{C}(\sigma(\gamma)), \quad \sigma(\mathfrak{C}(\gamma)) \subseteq \mathfrak{C}(\sigma(\gamma)).$$

同理 $\sigma^{-1}(\mathfrak{C}(\sigma(\gamma))) \subseteq \mathfrak{C}(\gamma)$, 从而 $\mathfrak{C}(\sigma(\gamma)) \subseteq \sigma(\mathfrak{C}(\gamma))$, 所以 $\sigma(\mathfrak{C}(\gamma)) = \mathfrak{C}(\sigma(\gamma))$.

注意到 $\sigma(\Pi(\gamma))$ 仍然是 Φ 的基, 由定理 2.2.3 存在 $\mu \in X$ 使得 $\sigma(\Pi(\gamma)) = \Pi(\mu)$. 由于 $\forall \alpha \in \Pi(\gamma)$, $(\sigma(\gamma), \sigma(\alpha)) = (\gamma, \alpha) > 0$, 根据命题 2.2.6 可知, $\sigma(\gamma) \in \mathfrak{C}(\mu)$, 从而 $\mathfrak{C}(\sigma(\gamma)) = \mathfrak{C}(\mu)$. 再根据命题 2.2.7 可知 $\Pi(\mu) = \Pi(\sigma(\gamma))$. $\qquad\square$

推论 2.2.10　固定 $\sigma \in W$, 则 $\mathfrak{C}(\gamma) \mapsto \mathfrak{C}(\sigma(\gamma))$, $\gamma \in X$ 定义了 Σ 上的一个置换, 仍记作 σ. 同样 $\Pi(\gamma) \mapsto \Pi(\sigma(\gamma))$, $\gamma \in X$ 定义了 Φ 的所有基组成的集合上的一个置换, 同样记作 σ, 那么有如下交换图:

$$\begin{array}{ccc} \Sigma = \{\text{Weyl 房}\} & \overset{\pi}{\longrightarrow} & \{\Phi \text{ 的基}\} \\ \downarrow{\sigma} & & \downarrow{\sigma} \\ \Sigma = \{\text{Weyl 房}\} & \overset{\pi}{\longrightarrow} & \{\Phi \text{ 的基}\} \end{array}$$

引理 2.2.11　设 $\alpha \in \Phi^+ \setminus \Pi$, 则存在 $\beta \in \Pi$, 使得 $\alpha - \beta \in \Phi^+$.

证明　如果 $\forall \beta \in \Pi$, $(\alpha, \beta) \leqslant 0$, 则对 $\Pi \cup \{\alpha\}$ 重复定理 2.2.3 证明过程中的第四步可知 $\Pi \cup \{\alpha\}$ 是线性无关的一组元素, 这与 Π 是基矛盾! 所以存在 $\beta \in \Pi$, 使得 $(\alpha, \beta) > 0$, 又显然 $\alpha \neq \pm\beta$, 进而 $\alpha - \beta \in \Phi$. 设

$$\alpha = k_\beta \beta + \sum_{\gamma \in \Pi \setminus \{\beta\}} k_\gamma \gamma,$$

其中 $k_\beta, k_\gamma \in \mathbb{Z}^{\geqslant 0}$, 并且至少存在一个 $\gamma \in \Pi \setminus \{\beta\}$, 使得 $k_\gamma \in \mathbb{Z}^{>0}$, 所以 $\alpha - \beta \in \Phi^+$. $\qquad\square$

推论 2.2.12　设 $\beta \in \Phi^+$, 则存在正整数 k 以及单根序列 $\alpha_1, \cdots, \alpha_k$, 使得 $\beta = \alpha_1 + \cdots + \alpha_k$ 且 $\forall 1 \leqslant i \leqslant k$, $\alpha_1 + \cdots + \alpha_i \in \Phi^+$.

定义 2.2.13　定义 $\rho := \dfrac{1}{2} \sum_{\beta \in \Phi^+} \beta$.

引理 2.2.14　设 $\alpha \in \Pi$, 则 $s_\alpha(\Phi^+ \setminus \{\alpha\}) = \Phi^+ \setminus \{\alpha\}$, 并且 $s_\alpha(\rho) = \rho - \alpha$.

引理 2.2.15　给定单根序列 $\alpha_1, \cdots, \alpha_k \in \Pi$, 对 $\forall 1 \leqslant i \leqslant k$, 记 $s_i := s_{\alpha_i}$. 若 $s_1 \cdots s_{k-1}(\alpha_k) \in \Phi^-$, 则存在 $1 \leqslant t < k$, 使得 $s_1 \cdots s_k = s_1 \cdots s_{t-1} s_{t+1} \cdots s_{k-1}$.

证明　$\forall 0 \leqslant i \leqslant k-1$, 令 $\beta_i := s_{i+1} \cdots s_{k-1}(\alpha_k)$. 特别地, $\beta_0 = s_1 \cdots s_{k-1}(\alpha_k) \in \Phi^-$, $\beta_{k-1} = \alpha_k \in \Phi^+$. 所以存在最小的 $1 \leqslant t < k$, 使得 $\beta_t \in \Phi^+$, 而 $\beta_{t-1} \in \Phi^-$, 根据引理 2.2.14, $\beta_t = \alpha_t$. 从而

$$s_t = s_{\alpha_t} = s_{\beta_t} = s_{s_{t+1} \cdots s_{k-1} \alpha_k} = s_{t+1} \cdots s_{k-1} s_k s_{k-1} \cdots s_{t+1}.$$

所以 $s_1 \cdots s_t \cdots s_k = s_1 \cdots s_{t-1} s_{t+1} \cdots s_{k-1}$. $\qquad\square$

推论 2.2.16　若 $\sigma = s_1 \cdots s_k \in W$, 其中每个 $s_i := s_{\alpha_i}$, $\alpha_i \in \Pi$, 使得 k 是极小的, 则 $\sigma(\alpha_k) \in \Phi^-$.

定理 2.2.17 设 Π 是根系 Φ 的基, W 是 Φ 的 Weyl 群, $\mathfrak{C}(\Pi)$ 是基本房.

(1) 若 γ 是正则的, $\mathfrak{C}' = \mathfrak{C}(\gamma)$ 是对应的 Weyl 房, 则存在 $\sigma \in W$, 使得 $\sigma(\mathfrak{C}') = \mathfrak{C}(\Pi)$. 等价地, 存在 $\sigma \in W$, 使得 $\forall \alpha \in \Pi, (\sigma(\gamma), \alpha) > 0$.

(2) 若 γ 是正则的, $\Pi' = \Pi(\gamma)$ 是 Φ 的基, 则存在 $\sigma \in W$ 使得 $\sigma(\Pi') = \Pi$.

(3) 设 $\alpha \in \Phi$, 则存在 $\sigma \in W$, 使得 $\sigma(\alpha) \in \Pi$.

(4) Weyl 群 W 可由所有单反射 s_α $(\alpha \in \Pi)$ 生成.

(5) 设 $\sigma \in W$ 使得 $\sigma(\Pi) = \Pi$, 则 $\sigma = 1$. 因此, 若 $\sigma(\mathfrak{C}(\Pi)) = \mathfrak{C}(\Pi)$, 则 $\sigma = 1$.

证明 设 W' 是由 $s_\alpha, \alpha \in \Pi$ 生成的 W 的子群, 首先对 W' 来证明 (1)—(3), 然后证明 $W' = W$.

(1) 因为 W' 是有限群, 所以可选取 $\sigma \in W'$ 使得 $(\sigma(\gamma), \rho)$ 最大. 那么 $\forall \alpha \in \Pi$,

$$(\sigma(\gamma), \rho) \geqslant (s_\alpha \sigma(\gamma), \rho) = (\sigma(\gamma), s_\alpha(\rho)) = (\sigma(\gamma), \rho) - (\sigma(\gamma), \alpha).$$

又 γ 是正则的, 所以 $(\sigma(\gamma), \alpha) \neq 0$, 从而 $(\sigma(\gamma), \alpha) > 0$. 因此 $\sigma(\gamma) \in \mathfrak{C}(\Pi)$, 于是 $\sigma(\mathfrak{C}(\gamma)) = \mathfrak{C}(\Pi)$.

(2) 根据推论 2.2.10 中的交换图以及结论 (1) 即得 (2).

(3) 根据 (2), 只需证明 α 属于 Φ 的某个基即可. 注意到 $\forall \beta \in \Phi \setminus \{\alpha, -\alpha\}$, $P_\beta \cap P_\alpha$ 是 P_α 的真子空间. 所以 $\bigcup_{\beta \in \Phi \setminus \{\pm\alpha\}}(P_\beta \cap P_\alpha)$ 是 P_α 的真子空间, 所以存在 $\gamma' \in P_\alpha \setminus \bigcup_{\beta \in \Phi \setminus \{\pm\alpha\}}(P_\beta \cap P_\alpha)$, 即

$$(\gamma', \alpha) = 0, \quad (\gamma', \beta) \neq 0, \quad \forall \beta \in \Phi \setminus \{\pm\alpha\}.$$

那么存在充分靠近 γ' 的元素 γ 以及充分小的 $\epsilon > 0$, 使得 $(\gamma, \alpha) = \epsilon$ 并且 $\forall \beta \in \Phi \setminus \{\pm\alpha\}, |(\gamma, \beta)| > \varepsilon$. 于是 γ 是正则元素, 并且 $\alpha \in \Phi^+(\gamma)$. 进一步, 根据 $(\gamma, \alpha) = \varepsilon$ 的极小性可知, $\alpha \in \Phi^+(\gamma)$ 是不可分解的, 所以 $\alpha \in \Pi(\gamma)$.

(4) $\forall \alpha \in \Phi$, 根据 (3), 存在 $\sigma \in W'$ 使得 $\sigma(\alpha) \in \Pi$. 记 $\beta := \sigma(\alpha)$, 则 $s_\beta = \sigma s_\alpha \sigma^{-1}$, 从而 $s_\alpha = \sigma^{-1} s_\beta \sigma \in W'$, 所以 $W = W'$.

(5) 设 $\sigma(\Pi) = \Pi$. 若 $\sigma \neq 1$, 则存在 σ 的表达式 $s_{\alpha_1} \cdots s_{\alpha_k}$, 其中 $\alpha_i \in \Pi (i = 1, \cdots, k)$ 且 $k \geqslant 1$ 是极小的. 根据推论 2.2.16, $\sigma(\alpha_k) \in \Phi^-$, 矛盾!

若 $\sigma(\mathfrak{C}(\Pi)) = \mathfrak{C}(\Pi)$, 根据推论 2.2.10 中的交换图可得 $\sigma(\Pi) = \Pi$. $\square$

例 2.2.18 回忆例 2.1.11 中 $\mathfrak{sl}_{n+1}(n \geqslant 1)$ 的根系和基. 对 $\forall 1 \leqslant i \leqslant n$, 设 s_i 是由单根 α_i 决定的欧氏空间 $E = \sum_{\alpha \in \Phi} \mathbb{R}\alpha$ 上的单反射, 即 $\forall \lambda \in E, s_i(\lambda) = \lambda - \lambda(h_i)\alpha_i$, 根系 Φ 的 Weyl 群 W 是由 $s_1, \cdots, s_n$ 生成的 $\mathrm{GL}(E)$ 的子群, 容易验证

$$s_i(\varepsilon_j) = \begin{cases} \varepsilon_{i+1}, & j = i, \\ \varepsilon_i, & j = i+1, \\ \varepsilon_j, & j \neq i, i+1. \end{cases}$$

实际上, W 同构于集合 $\{1,2,\cdots,n+1\}$ 的对称群 $\mathfrak{S}_{n+1}$, 使得每个单反射 s_i 恰好对应到对换 $(i,i+1)$, $\forall 1 \leqslant i \leqslant n$.

推论 2.2.19　$\#W = \#\{\Phi\text{的基}\} = \#\{\text{Weyl 房}\}$.

证明　由定理 2.2.17 即得 $\#W = \#\{\text{Weyl 房}\}$, $\#W = \#\{\Phi\text{的基}\}$. □

定义 2.2.20　(1) 设 $\sigma \in W$, 定义 $n(\sigma) := \#\{\alpha \in \Phi^+ \mid \sigma(\alpha) \in \Phi^-\}$;

(2) 设 $\sigma \in W$, 如果 $\sigma = s_1 \cdots s_k$(其中 $s_i := s_{\alpha_i}, \alpha_i \in \Pi$), 使得 k 是极小的, 则称 $s_1 \cdots s_k$ 是 σ 的既约表达式, 此时称 σ 的长度为 k, 记作 $\ell(\sigma) = k$.

定理 2.2.21　设 $\sigma \in W$, 则 $n(\sigma) = \ell(\sigma)$.

证明　对 $\ell(\sigma)$ 归纳. 当 $\ell(\sigma) = 0$ 时, $\sigma = 1$, 结论自然成立. 设 $k := \ell(\sigma) \geqslant 1$, 结论对长度为 $k-1$ 的元素成立. 设 $\sigma = s_1 \cdots s_k$ 是 σ 的一个既约表达式, 其中 $s_i := s_{\alpha_i}, \alpha_i \in \Pi$. 令 $\tau := s_1 \cdots s_{k-1}$, 根据归纳假设, $n(\tau) = \ell(\tau) = k-1$. 由于 $s_k(\Phi^+ \setminus \{\alpha_k\}) = \Phi^+ \setminus \{\alpha_k\}$, 所以 $\sigma(\Phi^+ \setminus \{\alpha_k\}) = \tau(\Phi^+ \setminus \{\alpha_k\})$. 又根据推论 2.2.16 可知, $\sigma(\alpha_k) \in \Phi^-$, 则 $\tau(\alpha_k) \in \Phi^+$. 因此 $n(\sigma) = n(\tau) + 1 = \ell(\tau) + 1 = \ell(\sigma)$. □

令 $\overline{\mathfrak{C}(\Pi)} := \{\lambda \in E \mid (\lambda, \alpha) \geqslant 0, \ \forall \alpha \in \Pi\}$, 则有下述引理.

引理 2.2.22　设 $\lambda, \mu \in \overline{\mathfrak{C}(\Pi)}$ 且存在 $\sigma \in W$ 使得 $\mu = \sigma(\lambda)$, 则 $\lambda = \mu$.

证明　对 $\ell(\sigma)$ 归纳. 若 $\ell(\sigma) = 0$, 即 $\sigma = 1$, 结论是平凡的. 下设 $k = \ell(\sigma) > 0$, $\sigma = s_{\alpha_1} \cdots s_{\alpha_k}$ 是既约表达式, 记 $\alpha := \alpha_k \in \Pi$. 根据推论 2.2.16, $\sigma(\alpha) \in \Phi^-$, 从而 $0 \geqslant (\mu, \sigma(\alpha)) = (\lambda, \alpha) \geqslant 0$, 则 $(\lambda, \alpha) = 0$. 所以 $\mu = \sigma(\lambda) = \sigma s_\alpha(\lambda)$, 又 $\ell(\sigma s_\alpha) = \ell(\sigma) - 1$, 利用归纳假设可知 $\lambda = \mu$. □

引理 2.2.23　设 $\lambda \in E$, 则存在 $\mu \in \overline{\mathfrak{C}(\Pi)}$ 以及 $\sigma \in W$, 使得 $\mu = \sigma(\lambda)$, 其中 μ 是由 λ 唯一决定的.

证明　定义 E 上的偏序 "$\preceq$" 如下: $\forall \gamma_1, \gamma_2 \in E$, 称 $\gamma_1 \preceq \gamma_2$ 当且仅当 $\gamma_2 - \gamma_1 = \sum_{\alpha \in \Pi} r_\alpha \alpha$, 其中每个 r_α 均是非负实数.

设 $\mu := \sigma(\lambda)$ 是集合 $\{\tau(\lambda) \mid \tau \in W\}$ 中关于偏序 "$\preceq$" 的一个极大元, 则 $\forall \alpha \in \Pi$, 有 $(\mu, \alpha) \geqslant 0$. 否则, 存在 $\alpha \in \Pi$, 使得 $(\mu, \alpha) < 0$, 则 $s_\alpha(\mu) = \mu - \langle \mu, \alpha^\vee \rangle \alpha \succ \mu$, 这与 μ 的极大性矛盾! 若存在另一个 $\mu' \in \overline{\mathfrak{C}(\Pi)}$, 使得 $\mu' = \tau(\lambda)$, 其中 $\tau \in W$, 则 $\mu' = \tau\sigma^{-1}(\mu)$. 根据引理 2.2.22 可知 $\mu = \mu'$. □

2.3　不可约根系

本节将证明一个复半单李代数 $\mathfrak{g}$ 是单李代数当且仅当它对应的根系不可约, 并将给出不可约根系的分类.

定义 2.3.1　设 Φ 是 E 中的一个根系. 如果存在 Φ 的非空子集 Φ_1 和 Φ_2, 使得 $\Phi = \Phi_1 \sqcup \Phi_2$ 且 $(\Phi_1, \Phi_2) = 0$, 则称 Φ 是**可约的**. 否则, 称 Φ 是**不可约根系**.

在定义 2.3.1 中, 容易验证 Φ_1, Φ_2 是两个正交的根系.

引理 2.3.2 根系 Φ 可唯一地分解为不可约根系的正交并, 即 $\Phi = \Phi_1 \sqcup \ldots \sqcup \Phi_k$, 其中 $\forall i \neq j, (\Phi_i, \Phi_j) = 0$ 且 Φ_i 是不可约的根系. 进一步, $\Pi_i := \Phi_i \cap \Pi$ 是 Φ_i 的基.

证明 定义 Φ 上的等价关系: $\forall \alpha, \beta \in \Phi, \alpha \sim \beta$ 当且仅当存在 Φ 中的一列元素 $\alpha_1, \cdots, \alpha_s$, 使得 $\alpha_1 = \alpha, \alpha_s = \beta$ 并且 $\forall 1 \leqslant i < s, (\alpha_i, \alpha_{i+1}) \neq 0$.

设 $\Phi_1, \cdots, \Phi_k$ 是上述等价关系下的等价类, 则 $\Phi = \Phi_1 \sqcup \cdots \sqcup \Phi_k$. 根据定义可知 $\forall j \neq i, \Phi_j$ 和 Φ_i 互相正交. 令 E_i 是由 Φ_i 张成的 E 的子空间. 下面来证明 Φ_i 是 E_i 的不可约根系: Φ_i 显然满足 (R1)—(R3). 只需验证 (R4), 事实上, $\forall \alpha, \beta \in \Phi_i$, 假若 $s_\alpha(\beta) \notin \Phi_i$, 则 $(s_\alpha(\beta), \Phi_i) = 0$, 特别地, 有

$$(s_\alpha(\beta), s_\alpha(\beta)) = (s_\alpha(\beta), \beta - \langle \beta, \alpha^\vee \rangle \alpha) = (s_\alpha(\beta), \beta) - \langle \beta, \alpha^\vee \rangle (s_\alpha(\beta), \alpha) = 0.$$

则 $s_\alpha(\beta) = 0$, 矛盾! 这证明了 Φ_i 是 E_i 的根系. 又由构造知 Φ_i 是不可约的根系.

若 $\alpha \in \Phi_i$, 设 $\alpha = \sum_{\beta \in \Pi_i} k_\beta \beta + \sum_{\gamma \in \Pi \setminus \Pi_i} l_\gamma \gamma$, 那么

$$\left(\sum_{\gamma \in \Pi \setminus \Pi_i} l_\gamma \gamma, \sum_{\gamma \in \Pi \setminus \Pi_i} l_\gamma \gamma \right) = \left(\alpha - \sum_{\beta \in \Pi_i} k_\beta \beta, \sum_{\gamma \in \Pi \setminus \Pi_i} l_\gamma \gamma \right) = 0.$$

所以 $\sum_{\gamma \in \Pi \setminus \Pi_i} l_\gamma \gamma = 0$. 因此 Π_i 是 Φ_i 的基.

最后来说明分解的唯一性, 设 $\Phi = \Phi_1' \sqcup \cdots \sqcup \Phi_s'$ 是 Φ 分解为另一些不可约根系的正交并. 则 $\forall 1 \leqslant i \leqslant s, \Phi_i' = (\Phi_1 \cap \Phi_i') \sqcup \cdots \sqcup (\Phi_k \cap \Phi_i')$, 由于 Φ_i' 是不可约的, 所以存在唯一的 $1 \leqslant t \leqslant k$, 使得 $\Phi_i' = \Phi_t \cap \Phi_i'$, 又 Φ_t 也是不可约的, 所以 $\Phi_t = \Phi_i' \cap \Phi_t = \Phi_i'$. 所以 $s = k$ 且对指标集进行适当的重排可使得 $\Phi_i' = \Phi_i$. □

命题 2.3.3 设 Π 是 Φ 的基, Φ 是可约的当且仅当存在 Π 的非空子集 Π_1, Π_2 使得 $\Pi = \Pi_1 \sqcup \Pi_2$ 且 $(\Pi_1, \Pi_2) = 0$.

证明 设 $\Phi = \Phi_1 \sqcup \Phi_2$, 其中 Φ_1, Φ_2 是相互正交的两个 (非空) 根系. 令 $\Pi_i = \Pi \cap \Phi_i, i = 1, 2$, 则 $\Pi = \Pi_1 \sqcup \Pi_2$ 且 $(\Pi_1, \Pi_2) = 0$. 同引理 2.3.2 证明的第三段, Π_i 是 Φ_i 的基 (Π_i 自然是非空的).

反之, 若 $\Pi = \Pi_1 \sqcup \Pi_2$, 其中 Π_1, Π_2 是两个相互正交的非空子集. 令

$$\Phi_i := \{ \sigma(\alpha) \mid \sigma \in W, \alpha \in \Pi_i \}, \quad i = 1, 2.$$

则 $\Phi = \Phi_1 \cup \Phi_2$. 注意到若 $\alpha \in \Pi_1, \beta \in \Pi_2$, 则 Π_1 与 Π_2 相互正交意味着 $s_\alpha(\beta) = \beta$, $s_\beta(\alpha) = \alpha$. 因此, 若 $\alpha \in \Pi_1$, 则 $\sigma(\alpha)$ 可表示为 Π_1 中元素的线性组合. 若 $\beta \in \Pi_2$, 则 $\sigma(\beta)$ 可表示为 Π_2 中元素的线性组合, 所以 $(\Phi_1, \Phi_2) = 0$. 那么 $\Phi = \Phi_1 \sqcup \Phi_2$ 是无交并. □

引理 2.3.4 设 Φ 是不可约根系, 则 $\forall \alpha \in \Phi, E = \sum_{\beta \in W\alpha} \mathbb{R}\beta$.

证明   设 $E_1 := \sum_{\beta \in W\alpha} \mathbb{R}\beta$, $E_2 = (E_1)^{\perp}$. 令 $\Phi_1 = \Phi \cap E_1$, $\Phi_2 = \Phi \cap E_2$. 下面证明 $\Phi = \Phi_1$. 否则, 设 $\gamma \in \Phi \setminus \Phi_1$, 注意到 E_1 是 W-稳定的, 所以 $\forall x \in E_1$, $\sigma_\gamma(x) = x - \langle x, \gamma^\vee \rangle \gamma \in E_1$, 而 $\gamma \notin E_1$, 所以 $(x, \gamma) = 0$, 从而 $\gamma \in \Phi_2$. 这就证明了 $\Phi = \Phi_1 \sqcup \Phi_2$, 又 $\alpha \in \Phi_1$, 这与 Φ 不可约矛盾! 所以 $\Phi = \Phi_1$, $E = E_1$. $\qquad\square$

命题 2.3.5   设 Φ 是不可约根系, 则 Φ 中至多包含两种长度不同的根. 进一步, 长度相同的任意两根是 W-共轭的.

证明   设 $\alpha, \beta \in \Phi$, $\alpha \neq \pm\beta$, 不妨设 $(\alpha, \alpha) \geqslant (\beta, \beta)$, 因为 Φ 是不可约的, 所以根据引理 2.3.4, 一定存在某个 $\sigma \in W$, 使得 $(\sigma(\alpha), \beta) \neq 0$. 再根据引理 2.1.5 得, $\dfrac{(\alpha, \alpha)}{(\beta, \beta)} = \dfrac{(\sigma\alpha, \sigma\alpha)}{(\beta, \beta)} = r$, 其中 $r \in \{1, 2, 3\}$.

假设 α, β, γ 是三种不同长度的根, 不妨设 $(\alpha, \alpha) > (\beta, \beta) > (\gamma, \gamma)$, 根据前面的结论, 必有 $\dfrac{(\alpha, \alpha)}{(\beta, \beta)} = 2$, $\dfrac{(\alpha, \alpha)}{(\gamma, \gamma)} = 3$, 进而 $\dfrac{(\beta, \beta)}{(\gamma, \gamma)} = \dfrac{3}{2}$, 这与前面的结论矛盾! 这证明了 Φ 中至多包含两种长度不同的根.

设 α, β 是两个具有相同长度的根, 则存在 $\sigma \in W$, 使得 $(\alpha, \sigma(\beta)) \neq 0$. 记 $\gamma := \sigma(\beta)$, 则 γ 和 α 也具有相同长度, 因此

$$|\langle \gamma, \alpha^\vee \rangle| = |\langle \alpha, \gamma^\vee \rangle| = 1.$$

若 $(\alpha, \gamma) < 0$, 则 $s_\gamma s_\alpha(\gamma) = \alpha$; 若 $(\alpha, \gamma) > 0$, 则 $s_\alpha s_\gamma s_\alpha(\gamma) = \alpha$. $\qquad\square$

定义 2.3.6   设 E, E' 是两个 ℓ 维欧氏空间, Φ, Φ' 分别是 E 和 E' 的根系, 若存在线性同构 $f\colon E \to E'$, 使得 $f(\Phi) = \Phi'$, 并且 $\forall \alpha, \beta \in \Phi$, 有 $\langle \beta, \alpha^\vee \rangle = \langle f(\beta), f(\alpha)^\vee \rangle$, 则称 f 是根系 Φ 到 Φ' 的同构.

定理 2.3.7   设 Φ, Φ' 是两个根系, $\Pi = \{\alpha_1, \cdots, \alpha_\ell\}$, $\Pi' = \{\alpha_1', \cdots, \alpha_\ell'\}$ 分别是 Φ 和 Φ' 的基. 若 $\forall 1 \leqslant i, j \leqslant \ell$, $\langle \alpha_i, \alpha_j^\vee \rangle = \langle \alpha_i', \alpha_j'^\vee \rangle$, 则 $\alpha_i \mapsto \alpha_i'$, $1 \leqslant i \leqslant \ell$ 可以唯一扩充为根系 Φ 到 Φ' 的同构.

设 Φ 是 E 的秩为 ℓ 的根系, 固定 Φ 的基 $\Pi = \{\alpha_1, \cdots, \alpha_\ell\}$, 令 $a_{ij} = \langle \alpha_i, \alpha_j^\vee \rangle$, $1 \leqslant i, j \leqslant \ell$, 称矩阵 $A = (a_{ij})_{1 \leqslant i, j \leqslant \ell}$ 是 Φ 的 **Cartan 矩阵**. 以 $\alpha_1, \cdots, \alpha_\ell$ 为 ℓ 个顶点, α_i 与 α_j 之间用 $a_{ij} a_{ji}$ 条边相连得到的图称为 Coxeter 图, 在 Coxeter 图上增加指向短根的箭头, 得到的图称为 Dynkin 图.

定理 2.3.8   设 Φ 是秩为 ℓ 的不可约根系, 则根系 Φ 的 Dynkin 图必为下页图中的某一种.

命题 2.3.9   设 $\ell \in \mathbb{N} \setminus \{0\}$, $A = (a_{ij})_{1 \leqslant i, j \leqslant \ell}$ 是根系 Φ 的 Cartan 矩阵, 则

(1) $\forall 1 \leqslant i \leqslant \ell$, $a_{ii} = 2$;

(2) $\forall i \neq j$, $a_{ij} \in \mathbb{Z}^{\leqslant 0}$;

(3) $a_{ij} = 0$ 当且仅当 $a_{ji} = 0$;

(4) A 的所有顺序主子式 > 0.

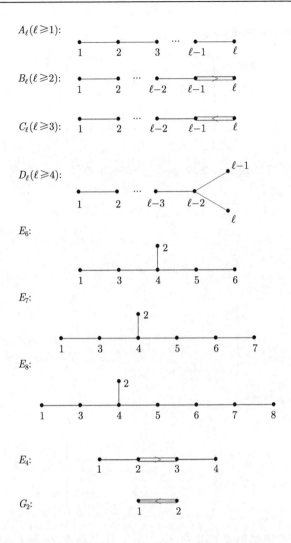

例 2.3.10 回忆例 2.1.11 中 $\mathfrak{sl}_{n+1}(n \geqslant 1)$ 的根系 Φ 是 A_n 型不可约根系, 它有基

$$\Pi = \{\alpha_i = \varepsilon_i - \varepsilon_{i+1} \mid 1 \leqslant i \leqslant n\}.$$

则 $\forall 1 \leqslant i, j \leqslant n$, 有

$$\langle \alpha_i, \alpha_j^\vee \rangle = \alpha_i(h_j) = \begin{cases} 2, & i = j, \\ -1, & |i-j| = 1, \\ 0, & |i-j| > 1. \end{cases}$$

所以 Φ 的 Cartan 矩阵是

$$\begin{pmatrix} 2 & -1 & & & \\ -1 & 2 & -1 & & \\ & \ddots & \ddots & \ddots & \\ & & -1 & 2 & -1 \\ & & & -1 & 2 \end{pmatrix}.$$

例 2.3.11　回忆例 2.1.12 中 $\mathfrak{so}_{2n+1}(n \geqslant 2)$ 的根系 Φ 是 B_n 型不可约根系, 它有基

$$\Pi = \{\alpha_i = \varepsilon_i - \varepsilon_{i+1} \mid 1 \leqslant i < n\} \cup \{\beta_n = \varepsilon_n\}.$$

则 $\forall\, 1 \leqslant i, j \leqslant n-1$,

$$\langle \alpha_i, \alpha_j^\vee \rangle = \alpha_i(h_{j,j+1}) = \begin{cases} 2, & i=j, \\ -1, & |i-j|=1, \\ 0, & |i-j|>1, \end{cases} \quad \langle \alpha_i, \beta_n^\vee \rangle = \alpha_i(h_n) = \begin{cases} -2, & i=n-1, \\ 0, & i<n-1, \end{cases}$$

$$\langle \beta_n, \alpha_j^\vee \rangle = \beta_n(h_{j,j+1}) = \begin{cases} -1, & j=n-1, \\ 0, & j<n-1, \end{cases} \quad \langle \beta_n, \beta_n^\vee \rangle = \beta_n(h_n) = 2.$$

所以 Φ 的 Cartan 矩阵是

$$\begin{pmatrix} 2 & -1 & & & \\ -1 & 2 & -1 & & \\ & \ddots & \ddots & \ddots & \\ & & -1 & 2 & -2 \\ & & & -1 & 2 \end{pmatrix}.$$

例 2.3.12　回忆例 2.1.13 中 $\mathfrak{sp}_{2n}(n \geqslant 3)$ 的根系 Φ 是 C_n 型不可约根系, 它有基

$$\Pi = \{\alpha_i = \varepsilon_i - \varepsilon_{i+1} \mid 1 \leqslant i < n\} \cup \{\beta_n = 2\varepsilon_n\}.$$

则 $\forall\, 1 \leqslant i, j \leqslant n-1$,

$$\langle \alpha_i, \alpha_j^\vee \rangle = \alpha_i(h_{j,j+1}) = \begin{cases} 2, & i=j, \\ -1, & |i-j|=1, \\ 0, & |i-j|>1, \end{cases} \quad \langle \alpha_i, \beta_n^\vee \rangle = \alpha_i(h_n) = \begin{cases} -1, & i=n-1, \\ 0, & i<n-1, \end{cases}$$

$$\langle \beta_n, \alpha_j^\vee \rangle = \beta_n(h_{j,j+1}) = \begin{cases} -2, & j=n-1, \\ 0, & j<n-1, \end{cases} \quad \langle \beta_n, \beta_n^\vee \rangle = \beta_n(h_n) = 2.$$

所以 Φ 的 Cartan 矩阵是

$$\begin{pmatrix} 2 & -1 & & & \\ -1 & 2 & -1 & & \\ & \ddots & \ddots & \ddots & \\ & & -1 & 2 & -1 \\ & & & -2 & 2 \end{pmatrix}.$$

例 2.3.13 回忆例 2.1.14 中 $\mathfrak{so}_{2n}(n \geqslant 4)$ 的根系 Φ 是 D_n 型不可约根系, 它有基

$$\Pi = \{\alpha_i = \varepsilon_i - \varepsilon_{i+1} \mid 1 \leqslant i < n\} \cup \{\beta_n = \varepsilon_{n-1} + \varepsilon_n\}.$$

则 $\forall\, 1 \leqslant i, j \leqslant n - 1$,

$$\langle \alpha_i, \alpha_j^\vee \rangle = \alpha_i(h_{j,j+1}) = \begin{cases} 2, & i = j, \\ -1, & |i-j| = 1, \\ 0, & |i-j| > 1, \end{cases} \qquad \langle \alpha_i, \beta_n^\vee \rangle = \alpha_i(\tilde{h}_n) = \begin{cases} -1, & i = n-2, \\ 0, & i \neq n-2, \end{cases}$$

$$\langle \beta_n, \alpha_j^\vee \rangle = \beta_n(h_{j,j+1}) = \begin{cases} -1, & j = n-2, \\ 0, & j \neq n-2, \end{cases} \qquad \langle \beta_n, \beta_n^\vee \rangle = \beta_n(\tilde{h}_n) = 2.$$

所以 Φ 的 Cartan 矩阵是

$$\begin{pmatrix} 2 & -1 & & & & \\ -1 & 2 & -1 & & & \\ & \ddots & \ddots & \ddots & & \\ & & -1 & 2 & -1 & -1 \\ & & & -1 & 2 & 0 \\ & & & -1 & 0 & 2 \end{pmatrix}.$$

定理 2.3.14 设 $\mathfrak{g}$ 是有限维复半单李代数, $\mathfrak{h}$ 是 $\mathfrak{g}$ 的一个 Cartan 子代数, $\Phi \subseteq \mathfrak{h}^*$ 是 $\mathfrak{g}$ 的根系, 则 $\mathfrak{g}$ 是单的当且仅当 Φ 是不可约根系.

证明 必要性: 设 $\mathfrak{g}$ 是单李代数, 假设 $\Phi = \Phi_1 \sqcup \Phi_2$ 且 $(\Phi_1, \Phi_2) = 0$. 令

$$\mathfrak{h}_i := \sum_{\alpha \in \Phi_i} \mathbb{C} t_\alpha, \quad L_i := \mathfrak{h}_i \oplus \bigoplus_{\alpha \in \Phi_i} \mathfrak{g}_\alpha, \quad i = 1, 2.$$

显然 L_i 是 $\mathfrak{g}$ 的子代数. 下面来证明 $L_i \lhd \mathfrak{g}$, $i = 1, 2$. 首先 $[\mathfrak{h}_2, L_1] \subseteq L_1$, 又设 $\alpha \in \Phi_1, \beta \in \Phi_2$, 则 $\forall x \in \mathfrak{g}_\beta, [x, t_\alpha] = -\beta(t_\alpha)x = -(\alpha, \beta)x = 0$, 所以 $[\mathfrak{g}_\beta, \mathfrak{h}_1] = 0$. 又

$(\alpha+\beta,\alpha)=(\alpha,\alpha)\neq 0$, $(\alpha+\beta,\beta)=(\beta,\beta)\neq 0$, 所以 $\alpha+\beta\notin\Phi$. 从而 $\mathfrak{g}_{\alpha+\beta}=0$, 进而 $[\mathfrak{g}_\beta,\mathfrak{g}_\alpha]=0$, 所以 $[\mathfrak{g}_\beta,L_1]=0$, 这就证明了 $L_1\lhd\mathfrak{g}$. 同理 $L_2\lhd\mathfrak{g}$. 又 $\mathfrak{g}$ 是单李代数, 所以 $L_1=0$ 或者 $L_2=0$, 从而 $\Phi_1=\varnothing$ 或者 $\Phi_2=\varnothing$, 即 Φ 是不可约的.

充分性: 设 Φ 是不可约根系. 假设 $\mathfrak{g}=I_1\oplus\cdots\oplus I_t$, 其中 I_i 是单理想. 任意 $1\leqslant i\leqslant t$, 令 $\mathfrak{h}_i:=\mathfrak{h}\cap I_i$, 则 $\mathfrak{h}=\mathfrak{h}_1\oplus\cdots\oplus\mathfrak{h}_t$, 其中 $\mathfrak{h}_i$ 是 I_i 的 Cartan 子代数 (习题 2.3.16). 设 Φ_i 是对应 $\mathfrak{h}_i$ 的单李代数 I_i 的根系. 注意到 $\forall 1\leqslant j\neq i\leqslant t$, $[I_j,I_i]=0$, 特别地 $[\mathfrak{h}_j,L_i]=0$. 那么对于 $\alpha\in\Phi_i$, 定义 $\alpha(\mathfrak{h}_j)=0$, $\forall j\neq i$, 则 α 可线性扩充为 $\mathfrak{h}$ 上的线性函数, 即 $\alpha\in\Phi$. 这时 $\mathfrak{g}$ 关于 $\mathfrak{h}$ 的根空间分解可写作

$$\mathfrak{g}=\left(\mathfrak{h}_1\oplus\bigoplus_{\alpha\in\Phi_1}\mathfrak{g}_\alpha\right)\oplus\cdots\oplus\left(\mathfrak{h}_t\oplus\bigoplus_{\alpha\in\Phi_t}\mathfrak{g}_\alpha\right)$$
$$=\mathfrak{h}\oplus\bigoplus_{\alpha\in\Phi_1}\mathfrak{g}_\alpha\oplus\cdots\oplus\bigoplus_{\alpha\in\Phi_t}\mathfrak{g}_\alpha,$$

其中 $\Phi=\Phi_1\sqcup\cdots\sqcup\Phi_t$. 根据定义 $\forall j\neq i$, $\forall\alpha\in\Phi_i$, $\forall\beta\in\Phi_j$, 有 $(\alpha,\beta)=\alpha(t_\beta)=0$, 所以 $(\Phi_i,\Phi_j)=0$. 又因为 Φ 是不可约的, 所以 $t=1$, $\mathfrak{g}$ 是单李代数. $\qquad\square$

习 题 2.3

习题 2.3.15 设 Φ 是欧氏空间 E 中的一个根系, W 是 Φ 的 Weyl 群, 则证明 E 上存在唯一的 W-不变内积 (,), 使得 Φ 的每个不可约分支中的短根 α, 满足 $(\alpha,\alpha)=2$.

习题 2.3.16 设 $\mathfrak{g}=I_1\oplus\cdots\oplus I_t$, 其中 I_i 是单理想. 又设 $\mathfrak{h}$ 是 $\mathfrak{g}$ 的 Cartan 子代数, 令 $\mathfrak{h}_i:=\mathfrak{h}\cap I_i$, $\forall 1\leqslant i\leqslant t$, 证明 $\mathfrak{h}=\mathfrak{h}_1\oplus\cdots\oplus\mathfrak{h}_t$ 并且 $\mathfrak{h}_i$ 是 I_i 的 Cartan 子代数.

2.4 抽 象 权 格

本节固定欧氏空间 E 中的一个根系 Φ, 以及 Φ 的一个基 $\Pi=\{\alpha_1,\cdots,\alpha_\ell\}$.

定义 2.4.1 设 $\lambda\in E$, 如果 $\forall\alpha\in\Phi$, $\langle\lambda,\alpha^\vee\rangle\in\mathbb{Z}$, 则称 λ 是**整权**. 记 P 是由所有整权组成的 Abel 群, 称 P 是 (**抽象**)**权格**.

注记 2.4.2 利用习题 2.1.18 易知, $\lambda\in P$ 当且仅当 $\forall\alpha\in\Pi$, $\langle\lambda,\alpha^\vee\rangle\in\mathbb{Z}$.

定义 2.4.3 设 $\lambda\in P$, 如果 $\forall\alpha\in\Pi$, $\langle\lambda,\alpha^\vee\rangle\in\mathbb{Z}^{\geqslant 0}$, 则称 λ 是**支配整权**. 记 P^+ 是由所有支配整权组成的集合. 若 $\forall\alpha\in\Pi$, $\langle\lambda,\alpha^\vee\rangle\in\mathbb{Z}^{>0}$, 则称 λ 是**强支配整权**.

定义 2.4.4 称 $Q:=\sum_{i=1}^\ell\mathbb{Z}\alpha_i$ 是**根格**, 定义 $Q^+:=\sum_{i=1}^\ell\mathbb{Z}^{\geqslant 0}\alpha_i$, 显然 $Q\subseteq P$.

定义 2.4.5 设 $\{\Lambda_1,\cdots,\Lambda_\ell\}$ 是 $\{\alpha_1^\vee,\cdots,\alpha_\ell^\vee\}$ 的对偶基, 即

$$\langle\Lambda_i,\alpha_j^\vee\rangle=\delta_{i,j},\quad\forall 1\leqslant i,j\leqslant\ell.$$

称 $\Lambda_1, \cdots, \Lambda_\ell$ 是 Φ 的**基本支配整权**.

推论 2.4.6 $P = \sum_{i=1}^\ell \mathbb{Z}\Lambda_i$, $P^+ = \sum_{i=1}^\ell \mathbb{Z}^{\geqslant 0}\Lambda_i$.

引理 2.4.7 设 λ 是一个整权, 则轨道 $W\lambda$ 中包含唯一一个支配整权. 若 λ 是一个支配整权, 则 $\forall \sigma \in W$, $\sigma(\lambda) \leqslant \lambda$.

证明 类似引理 2.2.23 的证明, 轨道 $W\lambda$ 中关于偏序 "$\geqslant$" 的极大元一定是支配整权. 再根据引理 2.2.22, 轨道 $W\lambda$ 中的支配整权是唯一的. 所以 $W\lambda$ 中包含唯一的支配整权且恰好是 $W\lambda$ 中的最大元. □

引理 2.4.8 设 $\lambda \in P^+$, 则 $\{\mu \in P^+ \mid \mu \leqslant \lambda\}$ 是有限集.

证明 注意到若 $\mu \in P^+$ 且 $\mu \leqslant \lambda$, 则 $\lambda - \mu$ 是正根的非负线性组合, 从而 $0 \leqslant (\lambda - \mu, \lambda + \mu) = (\lambda, \lambda) - (\mu, \mu)$, 即 $(\mu, \mu) \leqslant (\lambda, \lambda)$. 所以

$$\{\mu \in P^+ \mid \mu \leqslant \lambda\} \subseteq \{x \in E \mid (x, x) \leqslant (\lambda, \lambda)\} \cap P^+,$$

而右侧的交集是一个离散的有界闭集, 从而是有限集. □

回忆定义 2.2.13, $\rho = \frac{1}{2}\sum_{\alpha \in \Phi^+} \alpha$. 根据推论 2.2.14, $\forall 1 \leqslant i \leqslant \ell$,

$$\sigma_i(\rho) = \rho - \alpha_i = \rho - \langle\rho, \alpha_i^\vee\rangle\alpha_i,$$

所以 $\langle\rho, \alpha_i^\vee\rangle = 1$, 从而有下述推论.

推论 2.4.9 $\rho = \sum_{i=1}^\ell \Lambda_i$.

命题 2.4.10 设 $\Lambda_1, \cdots, \Lambda_\ell$ 是基本支配整权, 则 $\forall 1 \leqslant i \leqslant \ell$,

$$\Lambda_i \in \mathbb{Q}\text{-}\mathrm{Span}\{\alpha_1, \cdots, \alpha_\ell\}.$$

从而 P/Q 是有限 Abel 群.

证明 $\forall 1 \leqslant i \leqslant \ell$, 设 $\alpha_i = \sum_{j=1}^\ell m_{ij}\Lambda_j$, 则 $m_{ik} = \langle\alpha_i, \alpha_k^\vee\rangle$. 那么有如下方程组

$$\begin{cases} \sum_{i=1}^\ell \langle\alpha_1, \alpha_j^\vee\rangle\Lambda_j = \alpha_1, \\ \cdots\cdots \\ \sum_{i=1}^\ell \langle\alpha_\ell, \alpha_j^\vee\rangle\Lambda_j = \alpha_\ell, \end{cases}$$

其中系数矩阵是 Cartan 矩阵, 由于 Cartan 矩阵非退化, 命题得证. □

定义 2.4.11 设 $T \subseteq P$, 如果 $\forall \lambda \in T$, $\forall \alpha \in \Phi$, 以及任意介于 0 和 $\langle\lambda, \alpha^\vee\rangle$ 之间的整数 k (包含 0 和 $\langle\lambda, \alpha^\vee\rangle$), 都有 $\lambda - k\alpha \in T$, 则称 T 是一个**饱和权集**.

设 T 是一个饱和权集, 根据定义, $\forall \alpha \in \Phi$, $\forall \lambda \in T$, 必有

$$\sigma_\alpha(\lambda) = \lambda - \langle\lambda, \alpha^\vee\rangle\alpha \in T,$$

所以 Weyl 群 W 保持饱和权集不变.

定义 2.4.12   设 T 是一个饱和权集, 若存在 $\lambda \in T$, 使得 $\forall \mu \in T,\ \mu \leqslant \lambda$, 则称 λ 是 T 的最高权.

注记 2.4.13   若饱和权集 T 中存在最高权 λ, 则必有 $\lambda \in P^+$. 事实上, 若存在 $\alpha \in \Phi^+$, 使得 $\langle \lambda, \alpha^\vee \rangle < 0$, 则 $\lambda - \langle \lambda, \alpha^\vee \rangle \alpha \in T$ 且 $\lambda - \langle \lambda, \alpha^\vee \rangle \alpha > \lambda$, 这与 λ 是 T 的最高权矛盾!

下面的引理保证了以 $\lambda \in P^+$ 为最高权的饱和权集是存在的.

引理 2.4.14   设 $\lambda \in P^+$, 则集合

$$T = \{\sigma(\mu) \mid \mu \in P^+,\ \mu \leqslant \lambda,\ \sigma \in W\}$$

是一个以 λ 为最高权的饱和权集.

证明   根据集合 T 的定义, 显然 Weyl 群 W 保持 T 不变. 又根据引理 2.4.7, 容易验证

$$T = \{\nu \in P \mid \sigma(\nu) \leqslant \lambda,\ \forall \sigma \in W\}. \tag{2.4.1}$$

任取 $\mu \in T,\ \alpha \in \Phi$. 设 $m := \langle \mu, \alpha^\vee \rangle$, i 是介于 0 和 m 之间的整数, 下面来证明 $\mu' := \mu - i\alpha \in T$. 对任意的 $\sigma \in W$, 通过讨论 $\sigma(\alpha)$ 的正负性和 m 的正负性可知, 必有

$$\sigma(\mu) \leqslant \sigma(\mu') \leqslant \sigma(\mu) - m\sigma(\alpha) = \sigma\sigma_\alpha(\mu)$$

或者

$$\sigma\sigma_\alpha(\mu) = \sigma(\mu) - m\sigma(\alpha) \leqslant \sigma(\mu') \leqslant \sigma(\mu)$$

中的一种情形发生. 又根据 (2.4.1), $\sigma(\mu) \leqslant \lambda$, $\sigma\sigma_\alpha(\mu) \leqslant \lambda$, 所以 $\sigma(\mu') \leqslant \lambda$. 由 σ 的任意性和 (2.4.1) 知 $\mu' \in T$. 所以 T 是一个饱和权集且 λ 是 T 的最高权. □

下面的引理保证了以 $\lambda \in P^+$ 为最高权的饱和权集还是唯一的.

引理 2.4.15   设 $\lambda \in P^+$, T 是一个以 λ 为最高权的饱和权集, 则

$$T = \{\sigma(\mu) \mid \mu \in P^+,\ \mu \leqslant \lambda,\ \sigma \in W\}.$$

证明   一方面, 设 $\nu \in T$, 根据引理 2.4.7, 轨道 $W\nu$ 中包含唯一的支配整权 $\mu \in P^+$. 因为 W 保持 T 不变, 所以 $\mu \in T$. 又 λ 是 T 的最高权, 所以 $\mu \leqslant \lambda$. 这就证明了 T 包含于右边的集合.

另一方面, 由于 W 保持 T 不变, 因此要证明右边集合含于 T, 只需证明: 若 $\mu \in P^+$ 且 $\mu \leqslant \lambda$, 则 $\mu \in T$. 我们来证明一个更一般的论断: 设 $\mu \in P^+$, $\mu' = \mu + \sum_{\alpha \in \Pi} k_\alpha \alpha \in T$, 其中 $k_\alpha \in \mathbb{Z}^{\geqslant 0}$, 则必有 $\mu \in T$.

令 $\mathrm{ht}(\mu'-\mu) := \sum_{\alpha\in\Pi} k_\alpha$, 对 $\mathrm{ht}(\mu'-\mu)$ 归纳来证明上述论断, 若 $\mathrm{ht}(\mu'-\mu)=0$, 则 $\mu=\mu'\in T$. 下设 $\mathrm{ht}(\mu'-\mu)>0$, 则 $(\sum_{\alpha\in\Pi} k_\alpha\alpha, \sum_{\alpha\in\Pi} k_\alpha\alpha)>0$. 进而存在某个 $\beta\in\Pi$, 使得 $(\sum_{\alpha\in\Pi} k_\alpha\alpha, \beta)>0$ 且 $k_\beta>0$. 又 $\mu\in P^+$, 所以

$$\langle\mu',\beta^\vee\rangle = \langle\mu,\beta^\vee\rangle + \left\langle\sum_{\alpha\in\Pi} k_\alpha\alpha, \beta^\vee\right\rangle > 0.$$

根据饱和权集的定义, 有

$$\mu'-\beta = \mu + \sum_{\alpha\in\Pi\setminus\{\beta\}} k_\alpha\alpha + (k_\beta-1)\beta \in T.$$

令 $\mu'' := \mu'-\beta\in T$, 则 $\mathrm{ht}(\mu''-\mu)=\mathrm{ht}(\mu'-\mu)-1$, 根据归纳假设可知 $\mu\in T$. $\quad\square$

第 3 章将证明对于半单李代数 $\mathfrak{g}$, 以 $\lambda\in P^+$ 为最高权的饱和权集就是以 λ 为最高权的有限维不可约模的权集.

第3章　最高权模、单模与特征标公式

本章将研究复半单李代数的最高权模及单模. 设 $\mathfrak{g}$ 是有限维复半单李代数, 固定 $\mathfrak{g}$ 的一个 Cartan 子代数 $\mathfrak{h}$, $\dim_{\mathbb{C}} \mathfrak{h} = \ell$. 设 Φ 是与之对应的 $\mathfrak{g}$ 的根系, 固定 Φ 的一个基 $\Pi = \{\alpha_1, \cdots, \alpha_\ell\}$, W 是 Φ 的 Weyl 群. 进一步, 设 $\Phi^+ = \{\alpha_1, \cdots, \alpha_m\}\,(m \geqslant \ell)$, $\mathfrak{g}_{\alpha_i} = \mathbb{C}x_i$, $\mathfrak{g}_{-\alpha_i} = \mathbb{C}y_i$, $h_i \in \mathfrak{h}\,(1 \leqslant i \leqslant m)$, 满足 $[h_i, x_i] = 2x_i$, $[h_i, y_i] = -2y_i$, $[x_i, y_i] = h_i$. 回忆定义 2.1.9, 有

$$\mathfrak{n} = \bigoplus_{\alpha \in \Phi^+} \mathfrak{g}_\alpha, \quad \mathfrak{n}^- = \bigoplus_{\alpha \in \Phi^-} \mathfrak{g}_\alpha, \quad \mathfrak{b} = \mathfrak{h} \oplus \mathfrak{n}, \quad \mathfrak{b}^- := \mathfrak{n}^- \oplus \mathfrak{h}.$$

此外, 沿用 2.4 节中的记号, 用 P 表示权格, P^+ 表示支配整权的集合, Q 表示根格, Q^+ 表示单根的非负整线性组合的集合.

3.1　最高权模、Verma 模与单模

设 V 是任意一个 (不一定是有限维的)$\mathfrak{g}$-模. $\forall \lambda \in \mathfrak{h}^*$, 令

$$V_\lambda := \{v \in V \mid h \cdot v = \lambda(h)v, \ \forall h \in \mathfrak{h}\}.$$

若 $V_\lambda \neq 0$, 则称 V_λ 是 V 的**权空间**, λ 是 V 的**权**, V_λ 中的非零向量称为**权向量**. 记 $P(V)$ 是 V 的所有权组成的集合.

定义 3.1.1　设 V 是任意 $\mathfrak{g}$-模, 若 $V = \bigoplus_{\lambda \in \mathfrak{h}^*} V_\lambda$, 则称 V 是**权模**.

命题 3.1.2　设 V 是任意 $\mathfrak{g}$-模, 则

(1) $\forall \lambda \in \mathfrak{h}^*$, $\forall \alpha \in \Phi$, $\mathfrak{g}_\alpha V_\lambda \subseteq V_{\lambda + \alpha}$;

(2) $N = \sum_{\lambda \in \mathfrak{h}^*} V_\lambda$ 是直和, 并且 N 是 V 的 $\mathfrak{g}$-子模;

(3) 若 V 是有限维的, 则 $V = N$, 即 V 是权模.

证明　留作习题.

定义 3.1.3　设 V 是 $\mathfrak{g}$-模, $\lambda \in \mathfrak{h}^*$, $0 \neq v \in V_\lambda$. 如果 $\forall \alpha \in \Phi^+$, $\forall x \in \mathfrak{g}_\alpha$, $x \cdot v = 0$, 则称 v 是**极大向量**. 进一步, 若 $V = U(\mathfrak{g})v$, 称 V 是**最高权模**, 称 v 是 V 的**最高权向量**, λ 是 V 的**最高权**.

注记 3.1.4　根据引理1.8.13(5)以及推论2.2.12, 易见每个正根空间 $\mathfrak{g}_\alpha$ 都可由单根空间 $\mathfrak{g}_{\alpha_i}$, $\alpha_i \in \Pi$ 生成. 因此在定义 3.1.3 中, 正根集 Φ^+ 可以换成基 Π, 两种定义是等价的.

定理 3.1.5 设 V 是对应最高权 $\lambda \in \mathfrak{h}^*$ 的最高权模, $v \in V_\lambda$ 是最高权向量, 使得 $V = U(\mathfrak{g})v$, 则

(1) V 由 $\{y_1^{k_1} \cdots y_m^{k_m} \cdot v \mid k_i \in \mathbb{Z}^{\geqslant 0}, \forall 1 \leqslant i \leqslant m\}$ 线性张成. 特别地, V 是权模且有如下权空间分解

$$V = \bigoplus_{\alpha \in Q^+} V_{\lambda - \alpha},$$

其中 $Q^+ = \sum_{i=1}^{\ell} \mathbb{Z}^{\geqslant 0} \alpha_i$;

(2) $\forall \mu \in \mathfrak{h}^*$, $\dim_{\mathbb{C}} V_\mu < \infty$. 特别地, $\dim_{\mathbb{C}} V_\lambda = 1$ 且 $V_\lambda = \mathbb{C}v$;

(3) 设 N 是 V 的子模, 则 N 也是权模;

(4) V 是不可分解 $\mathfrak{g}$-模且包含唯一的极大 (真) 子模, 从而 V 有唯一的不可约商;

(5) $\mathrm{End}_{U(\mathfrak{g})} V \cong \mathbb{C}$;

(6) V 的非零商模仍是最高权为 λ 的最高权模.

证明 根据推论 2.1.10, $U(\mathfrak{g}) = U(\mathfrak{n}^-)U(\mathfrak{h})U(\mathfrak{n})$, 从而

$$V = U(\mathfrak{g})v = U(\mathfrak{n}^-)v = \mathbb{C}\text{-Span}\{y_1^{k_1} \cdots y_m^{k_m} \cdot v \mid k_i \in \mathbb{Z}^{\geqslant 0}, \forall 1 \leqslant i \leqslant m\}.$$

注意到 $y_1^{k_1} \cdots y_m^{k_m} \cdot v \in V_{\lambda - \sum_{i=1}^m k_i \alpha_i}$. 因此, $\forall \alpha \in Q^+$

$$V_{\lambda - \alpha} = \mathbb{C}\text{-Span}\left\{ y_1^{k_1} \cdots y_m^{k_m} \cdot v \,\middle|\, k_i \in \mathbb{Z}^{\geqslant 0}, \sum_{i=1}^m k_i \alpha_i = \alpha \right\}.$$

特别地, $V_\lambda = \mathbb{C}v$. 显然 $\dim V_{\lambda - \alpha} < \infty$. 而 $\forall \mu \notin \lambda - Q^+ := \{\lambda - \alpha \mid \alpha \in Q^+\}$, $V_\mu = 0$. 这就证明了 (1), (2).

(3) 设 $w \in N$, $w = w_1 + \cdots + w_n$, 其中 $w_i \in V_{\lambda_i} (1 \leqslant i \leqslant n)$. 由于 $\lambda_1, \cdots, \lambda_n$ 互不相同, 故存在 $h \in \mathfrak{h}$ 使得 $\lambda_1(h), \cdots, \lambda_n(h)$ 两两不同. 分别用 $\mathrm{Id}_V, h, \cdots, h^{n-1}$ 作用在等式 $w = w_1 + \cdots + w_n$ 两端, 得下面这个等式:

$$\begin{pmatrix} w \\ h \cdot w \\ \vdots \\ h^{n-1} \cdot w \end{pmatrix} = \begin{pmatrix} 1 & 1 & \cdots & 1 \\ \lambda_1(h) & \lambda_2(h) & \cdots & \lambda_n(h) \\ \vdots & \vdots & & \vdots \\ \lambda_1(h)^{n-1} & \lambda_2(h)^{n-1} & \cdots & \lambda_n(h)^{n-1} \end{pmatrix} \begin{pmatrix} w_1 \\ w_2 \\ \vdots \\ w_n \end{pmatrix}.$$

等式右端系数矩阵的行列式是Vandermonde行列式且非退化. 所以 $w_1, w_2, \cdots, w_n$ 可表示为 $w, h \cdot w, \cdots, h^{n-1} \cdot w$ 的线性组合, 所以 $w_i \in N$, 即 N 可分解为权空间的直和.

(4) 设 U 是 V 的任意真子模, 根据 (1)—(3) 可知, $U \subseteq \bigoplus_{\alpha \in Q^+, \alpha \neq 0} V_{\lambda-\alpha}$. 设 N 是 V 的所有真子模的和, 则 $N \subseteq \bigoplus_{\alpha \in Q^+, \alpha \neq 0} V_{\lambda-\alpha}$. 所以 N 是 V 的唯一的极大 (真) 子模. 从而 V 是不可分解的且 V/N 是 V 的唯一的不可约商模.

(5) 设 $\varphi \in \operatorname{End}_{U(\mathfrak{g})} V$, 注意到 $\forall \mu \in \mathfrak{h}^*$, $\varphi(V_\mu) \subseteq V_\mu$. 特别地, $\varphi(v) \in V_\lambda$. 又 $V_\lambda = \mathbb{C}v$, 所以存在唯一的常数 $c \in \mathbb{C}$, 使得 $\varphi(v) = cv$. 又 $V = U(\mathfrak{g})v$, 而 φ 是 $U(\mathfrak{g})$-模同态, 所以 $\varphi = c \operatorname{Id}_V$.

(6) 设 N 是 V 的真子模, 则 $V/N = U(\mathfrak{g})\bar{v}$, 其中 $\bar{v} = v + N$ 是 V/N 中的极大向量, 所以 V/N 是最高权模, λ 仍然是最高权.　　　　　　　　　□

例 3.1.6　回忆例 1.8.4 以及 1.4 节中 $\mathfrak{sl}_2$ 的表示, $\mathfrak{h} = \mathbb{C}h$ 是 $\mathfrak{sl}_2$ 的 Cartan 子代数, $\mathfrak{h}^* = \mathbb{C}$, $\Phi = \{2, -2\}$ 是 $\mathfrak{sl}_2$ 的根系, 1.4 节中定义的 $\mathfrak{sl}_2$-模 V 的权、权空间和极大向量是本节的特殊情形.

例 3.1.7　回忆例 1.8.5 中 $\mathfrak{sl}_{n+1}(n \geqslant 1)$ 的根空间分解, 考虑 $\mathfrak{sl}_{n+1}$ 的向量表示 $\mathbb{C}^{n+1} = \bigoplus_{i=1}^{n+1} \mathbb{C}v_i$, 其中 $\{v_i \mid 1 \leqslant i \leqslant n+1\}$ 是 $\mathbb{C}^{n+1}$ 的标准基, 所以

$$e_i \cdot v_j = \begin{cases} v_{j-1}, & j = i+1, \\ 0, & j \neq i+1, \end{cases} \qquad f_i \cdot v_j = \begin{cases} v_{j+1}, & j = i, \\ 0, & j \neq i, \end{cases}$$

$$h_i \cdot v_j = \begin{cases} v_j, & j = i, \\ -v_j, & j = i+1, \\ 0, & j \neq i, i+1, \end{cases}$$

从而 $\forall 1 \leqslant i \leqslant n$, $e_i \cdot v_1 = 0$, $h_i \cdot v_1 = \varepsilon_1(h_i)v_1$, $\mathbb{C}^{n+1} = U(\mathfrak{sl}_{n+1})v_1$, 所以 $\mathbb{C}^{n+1}$ 是最高权为 ε_1 的最高权模, $v_1 \in (\mathbb{C}^{n+1})_{\varepsilon_1} = \mathbb{C}v_1$ 是最高权向量.

设 $\mathfrak{h}$ 为 $\mathfrak{g}$ 的一个 Cartan 子代数, 则 $\mathfrak{b} = \mathfrak{h} \oplus \mathfrak{n}$ 是 $\mathfrak{g}$ 的一个 **Borel 子代数** (极大可解子代数).

定义 3.1.8　设 $\lambda \in \mathfrak{h}^*$, 定义 $\mathfrak{b}$ 在 1 维复向量空间 $\mathbb{C}_\lambda := \mathbb{C}1_\lambda$ 上的作用如下:

$$\mathfrak{g}_\alpha \cdot 1_\lambda := 0, \quad \forall \alpha \in \Phi^+,$$
$$h \cdot 1_\lambda := \lambda(h)1_\lambda, \quad \forall h \in \mathfrak{h}.$$

则 $\mathbb{C}_\lambda$ 在上述定义下成为一个 $\mathfrak{b}$-模. 考虑诱导模 $\Delta(\lambda) := U(\mathfrak{g}) \otimes_{U(\mathfrak{b})} \mathbb{C}_\lambda$, 这是一个最高权为 λ 的最高权模, 称为 **Verma 模**.

容易验证, 1.4 节最后定义的 Verma 模是定义 3.1.8 中 $\mathfrak{g} = \mathfrak{sl}_2$ 的特殊情形 (习题 3.1.20).

引理 3.1.9　设 $\lambda \in \mathfrak{h}^*$, 令 $J(\lambda)$ 是由 $\{x_1, \cdots, x_m, h - \lambda(h) \mid h \in \mathfrak{h}\}$ 生成的

$U(\mathfrak{g})$ 的左理想, 即

$$J(\lambda) = \sum_{i=1}^{m} U(\mathfrak{g})x_i + \sum_{h \in \mathfrak{h}} U(\mathfrak{g})(h - \lambda(h)),$$

则 $\Delta(\lambda) \cong U(\mathfrak{g})/J(\lambda)$.

证明 设 $\mathrm{can} : U(\mathfrak{g}) \to \Delta(\lambda)$ 是典范的 $U(\mathfrak{g})$-模满同态, 即 $\mathrm{can}(x) = x \otimes 1_\lambda$. 又根据 $J(\lambda)$ 和 $\Delta(\lambda)$ 的定义知, $\mathrm{can}(J(\lambda)) = 0$, 所以 can 可诱导出 $U(\mathfrak{g})$-模满同态 $\overline{\mathrm{can}} : U(\mathfrak{g})/J(\lambda) \to \Delta(\lambda)$. 又根据 PBW 定理,

$$\left\{ y_1^{k_1} \cdots y_m^{k_m} + J(\lambda) \;\middle|\; k_i \in \mathbb{Z}^{\geq 0}, \quad \forall\, 1 \leq i \leq m \right\}$$

是 $U(\mathfrak{g})/J(\lambda)$ 的线性生成元. 而

$$\left\{ y_1^{k_1} \cdots y_m^{k_m} \otimes 1_\lambda \;\middle|\; k_i \in \mathbb{Z}^{\geq 0}, \quad \forall\, 1 \leq i \leq m \right\}$$

是 $\Delta(\lambda)$ 的 $\mathbb{C}$-基, 并且 $\overline{\mathrm{can}}(y_1^{k_1} \cdots y_m^{k_m} + J(\lambda)) = y_1^{k_1} \cdots y_m^{k_m} \otimes 1_\lambda$. 所以 $\overline{\mathrm{can}}$ 是 $U(\mathfrak{g})$-模同构. □

推论 3.1.10 任何一个最高权为 λ 的最高权模 V 都可以实现为 Verma 模 $\Delta(\lambda)$ 的一个商模. 换句话说, Verma 模 $\Delta(\lambda)$ 是普遍的最高权模.

定义 3.1.11 设 $\lambda \in \mathfrak{h}^*$, 则 Verma 模 $\Delta(\lambda)$ 有唯一的极大子模 $N(\lambda)$. 令

$$L(\lambda) := \Delta(\lambda)/N(\lambda),$$

则 $L(\lambda)$ 是 Verma 模 $\Delta(\lambda)$ 的唯一的不可约商.

推论 3.1.12 设 $\lambda \in \mathfrak{h}^*$, V 是最高权为 λ 的不可约最高权模, 则 $V \cong L(\lambda)$. 特别地, 最高权为 λ 的不可约最高权模存在且在同构意义下唯一.

证明 只需注意到任意最高权为 λ 的最高权模都同构于 $\Delta(\lambda)$ 的某个商模, 而 $\Delta(\lambda)$ 有唯一的不可约商模 $L(\lambda)$. □

引理 3.1.13 设 V 是一个 $\mathfrak{g}$-模, $\lambda \in \mathfrak{h}^*$, $v \in V_\lambda$ 是一个极大向量. 设 $1 \leq i \leq \ell$, 若 $\lambda(h_i)$ 是非负整数且 $y_i^{\lambda(h_i)+1} \cdot v \neq 0$, 则 $y_i^{\lambda(h_i)+1} \cdot v$ 是一个极大向量.

证明 只需验证 $\forall\, 1 \leq j \leq \ell$, $x_j \cdot (y_i^{\lambda(h_i)+1} \cdot v) = 0$ 即可. 分为下面两种情况:

若 $j \neq i$, 则 $[x_j, y_i] = 0$, 所以 $x_j \cdot (y_i^{\lambda(h_i)+1} \cdot v) = y_i^{\lambda(h_i)+1} \cdot (x_j \cdot v) = 0$;

若 $j = i$, 对任意的 $s \in \mathbb{Z}^{\geq 0}$, 定义 $w_s := (y_i^s \cdot v)/(s!)$. 对 s 归纳来证明 $x_i \cdot w_s = (\lambda(h_i) - s + 1)w_{s-1}$. 事实上, $x_i \cdot w_0 = x_i \cdot v = 0$, 设 $s > 0$, 则

$$
\begin{aligned}
x_i \cdot w_s &= \left(y_i \cdot (x_i \cdot w_{s-1}) + h_i \cdot w_{s-1} \right)/s \\
&= \left((\lambda(h_i) - s + 2) y_i \cdot w_{s-2} + (\lambda(h_i) - 2(s-1)) w_{s-1} \right)/s \\
&= \left((s-1)(\lambda(h_i) - s + 2) w_{s-1} + (\lambda(h_i) - 2(s-1)) w_{s-1} \right)/s \\
&= (\lambda(h_i) - s + 1) w_{s-1}.
\end{aligned}
$$

因此, $x_i \cdot w_{\lambda(h_i)+1} = 0$, 所以 $x_i \cdot (y_i^{\lambda(h_i)+1} \cdot v) = 0$. 　　　　□

推论 3.1.14　设 $\lambda \in \mathfrak{h}^*$, $\alpha_i \in \Pi$, 使得 $\lambda(h_i)$ 是非负整数, v_λ 是 $\Delta(\lambda)$ 中权为 λ 的最高权向量, 则 $y_i^{\lambda(h_i)+1} \cdot v_\lambda$ 是权为 $\mu := \lambda - (\lambda(h_i)+1)\alpha_i < \lambda$ 的极大向量, 从而存在非零同态 $\Delta(\mu) \to \Delta(\lambda)$, 使得同态像落在 $\Delta(\lambda)$ 的极大子模 $N(\lambda)$ 中.

回忆 $\mathfrak{g}$ 上 Killing 型 κ 限制在 $\mathfrak{h}$ 上是非退化的, 并且 $\{h_1, \cdots, h_\ell\}$ 是 $\mathfrak{h}$ 的一组基. 用 $\{k_1, \cdots, k_\ell\}$ 表示 $\{h_1, \cdots, h_\ell\}$ 在 $\kappa \!\downarrow_{\mathfrak{h}}$ 下的对偶基, 即 $\kappa(k_i, h_j) = \delta_{ij}$. 对 $\forall 1 \leqslant j \leqslant m$, 存在唯一的 $z_j \in \mathfrak{g}_{-\alpha_j}$, 使得 $\kappa(x_j, z_j) = 1$, 则 $\{h_i, x_j, z_j \mid 1 \leqslant i \leqslant \ell, 1 \leqslant j \leqslant m\}$ 和 $\{k_i, z_j, x_j \mid 1 \leqslant i \leqslant \ell, 1 \leqslant j \leqslant m\}$ 是一组对偶基. 称

$$C_\kappa = \sum_{i=1}^{\ell} h_i k_i + \sum_{j=1}^{m} x_j z_j + \sum_{j=1}^{m} z_j x_j \in U(\mathfrak{g})$$

是 $U(\mathfrak{g})$ 的 **Casimir 元素**.

回忆在 1.8 节中, $\forall \alpha \in \mathfrak{h}^*$, 用 $t_\alpha \in \mathfrak{h}$ 表示 α 在同构 $\mathfrak{h} \to \mathfrak{h}^*$, $h \mapsto \kappa(h, -)$ 下的原像, 此外 $\forall \lambda, \mu \in \mathfrak{h}^*$, $(\lambda, \mu) = \kappa(t_\lambda, t_\mu)$. 又令 $E := \mathbb{R}\text{-Span}\{\alpha \mid \alpha \in \Phi\}$, 根据定理 1.8.14, $(\ ,\ )$ 限制在 E 上使 E 成为一个欧氏空间, Φ 是 E 的一个抽象根系.

引理 3.1.15　$C_\kappa = \sum_{i=1}^{\ell} h_i k_i + 2 t_\rho + 2 \sum_{j=1}^{m} z_j x_j$.

证明　事实上,

$$C_\kappa = \sum_{i=1}^{\ell} h_i k_i + \sum_{j=1}^{m} x_j z_j + \sum_{j=1}^{m} z_j x_j = \sum_{i=1}^{\ell} h_i k_i + 2 \sum_{j=1}^{m} z_j x_j + \sum_{j=1}^{m} (x_j z_j - z_j x_j)$$

$$= \sum_{i=1}^{\ell} h_i k_i + 2 \sum_{j=1}^{m} z_j x_j + \sum_{j=1}^{m} [x_j, z_j] = \sum_{i=1}^{\ell} h_i k_i + 2 \sum_{j=1}^{m} z_j x_j + \sum_{j=1}^{m} t_{\alpha_j}.$$

注意到 $\rho = \frac{1}{2} \sum_{j=1}^{m} \alpha_j$. 故 $\forall h \in \mathfrak{h}$,

$$\kappa\left(\sum_{j=1}^{m} t_{\alpha_j} - 2 t_\rho, h\right) = \sum_{j=1}^{m} \kappa(t_{\alpha_j}, h) - 2\kappa(t_\rho, h) = \sum_{j=1}^{m} \alpha_j(h) - 2\rho(h) = 0,$$

所以 $\sum_{j=1}^{m} t_{\alpha_j} = 2 t_\rho$, 　　　　□

设 V 是一个 $U(\mathfrak{g})$-模, 可以验证 $C_\kappa \in \mathrm{End}_{U(\mathfrak{g})} V$ (习题 3.1.21).

引理 3.1.16　设 $\lambda \in \mathfrak{h}^*$, V 是最高权为 λ 的最高权模, 则 C_κ 在 V 上的作用是数乘 $(\lambda + 2\rho, \lambda)$.

证明　设 $V = U(\mathfrak{g})v$, $v \in V_\lambda$ 是最高权向量. 因为 $\mathrm{End}_{U(\mathfrak{g})} V = \mathbb{C}$, 所以 C_κ 在 V 上的作用是数乘作用. 因此只需考察 C_κ 作用在 v 上. 事实上, 根据引理 3.1.15,

$$C_\kappa \cdot v = \left(\sum_{i=1}^{\ell} \lambda(h_i)\lambda(k_i) + 2\lambda(t_\rho)\right) v.$$

又 $t_\lambda = \sum_{i=1}^{\ell} \kappa(t_\lambda, k_i) h_i$, 从而

$$\sum_{i=1}^{\ell} \lambda(h_i)\lambda(k_i) = \sum_{i=1}^{\ell} \kappa(t_\lambda, h_i)\kappa(t_\lambda, k_i) = \kappa\left(t_\lambda, \sum_{i=1}^{\ell} \kappa(t_\lambda, k_i) h_i\right)$$
$$= \kappa(t_\lambda, t_\lambda) = (\lambda, \lambda).$$

所以 $C_\kappa \cdot v = ((\lambda, \lambda) + 2(\rho, \lambda))v = (\lambda + 2\rho, \lambda)v$. $\qquad\square$

定义 3.1.17 用 $Z(\mathfrak{g})$ 表示 $\mathfrak{g}$ 的普遍包络代数 $U(\mathfrak{g})$ 的中心. 每个保持单位元的 $\mathbb{C}$-代数同态

$$\chi : Z(\mathfrak{g}) \longrightarrow \mathbb{C}$$

都称作 $U(\mathfrak{g})$ 的一个**中心特征标**.

设 $\lambda \in \mathfrak{h}^*$, $\Delta(\lambda) = U(\mathfrak{g})v_\lambda$ 是最高权为 λ 的 Verma 模, 其中 v_λ 是权为 λ 的最高权向量. 任给 $U(\mathfrak{g})$ 的中心元素 $z \in Z(\mathfrak{g})$, 则 z 在 $\Delta(\lambda)$ 上的左乘作用自然定义了一个 $U(\mathfrak{g})$-模自同态. 由于 $\mathrm{End}_{U(\mathfrak{g})}\Delta(\lambda) \cong \mathbb{C}$, 故 z 在 $\Delta(\lambda)$ 上的左乘是一个数乘, 我们把这个数乘记作 $\chi_\lambda(z)$. 显然 $\chi_\lambda : Z(\mathfrak{g}) \to \mathbb{C}$ 是一个保持单位元的 $\mathbb{C}$-代数同态, 从而是 $U(\mathfrak{g})$ 的一个中心特征标. 用 $S(\mathfrak{h})$ 表示关于 $\mathfrak{h}$ 的多项式 $\mathbb{C}$-代数, W 在 $\mathfrak{h}$ 上的 (通常) 作用自然扩充为 W 在 $S(\mathfrak{h})$ 上的作用.

定理 3.1.18 (Harish-Chandra, Chevalley [21, 36]) (1) *存在 $\mathbb{C}$-代数同构 $Z(\mathfrak{g}) \cong S(\mathfrak{h})^W$, 并且后者同构于一个关于 ℓ 个变量的多项式 $\mathbb{C}$-代数*;

(2) *设 $\lambda, \mu \in \mathfrak{h}^*$, $\chi_\lambda = \chi_\mu$ 当且仅当存在 $w \in W$, 使得 $\mu + \rho = w(\lambda + \rho)$*;

(3) *每个中心特征标 $\chi : Z(\mathfrak{g}) \to \mathbb{C}$ 都具有形式 $\chi_\lambda, \lambda \in \mathfrak{h}^*$*.

习　题　3.1

习题 3.1.19 证明命题 3.1.2.

习题 3.1.20 设 $\lambda \in \mathbb{C}$, 证明 1.4 节最后定义的 Verma 模 $\Delta(\lambda)$ 与定义 3.1.8 中取 $\mathfrak{g} = \mathfrak{sl}_2$ 时定义的 Verma 模是同构的.

习题 3.1.21 设 V 是一个 $U(\mathfrak{g})$-模, 证明 Casimir 元素 $C_\kappa \in \mathrm{End}_{U(\mathfrak{g})} V$.

3.2 可积模、可积范畴与 Serre 关系

本节将给出有限维不可约 $\mathfrak{g}$-模的分类. 同时还将介绍可积模的概念, 并引入可积范畴的定义. 这些概念实际上对任意的可对称化 Kac-Moody 李代数都可以定义. 我们将证明对于有限维复半单李代数 $\mathfrak{g}$, 它的可积范畴与有限维模范畴吻合. 最后还将给出一个不用验证 Serre 关系而判断 M 是一个可积 $\mathfrak{g}$-模的局部判别方法.

引理 3.2.1　　设 $V = U(\mathfrak{g})v$ 是最高权模, $v \in V_\lambda$ 是最高权向量. 设 $1 \leqslant i \leqslant \ell$, 则 x_i 在 V 上的作用是局部幂零的. 若存在非负整数 n_i, 使得 $y_i^{n_i} \cdot v \neq 0$, $y_i^{n_i+1} \cdot v = 0$, 则 y_i 在 V 上的作用也是局部幂零的并且 $n_i = \lambda(h_i)$.

证明　　由于 V 的权集有上界 λ 且 V 可分解为权空间的直和, 所以 x_i 在 V 上的作用是局部幂零的. 下面来证明 y_i 在 V 上的作用也是局部幂零的. $\forall x, y \in \mathfrak{g}$, $\forall w \in V$, 由 $y \cdot (x \cdot w) = \operatorname{ad} y(x) \cdot w + x \cdot (y \cdot w)$, 可归纳证明 **Leibniz 公式**:

$$y^k \cdot (x \cdot w) = \sum_{s=0}^{k} \binom{k}{s} (\operatorname{ad} y)^s (x) \cdot (y^{k-s} \cdot w). \tag{3.2.1}$$

将上式中的 y 取作 y_i, 若存在正整数 m, 使得 $y_i^m \cdot w = 0$, 并注意到 y_i 是 ad-幂零的. 那么取充分大的正整数 n, 可使得 $y_i^n \cdot (x \cdot w) = 0$. 又最高权模 V 有一组形如 $y_1^{k_1} \cdots y_m^{k_m} \cdot v$ 的线性生成元, 并且 $y_i^{n_i+1} \cdot v = 0$, 所以 y_i 在 V 上是局部幂零的.

根据 Leibniz 公式可得

$$0 = y_i^{n_i+1} \cdot (x_i \cdot v) = (n_i + 1)(-\lambda(h_i) + n_i) y_i^{n_i} \cdot v.$$

由 $y_i^{n_i} \cdot v \neq 0$ 可知 $\lambda(h_i) = n_i$.　　　　　　　　　　　　　　□

引理 3.2.2　　设 V 是 $\mathfrak{g}$ 的一个权模, 使得 $\forall 1 \leqslant i \leqslant \ell$, x_i 和 y_i 在 V 上的作用都是局部幂零的, 则 $\exp x_i$, $\exp(-y_i)$ 都是 V 上的可逆线性变换. 进一步, 令 $\tau_i := \exp x_i \exp(-y_i) \exp x_i$, 则 $\forall \mu \in P(V)$,

$$\tau_i V_\mu = V_{s_i \mu}, \quad \dim_{\mathbb{C}} V_\mu = \dim_{\mathbb{C}} V_{s_i \mu},$$

这里 $s_i := s_{\alpha_i}$. 因此, $\forall \sigma \in W$, $\dim_{\mathbb{C}} V_\mu = \dim_{\mathbb{C}} V_{\sigma \mu}$, 进而 $\sigma(P(V)) = P(V)$.

证明　　因为 x_i, y_i 在 V 上的作用是局部幂零的, 所以 $\exp x_i$, $\exp(-y_i)$ 都是 V 上合理定义的线性变换. 令 $\eta := \exp x_i - \operatorname{Id}_V$, 则 $\eta = x_i \exp x_i$, 所以 η 在 V 上的作用也是局部幂零的, 因此形式幂级数 $\sum_{i \geqslant 0} (-1)^i \eta^i$ 是 V 上合理定义的线性变换. 又 $(\operatorname{Id}_V + \eta) \sum_{i \geqslant 0} (-1)^i \eta^i = \operatorname{Id}_V$, 所以 $\exp x_i = \operatorname{Id}_V + \eta$ 是 V 上的可逆线性变换. 类似地可证明 $\exp(-y_i)$ 是 V 上的可逆线性变换.

根据上面的说法, τ_i 也是 V 上的可逆线性变换. 为了简化记号, 也用 τ_i 表示 $\mathfrak{g}$ 上的可逆线性变换 $\exp(\operatorname{ad} x_i) \exp(\operatorname{ad}(-y_i)) \exp(\operatorname{ad} x_i)$. 我们往证 $\forall x \in \mathfrak{g}$, $\forall w \in V$,

$$\exp x_i \cdot (x \cdot w) = (\exp \operatorname{ad} x_i) x \cdot (\exp x_i) \cdot w.$$

事实上, 存在正整数 n, 使得 $(\operatorname{ad} x_i)^n x = 0$, $x_i^n \cdot w = 0$ 且 $x_i^n \cdot (x \cdot w) = 0$. 从而

$$\exp x_i \cdot (x \cdot w) = \sum_{s=0}^{2n} \frac{x_i^s \cdot (x \cdot w)}{s!}$$

$$(\text{Leibniz 公式}) = \sum_{s=0}^{2n} \left(\sum_{p+q=s} \frac{(\operatorname{ad} x_i)^p x}{p!} \cdot \frac{x_i^q \cdot w}{q!} \right)$$

$$= \sum_{p=0}^{n} \frac{(\operatorname{ad} x_i)^p x}{p!} \cdot \sum_{q=0}^{n} \frac{x_i^q \cdot w}{q!}$$

$$= (\exp \operatorname{ad} x_i) x \cdot (\exp x_i \cdot w).$$

于是 τ_i 也满足 $\tau_i(x \cdot w) = \tau_i(x) \cdot \tau_i(w)$. 易知 $\mathfrak{h} = \mathbb{C} h_i \oplus \operatorname{Ker} \alpha_i$, 可以验证 $\tau_i(h_i) = -h_i$, $\tau_i(h) = h$, $\forall h \in \operatorname{Ker} \alpha_i$. 所以 $\forall h \in \mathfrak{h}$, $\tau_i^2(h) = h$.

$\forall w \in V_\mu$, 一方面

$$h_i \cdot \tau_i(w) = \tau_i^2(h_i) \cdot \tau_i(w) = \tau_i(\tau_i(h_i) \cdot w)$$
$$= \tau_i(-h_i \cdot w) = -\mu(h_i)\tau_i(w)$$
$$= s_i(\mu)(h_i)\tau_i(w).$$

另一方面, $\forall h \in \operatorname{Ker} \alpha_i$,

$$h \cdot \tau_i(w) = \tau_i^2(h) \cdot \tau_i(w) = \tau_i(\tau_i(h) \cdot w)$$
$$= \tau_i(h \cdot w) = \mu(h)\tau_i(w)$$
$$= s_i(\mu)(h)\tau_i(w).$$

所以 $\forall h \in \mathfrak{h}$, $h \cdot \tau_i(w) = s_i(\mu)(h)\tau_i(w)$, 所以 $\tau_i(w) \in V_{s_i\mu}$, $\tau_i V_\mu \subseteq V_{s_i\mu}$. 由于 τ_i 是 V 上的可逆线性变换, 所以 $\dim_{\mathbb{C}} V_\mu \leqslant \dim_{\mathbb{C}} V_{s_i\mu}$, 又 $\tau_i V_{s_i\mu} \subseteq V_\mu$, 所以 $\dim_{\mathbb{C}} V_\mu = \dim_{\mathbb{C}} V_{s_i\mu}$ 且 $\tau_i V_\mu = V_{s_i\mu}$. □

定理 3.2.3 设 $\lambda \in \mathfrak{h}^*$, 则 $\dim_{\mathbb{C}} L(\lambda) < \infty$ 当且仅当 $\lambda \in P^+$. 因此,

$$\{ L(\lambda) \mid \lambda \in P^+ \}$$

是有限维 $\mathfrak{g}$-模范畴中的全体单模的同构类的完全集. 进一步, 若 $\lambda \in P^+$, 则 $\forall \sigma \in W$, $\mu \in \mathfrak{h}^*$, $\dim_{\mathbb{C}} L(\lambda)_\mu = \dim_{\mathbb{C}} L(\lambda)_{\sigma\mu}$. 特别地, W 保持 $P(L(\lambda))$ 稳定.

证明 必要性: 设 $L(\lambda) = U(\mathfrak{g})v$ 是有限维的, v 是最高权向量. 那么 $\forall 1 \leqslant i \leqslant \ell$, y_i 在 $L(\lambda)$ 上的作用是幂零的. 特别地, 存在非负整数 n_i, 使得 $y_i^{n_i} \cdot v \neq 0$, $y_i^{n_i+1} \cdot v = 0$. 根据引理 3.2.1 可知 $\lambda(h_i) = n_i$, 所以 $\lambda \in P^+$.

充分性: 已知 $\lambda \in P^+$, 往证 $L(\lambda)$ 是有限维的. 分如下几步论证:

第一步: 若 V 是一个最高权为 λ 的有限维最高权模, 则 $V \cong L(\lambda)$. 事实上, 利用有限维模的完全可约性知有限维最高权模 V 必不可约.

第二步: 设 $\Delta(\lambda) = U(\mathfrak{g})v_\lambda$, v_λ 是最高权向量, 根据推论 3.1.14, $\forall 1 \leqslant i \leqslant \ell$, $y_i^{\lambda(h_i)+1} \cdot v_\lambda$ 是权为 $\lambda - (\lambda(h_i)+1)\alpha_i$ 的极大向量, 因而 $U(\mathfrak{g})y_i^{\lambda(h_i)+1} \cdot v_\lambda$ 是最高权为 $\lambda - (\lambda(h_i)+1)\alpha_i$ 的最高权模, 所以 $N := \sum_{i=1}^{\ell} U(\mathfrak{g})y_i^{\lambda(h_i)+1} \cdot v_\lambda$ 是 $\Delta(\lambda)$ 的真子模.

第三步: 令 $V := \Delta(\lambda)/N = U(\mathfrak{g})\overline{v}_\lambda$. 注意到 $\forall 1 \leqslant i \leqslant \ell$, $y_i^{\lambda(h_i)+1} \cdot \overline{v}_\lambda = 0$, 根据引理 3.2.1 可知 x_i, y_i 在 V 上是局部幂零的.

第四步: 根据引理 3.2.2, $\forall \mu \in P(V)$, $\sigma \in W$, 有 $\dim_{\mathbb{C}} V_\mu = \dim_{\mathbb{C}} V_{\sigma\mu}$, $\sigma(P(V)) = P(V)$.

第五步: $P(V) = \{\sigma(\mu) \mid \sigma \in W, \mu \in P(V) \cap P^+\}$, 从而 $P(V)$ 是一个有限集.

事实上, $\forall \mu \in P(V)$, 存在 $\sigma \in W$ 使得 $\sigma(\mu) \in \overline{C(\Pi)}$, 所以 $\forall 1 \leqslant i \leqslant \ell$, $(\sigma(\mu), \alpha_i) \geqslant 0$. 又 σ 将整权变成整权, 所以 $\sigma(\mu) \in P^+$. 又 $\sigma(P(V)) = P(V)$, 所以 $\sigma(\mu) \in P(V) \cap P^+$. 此外, 由于 $\forall \mu \in P(V)$, $\mu \leqslant \lambda$ 且 $\lambda \in P^+$, 根据引理 2.4.8, $P(V) \cap P^+$ 是一个有限集, 又 Weyl 群 W 也是有限集, 进而 $P(V)$ 是有限集.

最后, 由于权集 $P(V)$ 是有限集且 V 的权空间都是有限维的, 所以 V 是有限维的最高权模, 再根据第一步的结论即得 $V \cong L(\lambda)$, 所以 $L(\lambda)$ 是有限维的. $\square$

推论 3.2.4 设 $\lambda \in P^+$, 则 $\Delta(\lambda)$ 的极大子模 $N(\lambda) = \sum_{i=1}^{\ell} U(\mathfrak{g})y_i^{\lambda(h_i)+1} \cdot v_\lambda$, 其中 v_λ 是 $\Delta(\lambda)$ 中权为 λ 的最高权向量.

命题 3.2.5 设 $\lambda \in P^+$, $P(L(\lambda))$ 是 $L(\lambda)$ 的权集. 则 $P(L(\lambda))$ 是以 λ 为最高权的饱和权集. 特别地,

$$P(L(\lambda)) = \{\sigma(\mu) \mid \mu \in P^+, \mu \leqslant \lambda, \sigma \in W\}.$$

证明 因为 λ 是 $P(L(\lambda))$ 中的最大权, 所以结合引理 2.4.15, 我们只需证明权集 $P(L(\lambda))$ 是饱和权集即可. 任取 $\mu \in P(L(\lambda))$, $\alpha_i \in \Phi^+$. 设 $\mathfrak{g}^{\alpha_i}$ 是由 x_i, y_i, h_i 生成的子代数. 令 $N := \sum_{k \in \mathbb{Z}} L(\lambda)_{\mu + k\alpha_i}$, 则 N 是 $\mathfrak{g}^{\alpha_i}$-子模. 由于 $L(\lambda)$ 是有限维的, 所以存在非负整数 p 和 q, 使得 $\mu + q\alpha_i, \mu - p\alpha_i \in P(L(\lambda))$, 而 $\forall k > q, \forall s > p$, $\mu + k\alpha_i, \mu - s\alpha_i \notin P(L(\lambda))$. 则根据 $\mathfrak{sl}_2$ 的有限维表示的结构可知 $\forall -p \leqslant r \leqslant q$, $\mu + r\alpha_i \in P(L(\lambda))$. 此外, $-(\mu(h_i)+2q) = \mu(h_i) - 2p$, 从而 $p - q = \mu(h_i) = \langle \mu, \alpha_i^\vee \rangle$. 由此, 我们证明了

$$\{\mu + r\alpha_i \mid r \in \mathbb{Z}\} \cap P(L(\lambda)) = \{\mu - p\alpha_i, \cdots, \mu, \cdots, \mu + q\alpha_i\}.$$

特别地, 设 t 是介于 0 和 $\langle \mu, \alpha_i^\vee \rangle$ 之间的整数, 则 $\mu - t\alpha_i \in P(L(\lambda))$.

现在令 $\alpha := -\alpha_i$, 则

$$\{\mu + k\alpha \mid k \in \mathbb{Z}\} \cap P(L(\lambda)) = \{\mu - q\alpha, \cdots, \mu, \cdots, \mu + p\alpha\},$$

且 $q - p = \langle \mu, \alpha^\vee \rangle$. 特别地, 任取介于 0 和 $\langle \mu, \alpha^\vee \rangle$ 之间的整数 t, 仍有 $\mu - t\alpha \in P(L(\lambda))$. 由此证明了 $P(L(\lambda))$ 是一个饱和权集. $\square$

定义 3.2.6 设 V 是一个权模. 如果 $\forall 1 \leqslant i \leqslant \ell$, x_i 和 y_i 在 V 上的作用是局部幂零的, 则称 V 是**可积 $\mathfrak{g}$-模**.

引理 3.2.7 设 V 是一个可积 $\mathfrak{g}$-模, 则 $\forall \alpha_i \in \Pi$, V 作为 $\mathfrak{g}^{\alpha_i}$-模可分解为有限维不可约 $\mathfrak{g}^{\alpha_i}$-模的直和, 并且每个单模直和项都是 $\mathfrak{h}$-不变的, 从而 $P(V) \subseteq P$.

证明 设 $0 \neq v \in V_\lambda$, 令 $N := \sum_{p,q \geqslant 0} \mathbb{C} y_i^p \cdot (x_i^q \cdot v)$, 由于 x_i 和 y_i 在 V 上的作用是局部幂零的, 所以 N 是有限维的. 又根据 Leibniz 公式 (3.2.1) 可得 $\forall w \in V$, $\forall n \in \mathbb{N}$,

$$x_i \cdot (y_i^{n+1} \cdot w) = (n+1)(\lambda(h_i) - n) y_i^n \cdot w + y_i^{n+1} \cdot (x_i \cdot w).$$

所以 N 是一个有限维 $\mathfrak{g}^{\alpha_i}$-模, 则 N 可分解为不可约 $\mathfrak{g}^{\alpha_i}$-模的直和. 根据 N 的定义, $N = \bigoplus_{t \in \mathbb{Z}} N_{\lambda + t\alpha_i}$, 其中

$$N_{\lambda + t\alpha_i} = \mathbb{C}\text{-}\mathrm{Span}\big\{ y_i^k \cdot (x_i^m \cdot v) \mid m - k = t,\, m, k \in \mathbb{Z}^{\geqslant 0} \big\}.$$

所以作为 $\mathfrak{g}^{\alpha_i}$-模有权空间分解 $N = \bigoplus_{t \in \mathbb{Z}} N_{\lambda(h_i) + 2t}$, 其中 $N_{\lambda(h_i) + 2t} = N_{\lambda + t\alpha_i}$. 若 L 是 N 的一个单 $\mathfrak{g}^{\alpha_i}$-模直和项, 则 L 也有权空间分解 $L = \bigoplus_{t \in \mathbb{Z}} L_{\lambda(h_i) + 2t}$, 其中 $L_{\lambda(h_i) + 2t} \subseteq N_{\lambda + t\alpha_i}$, 所以 $\mathfrak{h}$ 在 $L_{\lambda(h_i) + 2t}$ 上的作用是不变的. □

定义 3.2.8 设 $\lambda \in \mathfrak{h}^*$, 定义 $D(\lambda) := \{\lambda - \alpha \mid \alpha \in Q^+\}$, 对于任意子集 $F \subseteq \mathfrak{h}^*$, 令 $D(F) := \bigcup_{\lambda \in F} D(\lambda)$.

定义 3.2.9 定义范畴 $\mathcal{C}$ 为 $U(\mathfrak{g})$-模范畴的一个完全子范畴, 使得其中的 $U(\mathfrak{g})$-模 V 满足:

(1) V 作为 $\mathfrak{h}$-模是半单的, 即 $V = \bigoplus_{\lambda \in \mathfrak{h}^*} V_\lambda$;

(2) $\forall \lambda \in \mathfrak{h}^*$, $\dim_\mathbb{C} V_\lambda < \infty$;

(3) 存在有限集 $F \subseteq \mathfrak{h}^*$, 使得 $P(V) \subseteq D(F)$.

例如任何最高权模 (如 Verma 模 $\Delta(\lambda)$, 不可约模 $L(\lambda)$) 都在 $\mathcal{C}$ 中.

引理 3.2.10 设 V 是范畴 $\mathcal{C}$ 中的模, 则 V 中存在极大向量. 进一步, 若 V 还是不可约的, 则存在唯一的 $\lambda \in \mathfrak{h}^*$, 使得 $V \cong L(\lambda)$. 因此, $\{L(\lambda) \mid \lambda \in \mathfrak{h}^*\}$ 是范畴 $\mathcal{C}$ 中的全体单模的同构类.

定义 3.2.11 **可积范畴** $\mathcal{C}_{\mathrm{int}}$ 是 $\mathcal{C}$ 的完全子范畴, 其中的对象是 $\mathcal{C}$ 中的可积模.

例如任何有限维 $\mathfrak{g}$-模都在 $\mathcal{C}_{\mathrm{int}}$ 中, 但 Verma 模一般不在 $\mathcal{C}_{\mathrm{int}}$ 中.

定理 3.2.12 可积范畴 $\mathcal{C}_{\mathrm{int}}$ 与有限维 $U(\mathfrak{g})$-模范畴吻合. 特别地, 可积范畴 $\mathcal{C}_{\mathrm{int}}$ 是半单的.

证明 只需证明任给 $M \in \mathcal{C}_{\mathrm{int}}$, $\dim_\mathbb{C} M < \infty$. 由定义, $\mathcal{C}_{\mathrm{int}}$ 中的模都有权空间分解, 并且每个权空间维数有限, 因此只需证明 $P(M)$ 是有限集.

根据引理 3.2.2, $P(M)$ 在 W 的作用下稳定. 由 $\mathcal{C}_{\mathrm{int}}$ 的定义, $P(M)$ 有有限个上

界, 不妨设支配整权 $\lambda_1, \cdots, \lambda_t \in P^+$ 使得

$$P(M) \subseteq \{\mu \in P \mid \mu < \lambda_i, \text{对某个 } 1 \leqslant i \leqslant t\}.$$

根据引理 2.4.8, 上式右端集合中至多包含有限多个支配整权, 而 $P(M)$ 含于这有限多个支配整权的 W-轨道中, 所以 $P(M)$ 是有限集. $\qquad\square$

注记 3.2.13 可积范畴的概念经常出现在李代数及量子群的相关文献中. 上述定理告诉我们有限维半单李代数 $\mathfrak{g}$ 的可积范畴 $\mathcal{C}_{\mathrm{int}}$ 与有限维 $U(\mathfrak{g})$-模范畴吻合. 对于无限维的可对称化的 Kac-Moody 李代数及其相伴的量子群来说, 一般不存在非平凡的有限维最高权模, 但是它们的可积范畴 $\mathcal{C}_{\mathrm{int}}$ 依然是半单的, 其中的对象一般都是无限维的, 但不可约对象仍由支配整权参数化并且其特征标由 Kac-Weyl 特征标公式给出, 参见文献 [56,67].

推论 3.2.14 设 V 是最高权为 λ 的可积最高权模, 则 $\lambda \in P^+$ 且 $V \cong L(\lambda)$ 是有限维不可约模.

证明 由已知 $V \in \mathcal{C}_{\mathrm{int}}$, 应用定理 3.2.12 得 $\dim_{\mathbb{C}} V < \infty$, 由此及 $\mathcal{C}_{\mathrm{int}}$ 的完全可约性引理得证. $\qquad\square$

命题 3.2.15 设 $\lambda \in P^+$, $P\big(L(\lambda)\big)$ 是 $L(\lambda)$ 的权集.

(1) 设 $\mu := w(\lambda)$, $w \in W$, $\alpha \in \Phi$, 则 $\mu - \alpha \notin P\big(L(\lambda)\big)$ 或 $\mu + \alpha \notin P\big(L(\lambda)\big)$;

(2) 设 $\alpha_i \in \Phi^+$, $\mu \in P\big(L(\lambda)\big)$, 则存在非负整数 p, q 使得

$$\{\mu + k\alpha_i \mid k \in \mathbb{Z}\} \cap P\big(L(\lambda)\big) = \{\mu - p\alpha_i, \cdots, \mu, \cdots, \mu + q\alpha_i\},$$

其中 $p - q = \mu(h_i)$;

(3) $-w_0(\lambda) \in P^+$ 且 $L(\lambda)^* \cong L(-w_0(\lambda))$.

证明 (1) 令 $\beta := w^{-1}(\alpha) \in \Phi$, 则 $\lambda - \beta = w^{-1}(\mu - \alpha)$, $\lambda + \beta = w^{-1}(\mu + \alpha)$, 由于 λ 是 $P\big(L(\lambda)\big)$ 中的最高权, 所以 $\lambda - \beta \notin P\big(L(\lambda)\big)$ 或者 $\lambda + \beta \notin P\big(L(\lambda)\big)$, 从而 $\mu - \alpha \notin P\big(L(\lambda)\big)$ 或者 $\mu + \alpha \notin P\big(L(\lambda)\big)$.

(2) 参见命题 3.2.5 证明的第一段.

(3) 设 $\mu \in P\big(L(\lambda)\big)$, $\mu = \lambda - \sum_{\alpha \in \Phi^+} c_\alpha \alpha$, $c_\alpha \in \mathbb{Z}^{\geqslant 0}$, 则

$$w_0(\mu) = w_0(\lambda) - \sum_{\alpha \in \Phi^+} c_\alpha w_0(\alpha).$$

注意到 $w_0(\Phi^+) = \Phi^-$, 所以 $w_0(\mu) \geqslant w_0(\lambda)$. 又因为 $w_0\big(P(L(\lambda))\big) = P(L(\lambda))$, 所以 $w_0(\lambda)$ 是 $P\big(L(\lambda)\big)$ 中最低权. 另一方面, $L(\lambda)^*$ 也是有限维不可约模, 所以存在 $\nu \in P^+$, 使得 $L(\lambda)^* \cong L(\nu)$, ν 是 $P(L(\lambda)^*)$ 中最高权, 又 $P(L(\lambda)^*) = -P(L(\lambda))$, 所以 $\nu = -w_0(\lambda)$. $\qquad\square$

注记 3.2.16 将正根空间与负根空间的作用替换, 可以类似定义最低权模、最低权 Verma 模 Δ_λ 等概念, 推广相应的最高权模、最高权 Verma 模 $\Delta(\lambda)$. 特别地, 最高权为 $\lambda \in P^+$ 的有限维不可约最高权模 $L(\lambda)$ 同时也是最低权为 $w_0(\lambda)$ 的不可约最低权模.

根据引理 1.8.13 及推论 2.2.12, 每个正根空间 $\mathfrak{g}_\alpha$ 都可由单根空间 $\mathfrak{g}_{\alpha_i}$ $(\alpha_i \in \Pi)$ 生成; 类似地, 每个负根空间 $\mathfrak{g}_{-\alpha}$ 也都可由负单根空间 $\mathfrak{g}_{-\alpha_i}$ $(\alpha_i \in \Pi)$ 生成. 因此复半单李代数 $\mathfrak{g}$ 的普遍包络代数 $U(\mathfrak{g})$ 实际上可由根空间 $\mathfrak{g}_{\alpha_i}$ 和 $\mathfrak{g}_{-\alpha_i}$ $(\alpha_i \in \Pi)$ 生成. 下面的定理用生成元及生成关系的表现给出了 $U(\mathfrak{g})$ 的等价刻画.

定理 3.2.17 ([43, §18.1]) 有限维复半单李代数 $\mathfrak{g}$ 的普遍包络代数 $U(\mathfrak{g})$ 同构于由生成元

$$\{x_1, \cdots, x_\ell\} \cup \{y_1, \cdots, y_\ell\} \cup \{h_1, \cdots, h_\ell\}$$

以及如下生成关系定义的单位结合 $\mathbb{C}$-代数:

(1) $[h_i, h_j] = 0, \forall\, 1 \leqslant i, j \leqslant \ell$;

(2) $[h_i, x_j] = \langle \alpha_j, \alpha_i^\vee \rangle x_j, \forall\, 1 \leqslant i, j \leqslant \ell$;

(3) $[h_i, y_j] = -\langle \alpha_j, \alpha_i^\vee \rangle y_j, \forall\, 1 \leqslant i, j \leqslant \ell$;

(4) $[x_i, y_j] = \delta_{ij} h_i, \forall\, 1 \leqslant i, j \leqslant \ell$;

(S5) $(\operatorname{ad} x_i)^{1 - \langle \alpha_j, \alpha_i^\vee \rangle} x_j = 0, \forall\, 1 \leqslant i \neq j \leqslant \ell$;

(S6) $(\operatorname{ad} y_i)^{1 - \langle \alpha_j, \alpha_i^\vee \rangle} y_j = 0, \forall\, 1 \leqslant i \neq j \leqslant \ell$.

其中称 (S5) 和 (S6) 为 Serre 关系.

注记 3.2.18 简单的归纳即可证明 Serre 关系 (S5) 和 (S6) 分别等价于

$$\sum_{k=0}^{1-\langle \alpha_j, \alpha_i^\vee \rangle} (-1)^k \binom{1 - \langle \alpha_j, \alpha_i^\vee \rangle}{k} x_i^{1 - \langle \alpha_j, \alpha_i^\vee \rangle - k} x_j x_i^k = 0$$

以及

$$\sum_{k=0}^{1-\langle \alpha_j, \alpha_i^\vee \rangle} (-1)^k \binom{1 - \langle \alpha_j, \alpha_i^\vee \rangle}{k} y_i^{1 - \langle \alpha_j, \alpha_i^\vee \rangle - k} y_j y_i^k = 0.$$

定义 3.2.19 设 $\widetilde{U}(\mathfrak{g})$ 是由生成元 $\{x_1, \cdots, x_\ell\} \cup \{y_1, \cdots, y_\ell\} \cup \{h_1, \cdots, h_\ell\}$ 以及定义 3.2.17 中的 (1) − (4) 为生成关系给出的单位结合 $\mathbb{C}$-代数.

注记 3.2.20 对每个 $1 \leqslant i \leqslant \ell$, 用 $U(\mathfrak{g})_i$ 表示由 $\{x_i, y_i, h_i\}$ 生成的 $U(\mathfrak{g})$ 的子代数. 类似地定义 $\widetilde{U}(\mathfrak{g})_i$ 为由 $\{x_i, y_i, h_i\}$ 生成的 $\widetilde{U}(\mathfrak{g})$ 的子代数. 根据 PBW 定理 (命题 1.7.11) 以及定理 3.2.17, $e \mapsto x_i$, $f \mapsto y_i$, $h \mapsto h_i$ 给出了 $U(\mathfrak{sl}_2)$ 到 $U(\mathfrak{g})_i$ 的同构. 进一步, $e \mapsto x_i$, $f \mapsto y_i$, $h \mapsto h_i$ 也给出了 $U(\mathfrak{sl}_2)$ 到 $\widetilde{U}(\mathfrak{g})_i$ 的同构.

回忆注记 1.7.5 中对任意复李代数 (不要求有限维的) 的普遍包络代数给出的 Hopf 代数结构. 特别地, 对有限维复半单李代数的普遍包络代数有下述命题.

命题 3.2.21　*存在唯一的单位代数同态* $\Delta : U(\mathfrak{g}) \to U(\mathfrak{g}) \otimes U(\mathfrak{g})$, $\varepsilon : U(\mathfrak{g}) \to \mathbb{C}$ *以及单位反代数同态* $S : U(\mathfrak{g}) \to U(\mathfrak{g})$, *使得*: $\forall 1 \leqslant i \leqslant \ell$,

$$\Delta(x_i) = x_i \otimes 1 + 1 \otimes x_i, \qquad \varepsilon(x_i) = 0, \qquad S(x_i) = -x_i;$$

$$\Delta(y_i) = y_i \otimes 1 + 1 \otimes y_i, \qquad \varepsilon(y_i) = 0, \qquad S(y_i) = -y_i;$$

$$\Delta(h_i) = h_i \otimes 1 + 1 \otimes h_i, \qquad \varepsilon(h_i) = 0, \qquad S(h_i) = -h_i,$$

从而 $(U(\mathfrak{g}), \Delta, \varepsilon, S)$ *是一个 Hopf 代数.*

设 $a \in U(\mathfrak{g})$, 则记 $\Delta(a) = \sum a_{(1)} \otimes a_{(2)}$, 其中 $a_{(i)} \in U(\mathfrak{g})$.

定义 3.2.22　设 M, N 是两个 (不必有限维的)$U(\mathfrak{g})$-模, 则 $\mathrm{Hom}_{\mathbb{C}}(M, N)$ 按如下方式成为一个 $U(\mathfrak{g})$-模: $\forall a \in U(\mathfrak{g})$, $\forall f \in \mathrm{Hom}_{\mathbb{C}}(M, N)$,

$$(a \cdot f)(m) := \sum a_{(1)} f\big(S(a_{(2)})m\big), \quad \forall m \in M.$$

若 $\mathfrak{g} = \mathfrak{sl}_2$, 则 $U(\mathfrak{sl}_2)$ 是由生成元 $\{e, f, h\}$ 生成的单位结合 $\mathbb{C}$-代数, 满足生成关系 $[h, h] = 0$, $[h, e] = 2e$, $[h, f] = -2f$ 和 $[e, f] = h$.

引理 3.2.23　设 V 是一个可积 $U(\mathfrak{sl}_2)$-模, m 是一个整数以及 $0 \neq v \in V_m$. 若存在自然数 n, 使得 $f^{n+1} \cdot v = 0$, 则 $n + 1 > m$ 且 $e^{n-m+1} \cdot v = 0$.

证明　根据引理 3.2.7, V 作为可积 $U(\mathfrak{sl}_2)$-模可分解为若干有限维不可约 $U(\mathfrak{sl}_2)$-模的直和. 不妨设 $V = \bigoplus_{i \in I} V^{(i)}$, 其中 I 是指标集, $V^{(i)}$ 是有限维不可约 $U(\mathfrak{sl}_2)$-模. 设 $v = \sum_{i \in I} v_i$, 其中 $v_i \in \big(V^{(i)}\big)_m$, 并且只有有限多个 v_i 非零. 因为 $f^{n+1} \cdot v = 0$, 所以 $\forall i \in I$, $f^{n+1} \cdot v_i = 0$. 若 $v_i \neq 0$, 则根据有限维不可约 $U(\mathfrak{sl}_2)$-模的结构可知 $n + 1 > m$ 且 $e^{n-m+1} \cdot v_i = 0$, 从而 $e^{n-m+1} \cdot v = 0$.　□

推论 3.2.24　设 M, N 是两个可积 $U(\mathfrak{sl}_2)$-模, m 是一个整数以及 $0 \neq \varphi \in \mathrm{Hom}_{\mathbb{C}}(M, N)$, 满足 $h \cdot \varphi = m\varphi$. 若存在自然数 n, 使得 $f^{n+1} \cdot \varphi = 0$, 则

$$n + 1 > m \text{ 且 } e^{n-m+1} \cdot \varphi = 0.$$

证明　根据引理 3.2.7, M 作为可积 $U(\mathfrak{sl}_2)$-模可分解为若干有限维不可约 $U(\mathfrak{sl}_2)$-模的直和, 不妨设 $M = \bigoplus_{i \in I} M^{(i)}$, 其中 I 是指标集, $M^{(i)}$ 是有限维不可约 $U(\mathfrak{sl}_2)$-模. 取 $i \in I$, 使得 $\varphi(M^{(i)}) \neq 0$, 令 $N^{(i)}$ 是由 $\varphi(M^{(i)})$ 生成的 N 的 $U(\mathfrak{sl}_2)$-子模. 由于 N 是可积 $U(\mathfrak{sl}_2)$-模且 $\varphi(M^{(i)})$ 是有限维的, 那么类似于引理 3.2.7 的证明可知 $N^{(i)}$ 也是有限维 $U(\mathfrak{sl}_2)$-模. 进而 $0 \neq \varphi \downarrow_{M^{(i)}} \in \mathrm{Hom}_{\mathbb{C}}(M^{(i)}, N^{(i)})$. 此外, $\mathrm{Hom}_{\mathbb{C}}(M^{(i)}, N^{(i)})$ 是有限维的, 自然是可积的. 另一方面, 仍然有

$$f^{n+1} \cdot \big(\varphi \downarrow_{M^{(i)}}\big) = 0 \quad \text{且} \quad h \cdot \big(\varphi \downarrow_{M^{(i)}}\big) = m\varphi \downarrow_{M^{(i)}}.$$

根据引理 3.2.23 可知 $n+1 > m$ 且 $e^{n-m+1} \cdot (\varphi \downarrow_{M^{(i)}}) = 0$. 由于这对每一个 i 都成立, 所以 $e^{n-m+1} \cdot \varphi = 0$. □

下面的命题给出了判断一个 $\widetilde{U}(\mathfrak{g})$-模是否自然成为可积 $U(\mathfrak{g})$-模的局部判别方法, 它的主要优点在于省去了验证复杂的 Serre 关系.

命题 3.2.25 设 M 是一个 $\widetilde{U}(\mathfrak{g})$-模. 如果 $\forall 1 \leqslant i \leqslant \ell$, M 是可积 $\widetilde{U}(\mathfrak{g})_i$-模, 则 $\widetilde{U}(\mathfrak{g})$ 在 M 上的作用满足 Serre 关系. 特别地, M 自然成为一个可积 $U(\mathfrak{g})$-模.

证明 设 $X : \widetilde{U}(\mathfrak{g}) \to \operatorname{End}_{\mathbb{C}}(M)$ 是由 M 上的 $\widetilde{U}(\mathfrak{g})$-模结构给出的单位结合 $\mathbb{C}$-代数同态. 任给 $1 \leqslant i \neq j \leqslant \ell$, 将 $\operatorname{End}_{\mathbb{C}}(M)$ 看作 $\widetilde{U}(\mathfrak{g})_i$-模, 则

$$x_i \cdot X(x_j) = X(x_i x_j - x_j x_i) = X([x_i, x_j]) = 0,$$

$$y_i \cdot X(x_j) = X(y_i x_j - x_j y_i) = X([y_i, x_j]) = 0,$$

$$h_i \cdot X(x_j) = X(h_i x_j - x_j h_i) = X([h_i, x_j]) = \langle \alpha_j, \alpha_i^{\vee} \rangle X(x_j).$$

根据推论 3.2.24 可知, $x_i^{-\langle \alpha_j, \alpha_i^{\vee} \rangle + 1} \cdot X(x_j) = X((\operatorname{ad} x_i)^{1 - \langle \alpha_j, \alpha_i^{\vee} \rangle} x_j) = 0$. 等价地

$$X\left(\sum_{k=0}^{1 - \langle \alpha_j, \alpha_i^{\vee} \rangle} (-1)^k \binom{1 - \langle \alpha_j, \alpha_i^{\vee} \rangle}{k} x_i^{1 - \langle \alpha_j, \alpha_i^{\vee} \rangle - k} x_j x_i^k \right) = 0. \qquad (3.2.2)$$

最后, 存在 $\widetilde{U}(\mathfrak{g})$ 上的唯一的代数同构 ι, 使得

$$\iota(x_i) = y_i, \quad \iota(y_i) = x_i, \quad \iota(h_i) = -h_i, \quad \forall 1 \leqslant i \leqslant \ell.$$

设 M^{ι} 作为向量空间仍然是 M, 而 M^{ι} 上的模结构由 $\widetilde{X} := X \circ \iota : \widetilde{U}(\mathfrak{g}) \to \operatorname{End}_{\mathbb{C}}(M)$ 给出, 则 M^{ι} 是可积 $\widetilde{U}(\mathfrak{g})_i$-模. 对 $\widetilde{X}$ 应用式 (3.2.2), 则

$$\widetilde{X}\left(\sum_{k=0}^{1 - \langle \alpha_j, \alpha_i^{\vee} \rangle} (-1)^k \binom{1 - \langle \alpha_j, \alpha_i^{\vee} \rangle}{k} x_i^{1 - \langle \alpha_j, \alpha_i^{\vee} \rangle - k} x_j x_i^k \right) = 0,$$

即

$$X\left(\sum_{k=0}^{1 - \langle \alpha_j, \alpha_i^{\vee} \rangle} (-1)^k \binom{1 - \langle \alpha_j, \alpha_i^{\vee} \rangle}{k} y_i^{1 - \langle \alpha_j, \alpha_i^{\vee} \rangle - k} y_j y_i^k \right) = 0. \qquad □$$

3.3 Weyl 特征标公式

本节将讨论半单李代数 $\mathfrak{g}$ 的 Verma 模以及有限维不可约模的特征标. 用 $\mathbb{Z}P$ 表示加法群 P 的群环. 为了区分 $\mathbb{Z}P$ 中的加法和 P 中的加法, 对每个 $\lambda \in P$, 给定一个记号 $e(\lambda)$. 对应地, P 中的加法用乘法记号表示为: $e(\lambda)e(\mu) = e(\lambda + \mu)$, $\forall \lambda, \mu \in P$.

定义 3.3.1 设 V 是一个有限维 $U(\mathfrak{g})$-模, 定义 V 的**形式特征标**, 有

$$\operatorname{ch} V := \sum_{\lambda \in P} (\dim_{\mathbb{C}} V_\lambda) e(\lambda) \in \mathbb{Z}P.$$

任给 $\mathfrak{h}^*$ 上的整值函数 $f: \mathfrak{h}^* \to \mathbb{Z}$, 称

$$\operatorname{Supp} f := \{\lambda \in \mathfrak{h}^* \mid f(\lambda) \neq 0\}$$

为 f 的**支撑集**. 为了将上述形式特征标的概念推广到无限维 $\mathfrak{g}$-模, 定义集合

$$\mathcal{X} := \big\{ f: \mathfrak{h}^* \to \mathbb{Z} \,\big|\, \operatorname{Supp} f \subseteq D(F), F \text{ 是 } \mathfrak{h}^* \text{ 的某个有限子集} \big\}.$$

则 $\mathcal{X}$ 是 $\mathfrak{h}^*$ 上的整值函数空间的一个 Abel 子群. 定义 $\mathcal{X}$ 上的**卷积**: $\forall f, g \in \mathcal{X}$, $\lambda \in \mathfrak{h}^*$,

$$(f * g)(\lambda) := \sum_{\mu + \nu = \lambda} f(\mu) g(\nu).$$

则 $\mathcal{X}$ 成为一个交换环. 如无特别声明, $\mathcal{X}$ 中的乘法均指卷积 "$*$". 设 $\lambda \in P$, 若将 $e(\lambda)$ 视为将 λ 赋值 1, 将 $\mu \in \mathfrak{h}^* \setminus \{\lambda\}$ 赋值 0 的整值函数, 则 $\mathbb{Z}P$ 成为 $\mathcal{X}$ 的一个子环. 更一般地, 对于每一个 $\lambda \in \mathfrak{h}^*$, 都可如上定义 $\mathfrak{h}^*$ 上整值函数 $e(\lambda) \in \mathcal{X}$. 特别地, $e(0)$ 是环 $\mathcal{X}$ 中的乘法单位元 1, 并且

$$e(\lambda) * e(\mu) = e(\lambda + \mu), \quad \forall \lambda, \mu \in P.$$

定义 3.3.2 设 V 是范畴 $\mathcal{C}$ 中的一个 $U(\mathfrak{g})$-模, 定义 V 的**形式特征标** $\operatorname{ch} V \in \mathcal{X}$, 满足: $\forall \lambda \in \mathfrak{h}^*$

$$(\operatorname{ch} V)(\lambda) := \begin{cases} \dim_{\mathbb{C}} V_\lambda, & \lambda \in P(V), \\ 0, & \lambda \in \mathfrak{h}^* \setminus P(V), \end{cases}$$

或形式地写作

$$\operatorname{ch} V = \sum_{\lambda \in \mathfrak{h}^*} (\dim_{\mathbb{C}} V_\lambda) e(\lambda).$$

命题 3.3.3 设 V, N 是范畴 $\mathcal{C}$ 中的两个 $U(\mathfrak{g})$-模, 则

$$\operatorname{ch} V \otimes N = \operatorname{ch} V * \operatorname{ch} N, \quad \operatorname{ch} V \oplus N = \operatorname{ch} V + \operatorname{ch} N.$$

如下定义 Weyl 群 W 在 $\mathfrak{h}^*$ 的整值函数空间上的作用: 设 f 是 $\mathfrak{h}^*$ 上的整值函数, $\sigma \in W$, 定义 $(\sigma \cdot f)(\mu) := f(\sigma^{-1}(\mu))$, $\forall \mu \in \mathfrak{h}^*$. 容易验证 $\forall \lambda \in \mathfrak{h}^*$, $\sigma \cdot e(\lambda) = e(\sigma(\lambda))$.

由于有限维 $\mathfrak{g}$-模都完全可约, 下面的结论是显然的.

引理 3.3.4 设 V 是有限维 $\mathfrak{g}$-模, 则 $\sigma(\operatorname{ch} V) = \operatorname{ch} V$. 特别地, 任意 $\lambda \in P^+$,

$$\sigma(\operatorname{ch} L(\lambda)) = \operatorname{ch} L(\lambda).$$

定义 3.3.5 **Kostant 函数** $p \in \mathcal{X}$, 满足 $\forall \lambda \in \mathfrak{h}^*$,

$$p(\lambda) := \# \left\{ (c_\alpha)_{\alpha \in \Phi^+} \,\middle|\, c_\alpha \in \mathbb{Z}^{\geqslant 0}, \lambda = - \sum_{\alpha \in \Phi^+} c_\alpha \alpha \right\}.$$

设 $\alpha \in \Phi^+$, 定义 $f_\alpha \in \mathcal{X}$, 使得

$$f_\alpha(\lambda) := \begin{cases} 1, & \lambda = -k\alpha, \, k \in \mathbb{Z}^{\geqslant 0}, \\ 0, & \text{否则} \end{cases}$$

或形式地写作 $f_\alpha = \sum_{k \in \mathbb{Z}^{\geqslant 0}} e(-k\alpha)$.

命题 3.3.6 (1) 设 $\alpha \in \Phi^+$, 则 $(1 - e(-\alpha)) * f_\alpha = 1$, 或形式地记作

$$f_\alpha = \frac{1}{1 - e(-\alpha)};$$

(2) $p = \prod_{\alpha \in \Phi^+} f_\alpha$, 或形式地记作

$$p = \frac{1}{\displaystyle\prod_{\alpha \in \Phi^+} (1 - e(-\alpha))}.$$

根据 Verma 模的定义以及 PBW 定理, 我们有下面的结论.

引理 3.3.7 设 $\lambda \in \mathfrak{h}^*$, 则

$$\operatorname{ch} \Delta(\lambda) = p * e(\lambda).$$

所以 $\operatorname{ch} \Delta(\lambda) = \dfrac{e(\lambda)}{\prod_{\alpha \in \Phi^+} (1 - e(-\alpha))}$. 特别地, $\operatorname{ch} \Delta(0) = p$.

定义 3.3.8 定义 $q := \prod_{\alpha \in \Phi^+} (e(\alpha/2) - e(-\alpha/2))$. 回忆 $\rho = \dfrac{1}{2} \sum_{\alpha \in \Phi^+} \alpha$.

引理 3.3.9 (1) $\forall \sigma \in W$, $\sigma q = (-1)^{\ell(\sigma)} q$;

(2) $q * p = e(\rho)$. 特别地, 任给 $\lambda \in \mathfrak{h}^*$, $q * \operatorname{ch} \Delta(\lambda) = q * p * e(\lambda) = e(\lambda + \rho)$.

证明 (1) 利用推论 2.2.14 并对 $\ell(\sigma)$ 归纳即可.

(2) 利用

$$q * p = \prod_{\alpha \in \Phi^+} (e(0) - e(-\alpha)) * e(\rho) * p = \prod_{\alpha \in \Phi^+} (e(0) - e(-\alpha)) * p * e(\rho) = e(\rho). \qquad \square$$

定理 3.3.10 (Weyl 特征标公式)　设 $\lambda \in P^+$, 则

$$q * \operatorname{ch} L(\lambda) = \sum_{\sigma \in W} (-1)^{\ell(\sigma)} e(\sigma(\lambda + \rho)),$$

或者

$$\operatorname{ch} L(\lambda) = \frac{\displaystyle\sum_{\sigma \in W} (-1)^{\ell(\sigma)} e(\sigma(\lambda + \rho))}{\displaystyle\prod_{\alpha \in \Phi^+} \big(e(\alpha/2) - e(-\alpha/2) \big)},$$

证明　根据定理 3.1.18, $L(\lambda)$, $\Delta(\mu)$ 在范畴 $\mathcal{C}$ 的同一个块中仅当存在 $\sigma \in W$ 使得 $\mu = \sigma(\lambda + \rho) - \rho$. 于是可以假设

$$\operatorname{ch} L(\lambda) = \sum_{\sigma \in W} a(\lambda, \sigma) \operatorname{ch} \Delta(\sigma(\lambda + \rho) - \rho),$$

其中 $a(\lambda, \sigma) \in \mathbb{Z}$. 于是应用引理 3.3.7 有

$$\operatorname{ch} L(\lambda) = \sum_{\sigma \in W} a(\lambda, \sigma) p * e(\sigma(\lambda + \rho) - \rho).$$

用 "$q*$" 作用在两边并利用引理 3.3.9(2), 得到

$$q * \operatorname{ch} L(\lambda) = \sum_{\sigma \in W} a(\lambda, \sigma) e(\sigma(\lambda + \rho)).$$

注意到 $\operatorname{ch} L(\lambda)$ 是 W 不变的. 对每个单根 $\alpha_i \in \Pi$, 用 s_{α_i} 作用在上式两端并利用引理 3.3.9(1), 可得 $a(\lambda, s_{\alpha_i}\sigma) = -a(\lambda, \sigma)$, $\forall \sigma \in W$. 注意到任给 $1 \neq \sigma \in W$, $\sigma(\lambda + \rho) - \rho < \lambda$(因为 $\lambda \in P^+$), 显然有 $a(\lambda, 1) = 1$. 最后再对 $\ell(\sigma)$ 归纳可得 $a(\lambda, \sigma) = (-1)^{\ell(\sigma)}$. □

推论 3.3.11　设 $\lambda \in P^+$, 则

$$\operatorname{ch} L(\lambda) = \sum_{\sigma \in W} (-1)^{\ell(\sigma)} \operatorname{ch} \Delta(\sigma(\lambda + \rho) - \rho),$$

特别地, 任给 $\lambda \geqslant \mu \in P$,

$$\dim_{\mathbb{C}} L(\lambda)_\mu = \sum_{\sigma \in W} (-1)^{\ell(\sigma)} p(\mu - \sigma(\lambda + \rho) + \rho).$$

推论 3.3.12　设 $\lambda \in P^+$, 则 $\dim_{\mathbb{C}} L(\lambda) = \dfrac{\prod_{\alpha \in \Phi^+} (\lambda + \rho, \alpha)}{\prod_{\alpha \in \Phi^+} (\rho, \alpha)}$.

证明　留作习题. □

习 题 3.3

习题 3.3.13 设 $\mathbb{C}$ 是一维平凡 $\mathfrak{g}$-模, 证明 $L(0) \cong \mathbb{C}$.

习题 3.3.14 设 $f, g \in \mathcal{X}$, 证明 $\forall \lambda \in \mathfrak{h}^*$, $\sum_{\mu+\nu=\lambda} f(\mu)g(\nu) < \infty$.

习题 3.3.15 证明推论 3.3.12.

第二部分

BGG 范畴 $\mathcal{O}$

第 4 章　范畴 $\mathcal{O}$ 的定义与性质

设 $\mathfrak{g}$ 是一个有限维复半单李代数. 从纯代数的角度看, 由任意 $U(\mathfrak{g})$-模构成的范畴 $U(\mathfrak{g})$-Mod 实在太大因而不好研究. 另一方面, 满足一定的有限性条件的 $U(\mathfrak{g})$-模构成的完全子范畴确能有效地被用来研究许多重要的李群表示: 这就是由苏联犹太裔数学家 J. Bernstein, I. Gelfand 以及 S. Gelfand 在 20 世纪 70 年代引进的 BGG 范畴 $\mathcal{O}$[9-11]. 范畴 $\mathcal{O}$ 这个名字来源于俄文单词 "основнбй" 的第一个字母, 而这个俄文单词的意思是 "主要的, 基本的". 本书第二部分将主要介绍复半单李代数的 BGG 范畴 $\mathcal{O}$ 的基本理论.

4.1　范畴 $\mathcal{O}$ 的定义

我们沿用第 3 章的符号. 设 $\mathfrak{g}$ 是一个有限维复半单李代数, $\mathfrak{h}$ 是 $\mathfrak{g}$ 的一个固定的维数为 ℓ 的 Cartan 子代数, $\mathfrak{h}^* := \mathrm{Hom}_{\mathbb{C}}(\mathfrak{h}, \mathbb{C})$. 设 Φ 是与之对应的 $\mathfrak{g}$ 的根系, W 是 Φ 的 Weyl 群, w_0 是 W 中唯一的最长元. 我们固定 Φ 的一个基

$$\Pi = \{\alpha_1, \cdots, \alpha_\ell\}.$$

则 $\Phi = \Phi^+ \sqcup \Phi^-$, 其中 Φ^+ 是 $\mathfrak{g}$ 的正根集, $\Phi^- = -\Phi^+$ 是 $\mathfrak{g}$ 的负根集. 对每个 $\alpha \in \Phi$, 用 $\mathfrak{g}_\alpha$ 表示相应的根空间. 用 P 表示 $\mathfrak{g}$ 的整权格, Q 表示 $\mathfrak{g}$ 的根格, Q^+ 表示由 $\mathfrak{g}$ 的单根的所有非负整线性组合构成的集合. 此外, $\mathfrak{b} = \mathfrak{h} \oplus \mathfrak{n}$ 与 $\mathfrak{b}^- = \mathfrak{n}^- \oplus \mathfrak{h}$ 是 $\mathfrak{g}$ 的两个标准 Borel 子代数, 其中 $\mathfrak{n} = \bigoplus_{\alpha \in \Phi^+} \mathfrak{g}_\alpha$, $\mathfrak{n}^- = \bigoplus_{\alpha \in \Phi^-} \mathfrak{g}_\alpha$. 根据 PBW 定理, 自然的乘法映射诱导出如下的复向量空间同构:

$$U(\mathfrak{n}^-) \otimes U(\mathfrak{h}) \otimes U(\mathfrak{n}) \cong U(\mathfrak{g}). \tag{4.1.1}$$

定义 4.1.1　BGG 范畴 $\mathcal{O}$ 是 $U(\mathfrak{g})$-模范畴 $U(\mathfrak{g})$-Mod 的完全子范畴, 其对象是满足如下三个条件的所有 $U(\mathfrak{g})$-模 M:

($\mathcal{O}1$) M 作为 $U(\mathfrak{g})$-模是有限生成的;

($\mathcal{O}2$) M 是 $\mathfrak{h}$-半单的, 即 $M = \bigoplus_{\lambda \in \mathfrak{h}^*} M_\lambda$;

($\mathcal{O}3$) M 是局部 $U(\mathfrak{n})$-有限的, 即对每个 $v \in M$, $U(\mathfrak{n})v$ 是有限维复向量空间.

注意 $\mathcal{O}$ 是 $U(\mathfrak{g})$-Mod 的完全子范畴意味着对任意的 $M, N \in \mathcal{O}$, 有

$$\mathrm{Hom}_{\mathcal{O}}(M, N) = \mathrm{Hom}_{U(\mathfrak{g})}(M, N).$$

例 4.1.2   (1) 每个有限维 $U(\mathfrak{g})$-模都在 $\mathcal{O}$ 中;

(2) 每个最高权 $\mathfrak{g}$-模都在 $\mathcal{O}$ 中. 特别地, 每个Verma 模都在 $\mathcal{O}$ 中, 而最低权 $\mathfrak{g}$-模不一定在 $\mathcal{O}$ 中.

回忆 $\forall \lambda \in \mathfrak{h}^*$, $D(\lambda) = \{\lambda - \alpha \mid \alpha \in Q^+\}$. 对 $\mathfrak{h}^*$ 的任意子集 F, $D(F) = \bigcup_{\lambda \in F} D(\lambda)$.

命题 4.1.3   设 $M \in \mathcal{O}$, 则

($\mathcal{O}4$) M 的权空间是有限维的;

($\mathcal{O}5$) 设 $P(M)$ 是 M 的权集, 则存在有限集 $F \subseteq \mathfrak{h}^*$, 使得 $P(M) \subseteq D(F)$.

证明   根据 ($\mathcal{O}1$) 和 ($\mathcal{O}2$), M 作为 $U(\mathfrak{g})$-模可由有限多个权向量生成. 设这些权向量是 $m_1, m_2, \cdots, m_k$, 其中 $m_i \in M_{\lambda_i}, \forall 1 \leqslant i \leqslant k$. 再根据 ($\mathcal{O}3$), $U(\mathfrak{n})m_i$ 作为复向量空间可由有限多个权向量线性张成. 设这些权向量是

$$m_{i1}, m_{i2}, \cdots, m_{it_i}, \text{其中 } m_{ij} \in M_{\lambda_{ij}}, \forall 1 \leqslant i \leqslant k, \forall 1 \leqslant j \leqslant t_i. \qquad (4.1.2)$$

注意到 $U(\mathfrak{h})$ 稳定 $U(\mathfrak{n})$-模 $U(\mathfrak{n})m_i$, 应用 PBW 定理, M 作为 $U(\mathfrak{n}^-)$-模可由 (4.1.2) 中向量生成. 对于任意给定的 $\lambda \in \mathfrak{h}^*$, 注意到 $U(\mathfrak{n}^-)$ 的 PBW 基元素作用在 (4.1.2) 中向量上至多可得到有限多个权为 λ 的权向量, 这些权向量恰好线性张成权空间 M_λ, 所以 $\dim M_\lambda < \infty$, 即 ($\mathcal{O}4$) 成立. 令 $F := \{\lambda_{ij} \mid 1 \leqslant i \leqslant k, 1 \leqslant j \leqslant t_i\}$, 显然若 $M_\lambda \neq 0$, 则 $\lambda \in D(F)$, 即 ($\mathcal{O}5$) 成立. $\qquad\square$

定理 4.1.4   范畴 $\mathcal{O}$ 满足如下性质:

(1) $\mathcal{O}$ 是 Noether 范畴, 即 $\mathcal{O}$ 中的 $U(\mathfrak{g})$-模都是 Noether 模;

(2) 若 $M, N \in \mathcal{O}$, 则 M 的子模、M 的商模以及 $M \oplus N$ 也是 $\mathcal{O}$ 中的模;

(3) $\mathcal{O}$ 是 Abel 范畴;

(4) 设 L 是有限维 $U(\mathfrak{g})$-模, $M \in \mathcal{O}$, 则 $L \otimes M$ 仍是 $\mathcal{O}$ 中的模, 从而

$$\mathcal{O} \to \mathcal{O}, \quad M \mapsto L \otimes M, \qquad \forall M \in \mathcal{O}$$

是 $\mathcal{O}$ 到 $\mathcal{O}$ 的正合函子;

(5) 设 $M \in \mathcal{O}$, 则 M 作为 $U(\mathfrak{n}^-)$-模是有限生成的.

证明   (1) 因为 $U(\mathfrak{g})$ 是 Noether 环, 所以有限生成 $U(\mathfrak{g})$-模都是 Noether 模.

(2) 因为 $U(\mathfrak{g})$ 是 Noether 环, 所以有限生成 $U(\mathfrak{g})$-模的子模也是有限生成的. 此外, ($\mathcal{O}2$) 和 ($\mathcal{O}3$) 对于范畴 $\mathcal{O}$ 中模的子模是自动成立的.

(3) 设 f 是范畴 $\mathcal{O}$ 中的模同态, 根据 (2), f 的核和余核仍是 $\mathcal{O}$ 中的模, $\mathcal{O}$ 中两个模的直和仍在 $\mathcal{O}$ 中, 所以 $\mathcal{O}$ 是 Abel 范畴.

(4) 设 $l_1, \cdots, l_n$ 是 L 的 $\mathbb{C}$-基, $m_1, \cdots, m_s$ 是 M 作为 $U(\mathfrak{g})$-模的生成元. 设 N 是由 $\{l_i \otimes m_j \mid 1 \leqslant i \leqslant n, 1 \leqslant j \leqslant s\}$ 生成的 $L \otimes M$ 的 $U(\mathfrak{g})$-子模. 对任意的 $x \in \mathfrak{g}$,

$l \in L$,

$$(x \cdot l) \otimes m_j + l \otimes (x \cdot m_j) = x \cdot (l \otimes m_j) \in N.$$

由于 $(x \cdot l) \otimes m_j \in N$, 所以 $l \otimes (x \cdot m_j) \in N$, 再利用 PBW 定理即得 $L \otimes M \subseteq N$.

(5) 根据命题 4.1.3($\mathcal{O}$5) 的证明, 参见式 (4.1.2), M 作为 $U(\mathfrak{n}^-)$-模是有限生成的. $\qquad\square$

引理 4.1.5 设 $M \in \mathcal{O}$, 则存在 M 的有限长度的子模滤过

$$0 \subset M_1 \subset M_2 \subset \cdots \subset M_n = M,$$

使得滤过中的每个相邻的商模都是最高权模.

证明 因为 $M \in \mathcal{O}$, 所以 M 作为 $U(\mathfrak{g})$-模可以由有限多个权向量生成. 又 M 是局部 $U(\mathfrak{n})$-有限的, 所以由这有限多个权向量生成的 $U(\mathfrak{n})$-子模 N 是有限维的. 下面对 $\dim_{\mathbb{C}} N$ 归纳. 若 $\dim_{\mathbb{C}} N = 1$, 即 $N = \mathbb{C}v$, 则 v 是一个极大向量且 $M = U(\mathfrak{g})v$, 所以 M 是一个最高权模.

下设 $\dim_{\mathbb{C}} N > 1$. 由于 $\dim_{\mathbb{C}} N < \infty$, N 中必存在一个极大向量 v_1, 也是 M 中的极大向量. 令 $M_1 := U(\mathfrak{g})v_1$, 则 M_1 是一个最高权模, 令 $\overline{M} := M/M_1$, 则 $\overline{M} \in \mathcal{O}$ 且可由 $\overline{N} = (N + M_1)/M_1$ 生成, 注意到

$$\dim_{\mathbb{C}}(N + M_1)/M_1 = \dim_{\mathbb{C}} N/(N \cap M_1) < \dim_{\mathbb{C}} N.$$

根据归纳假设, 存在 $\overline{M}$ 的一个有限长度滤过

$$0 \subset \overline{M}_2 \subset \overline{M}_3 \subset \cdots \subset \overline{M}_n = \overline{M},$$

使得每个相邻的商模 $\overline{M}_i/\overline{M}_{i-1}$ 都是最高权模, 设 M_i 是 $\overline{M}_i$ 在 M 中的原像, 则

$$0 \subset M_1 \subset M_2 \subset \cdots \subset M_n = M$$

是 M 的一个有限长度滤过且滤过中的每个相邻的商模 $M_i/M_{i-1} \cong \overline{M}_i/\overline{M}_{i-1}$ 都是最高权模. $\qquad\square$

由上面这个引理可知最高权模是范畴 $\mathcal{O}$ 的基石. 特别地, 范畴 $\mathcal{O}$ 中的每个不可约模都是最高权模.

定理 4.1.6 设 $M \in \mathcal{O}$ 是不可约的, 则存在唯一的 $\lambda \in \mathfrak{h}^*$, 使得 $M \cong L(\lambda)$. 所以 $\{L(\lambda) \mid \lambda \in \mathfrak{h}^*\}$ 是 $\mathcal{O}$ 中的所有单模同构类的完全集. 进一步

$$\mathrm{Hom}_{\mathcal{O}}(L(\lambda), L(\mu)) \cong \delta_{\lambda\mu}\mathbb{C}, \quad \forall \lambda, \mu \in \mathfrak{h}^*.$$

证明   根据习题 4.1.9, M 中存在极大向量 $v \in M_\lambda$, 其中 $\lambda \in \mathfrak{h}^*$. 又 M 是不可约的, 所以 $M = U(\mathfrak{g})v$ 是最高权为 λ 的不可约最高权模, 所以 $M \cong L(\lambda)$.   □

习 题 4.1

习题 4.1.7   证明在范畴 $\mathcal{O}$ 的定义中, ($\mathcal{O}3$) 可用命题 4.1.3 中的 ($\mathcal{O}5$) 替换.

习题 4.1.8   证明例 4.1.2(2), 即每个最高权模都在范畴 $\mathcal{O}$ 中.

习题 4.1.9   证明范畴 $\mathcal{O}$ 中的模一定存在极大向量.

习题 4.1.10   设 $M \in \mathcal{O}$, $\lambda \in \mathfrak{h}^*$, 令 $[\lambda] := \lambda + Q$, $M^{[\lambda]} := \bigoplus_{\mu \in [\lambda]} M_\mu$.

(1) 证明 $M^{[\lambda]}$ 是 M 的子模且 $M = \bigoplus_{[\lambda]} M^{[\lambda]}$, 其中 $[\lambda]$ 取遍 Q 在 $\mathfrak{h}^*$ 中的所有陪集.

(2) 证明至多只有有限多个 $M^{[\lambda]}$ 非零.

(3) 当 M 不可分解时, 证明存在唯一的陪集 $[\lambda]$, 使得 $M = M^{[\lambda]}$.

4.2   子范畴 $\mathcal{O}_\chi$

中心特征标是研究范畴 $\mathcal{O}$ 的重要工具, 利用中心特征标可以把范畴 $\mathcal{O}$ 初步分解成一些子范畴 $\mathcal{O}_\chi$ 的直和. 回忆 $\rho = \dfrac{1}{2} \sum_{\alpha \in \Phi^+} \alpha$. 对任意的 $\alpha \in \Pi$, 有 $\langle \rho, \alpha^\vee \rangle = 1$.

定义 4.2.1   Weyl 群 W 在 $\mathfrak{h}^*$ 上的**点作用**定义如下: $\forall w \in W$, $\forall \lambda \in \mathfrak{h}^*$,

$$w \cdot \lambda := w(\lambda + \rho) - \rho.$$

设 $\lambda, \mu \in \mathfrak{h}^*$, 若存在 $w \in W$, 使得 $\lambda = w \cdot \mu$, 则称 λ 和 μ 是**相邻接的**, 记作 $\lambda \sim \mu$. 显然 "邻接" 关系是 $\mathfrak{h}^*$ 上的等价关系, 称轨道 $W \cdot \lambda = \{ w \cdot \lambda \mid w \in W \}$ 为 λ 的 **W-邻接类** (或**邻接类**).

回忆根据 Harish-Chandra 定理 $L(\lambda)$ 和 $L(\mu)$ 有相同的中心特征标当且仅当 $\lambda \in W \cdot \mu$, 即 λ 和 μ 属于同一个 W-邻接类.

定义 4.2.2   设 $\lambda \in \mathfrak{h}^*$, 称 $W_\lambda := \{ w \in W \mid w \cdot \lambda = \lambda \}$ 为 λ 的**点稳定子群**. 用 W/W_λ 表示 W_λ 在 W 中的左陪集代表元的一个完全集.

定义 4.2.3   设 $\lambda \in \mathfrak{h}^*$, 若 $\forall \alpha \in \Phi$, $\langle \lambda + \rho, \alpha^\vee \rangle \neq 0$, 则称 λ 是**点正则权**. 否则, 称 λ 是**点奇异权**.

注记 4.2.4   (1) λ 是点正则权当且仅当 $|W \cdot \lambda| = |W|$ (习题4.2.21);

(2) 0 是点正则权, $-\rho$ 是点奇异权.

定理 4.2.5   范畴 $\mathcal{O}$ 中的模既是 Artin 模又是 Noether 模. 特别地, 范畴 $\mathcal{O}$ 中的每个模都有有限合成列.

证明   根据定理 4.1.4, 范畴 $\mathcal{O}$ 中的模都是 Noether 模. 若能证明最高权模都是 Artin 模, 则最高权模存在有限合成列, 从而根据引理 4.1.5 可知, 范畴 $\mathcal{O}$ 中的模都存在有限合成列, 于是就证明了 $\mathcal{O}$ 中的模既是 Artin 模又是 Noether 模.

设 M 是一个最高权为 λ 的最高权模, 令 $N := \sum_{w\in W} M_{w\cdot\lambda}$, 则 $\dim_\mathbb{C} N < \infty$. 又设 M^1, M^2 是 M 的两个真子模且 $M^1 \subset M^2$, 则 M^2/M^1 是范畴 $\mathcal{O}$ 中的非零模, 从而 M^2/M^1 中存在极大向量 $\overline{v}$, 其中 $v \in M^2$. 设 $\overline{v}$ 属于权为 μ 的权空间, 则 $(M^2)_\mu \neq 0$ 且 $(M^1)_\mu \subset (M^2)_\mu \subseteq M_\mu$. 又因为 $\mathrm{End}_{U(\mathfrak{g})} U(\mathfrak{g})\overline{v} \cong \mathbb{C} \cong \mathrm{End}_{U(\mathfrak{g})} M$, 中心 $Z(\mathfrak{g})$ 既以中心特征标 χ_μ 作用在极大向量 $\overline{v}$ 上, 也以中心特征标 χ_λ 作用在 M 上, 于是 $\chi_\lambda = \chi_\mu$. 根据定理 3.1.18 可知 $\mu = w\cdot\lambda$, 其中 $w \in W$. 进而 $M^2 \cap N \neq 0$ 且 $M^1 \cap N \subset M^2 \cap N \subseteq N$, 则 $\dim_\mathbb{C} M^1 \cap N < \dim_\mathbb{C} M^2 \cap N \leqslant \dim_\mathbb{C} N$, 又 N 是有限维的, 所以 M 的子模降链必定是有限长的, 即最高权模 M 是 Artin 模. $\qquad\square$

注记 4.2.6 根据定理4.2.5可知, 范畴 $\mathcal{O}$ 中的模都有有限合成列且满足Jordan Hölder 定理, 从而 $\forall M \in \mathcal{O}$, 可定义 M 的长度 $\ell(M)$ 为 M 的合成列的长度. 此外, 同样根据定理4.2.5可知, 范畴 $\mathcal{O}$ 中的模都可以分解为有限多个不可分解子模的直和且满足 Krull-Schmidt-Remark 定理.

推论 4.2.7 设 M, $N \in \mathcal{O}$, 则 $\dim_\mathbb{C} \mathrm{Hom}_\mathcal{O}(M, N) < \infty$.

证明 $\forall \lambda \in \mathfrak{h}^*$, 对 M 的长度 $\ell(M)$ 归纳来证明 $\dim_\mathbb{C} \mathrm{Hom}_\mathcal{O}(M, L(\lambda)) < \infty$. 首先 $\dim_\mathbb{C} \mathrm{Hom}_\mathcal{O}(L(\mu), L(\lambda)) = \delta_{\mu\lambda}$, 所以当 $\ell(M) = 1$ 时 $\dim_\mathbb{C} \mathrm{Hom}_\mathcal{O}(M, L(\lambda)) < \infty$. 下设 $\ell(M) > 1$. 取 M 的一个极大子模 M_1, 则 M/M_1 是单模且 $\ell(M_1) = \ell(M) - 1$, 根据归纳假设 $\dim_\mathbb{C} \mathrm{Hom}_\mathcal{O}(M_1, L(\lambda)) < \infty$, 从而

$$\dim_\mathbb{C} \mathrm{Hom}_\mathcal{O}(M, L(\lambda)) \leqslant \dim_\mathbb{C} \mathrm{Hom}_\mathcal{O}(M_1, L(\lambda)) + \dim_\mathbb{C} \mathrm{Hom}_\mathcal{O}(M/M_1, L(\lambda)) < \infty.$$

类似地, 再对 N 的长度 $\ell(N)$ 归纳即可证明结论. $\qquad\square$

定义 4.2.8 设 L, $M \in \mathcal{O}$, 其中 L 是不可约模. 用 $[M : L]$ 表示 L 作为合成因子在 M 的合成列中所出现的重数.

回忆对于任意的 λ, $\mu \in \mathfrak{h}^*$, 称 $\mu \leqslant \lambda$ 当且仅当 $\lambda - \mu \in Q^+$; 若 $\mu \leqslant \lambda$ 且 $\mu \neq \lambda$, 则称 $\mu < \lambda$.

推论 4.2.9 设 λ, $\mu \in \mathfrak{h}^*$, 若 $L(\mu)$ 是 $\Delta(\lambda)$ 的合成因子, 则 $\mu \in W\cdot\lambda$ 且 $\mu \leqslant \lambda$.

设 $M \in \mathcal{O}$, χ 是 $U(\mathfrak{g})$ 的一个中心特征标, 定义子空间

$$M^\chi := \{m \in M \mid (z - \chi(z))^n \cdot m = 0, \forall z \in Z(\mathfrak{g}), n \gg 0\}.$$

显然每个 M^χ 都是 M 的 $U(\mathfrak{g})$-子模. 容易验证有 $U(\mathfrak{g})$-模分解 $M = \bigoplus_\chi M^\chi$, 其中 χ 取遍所有中心特征标. 又因为 M 是 Noether 模, 所以至多只有有限多个 M^χ 非零.

定义 4.2.10 设 χ 是 $U(\mathfrak{g})$ 的一个中心特征标, 定义 $\mathcal{O}_\chi$ 是由所有满足 $M = M^\chi$ 的 $U(\mathfrak{g})$-模 M 组成的 $\mathcal{O}$ 的完全子范畴.

根据以上讨论和定理 3.1.18 可得下述命题.

命题 4.2.11　范畴 $\mathcal{O}$ 有如下分解: $\mathcal{O} = \bigoplus_\chi \mathcal{O}_\chi$, 其中 χ 取遍所有中心特征标 $\chi_\lambda, \lambda \in \mathfrak{h}^*$. 若 $M \in \mathcal{O}$ 是不可分解模, 则存在唯一的 $\lambda \in \mathfrak{h}^*$, 使得 $M \in \mathcal{O}_{\chi_\lambda}$. 特别地, 最高权为 λ 的最高权模属于子范畴 $\mathcal{O}_{\chi_\lambda}$.

推论 4.2.12　若 $L \in \mathcal{O}_\chi$, $L' \in \mathcal{O}_{\chi'}$, 其中 $\chi \neq \chi'$ 是两个不同的中心特征标, 则

$$\mathrm{Hom}_\mathcal{O}(L, L') = 0 = \mathrm{Ext}^1_\mathcal{O}(L, L').$$

特别地, 若 $\lambda, \mu \in \mathfrak{h}^*$ 且 $\lambda \notin W \cdot \mu$, 则

$$\mathrm{Hom}_\mathcal{O}(L(\lambda), L(\mu)) = 0 = \mathrm{Ext}^1_\mathcal{O}(L(\lambda), L(\mu)).$$

对每个 $\lambda \in \mathfrak{h}^*$, $\{L(w \cdot \lambda) \mid w \in W/W_\lambda\}$ 是 $\mathcal{O}_{\chi_\lambda}$ 中所有单模的同构类, 所以 $M \in \mathcal{O}_{\chi_\lambda}$ 当且仅当 M 的所有合成因子的最高权都属于邻接类 $W \cdot \lambda$. 实际上, $\mathcal{O}_{\chi_\lambda}$ 是由 $\{L(w \cdot \lambda) \mid w \in W/W_\lambda\}$ 中所有单模生成的 $\mathcal{O}$ 的 Serre 子范畴, $\{\Delta(w \cdot \lambda) \mid w \in W/W_\lambda\}$ 是 $\mathcal{O}_{\chi_\lambda}$ 中所有 Verma 模的同构类. 因此 $\mathcal{O}_{\chi_\lambda}$ 中只含有限多个两两不同构的单模和 Verma 模.

定义 4.2.13　设 $L_1, L_2 \in \mathcal{O}$ 是两个单模, 若存在非分裂的短正合列

$$0 \to L_i \to M \to L_j \to 0,$$

其中 $\{i, j\} = \{1, 2\}$, 则称 L_1 和 L_2 是**相连的**. 对于 $\mathcal{O}$ 中的任意两个单模 L, L', 定义 $L \sim L'$ 当且仅当存在一列单模 $L = L_1, L_2, \cdots, L_n = L'$, 使得相邻的单模是相连的. 显然 "$\sim$" 是 $\mathcal{O}$ 中全体单模所成集合上的一个等价关系, 用 (L) 表示单模 L 所在的等价类, 与之对应定义 $\mathcal{O}_{(L)}$ 是由满足全体合成因子都属于等价类 (L) 的 $U(\mathfrak{g})$-模构成的 $\mathcal{O}$ 的一个完全子范畴, 称 $\mathcal{O}_{(L)}$ 为 $\mathcal{O}$ 的一个**块**.

引理 4.2.14　设 $M \in \mathcal{O}$, 则 M 可唯一地分解为 $\mathcal{O}$ 的不同块中的模的直和. 特别地, 若 M 是不可分解的, 则 M 属于范畴 $\mathcal{O}$ 的唯一一个块.

显然, 任给两个单模 $L, L' \in \mathcal{O}$, 若 $L \sim L'$, 则存在 $\lambda \in \mathfrak{h}^*$, 使得 $L, L' \in \mathcal{O}_{\chi_\lambda}$.

命题 4.2.15　设 $\lambda \in P$, 则子范畴 $\mathcal{O}_{\chi_\lambda}$ 是范畴 $\mathcal{O}$ 的一个块.

证明　注意到 $\{L(w \cdot \lambda) \mid w \in W/W_\lambda\}$ 是 $\mathcal{O}_{\chi_\lambda}$ 中所有单模的同构类, 只需证明 $\forall w \in W, L(w \cdot \lambda)$ 始终与 $L(\lambda)$ 在同一个块中即可.

由于 W 可由所有单反射 $s_\alpha, \alpha \in \Pi$ 生成, 所以只需证明对于 $\forall \alpha \in \Pi$ 以及 $\nu = s_\alpha \cdot \lambda$, $L(\nu)$ 和 $L(\lambda)$ 属于同一个块即可. 不妨设 $\nu < \lambda$, 因为 $\nu = \lambda - (\langle \lambda, \alpha^\vee \rangle + 1)\alpha$, 又由已知 $\lambda \in P$, 所以 $\langle \lambda, \alpha^\vee \rangle$ 是非负整数, 于是根据推论 4.2.12 可知, 存在非零同态 $\Delta(\nu) \to N(\lambda) \subset \Delta(\lambda)$, 其中 $N(\lambda)$ 是 $\Delta(\lambda)$ 的唯一的极大子模. 设 M 是在上述同态下 $\Delta(\nu)$ 的极大子模 $N(\nu)$ 在 $\Delta(\lambda)$ 中的像, 则可诱导出非零同态 $L(\nu) \cong \Delta(\nu)/N(\nu) \to \Delta(\lambda)/M$, 所以 $L(\nu)$ 出现在 $\Delta(\lambda)$ 的合成因子中. 又 $L(\lambda)$ 也

是 $\Delta(\lambda)$ 的合成因子, $\Delta(\lambda)$ 是不可分解的, 由引理 4.2.14, $L(\nu)$ 和 $L(\lambda)$ 属于同一个块. $\qquad\qquad\qquad\qquad\qquad\qquad\qquad\qquad\qquad\qquad\qquad\qquad\qquad\quad$ □

定义 4.2.16　设 $\lambda \in \mathfrak{h}^*$, 记 $\mathcal{O}_\lambda := \mathcal{O}_{\chi_\lambda}$, 并称 $\mathcal{O}_0$ 为**主块**.

注记 4.2.17　(1) 设 $\lambda \in \mathfrak{h}^* \setminus P$, 则一般来说子范畴 $\mathcal{O}_\lambda$ 不是范畴 $\mathcal{O}$ 的一个块, 它有可能能进一步分解成一些块的直和 (习题 4.2.24).

(2) 在范畴 $\mathcal{O}$ 的许多文献中, "块" 这个术语经常就是泛指某个子范畴 $\mathcal{O}_\chi$.

例 4.2.18　设 $\mathfrak{g} = \mathfrak{sl}_2$, 则 $\mathfrak{h}^* = \mathbb{C}$, $\Phi = \{2, -2\}$, $\Pi = \{2\}$, $W = \mathfrak{S}_2 = \{e, s\}$, 其中 $\forall z \in \mathbb{C}$, $s(z) = -z$, $e(z) = z$. 此时 $P = \mathbb{Z}$, $Q = 2\mathbb{Z}$, $\rho = 1$,

$$s \cdot \lambda = s(\lambda + 1) - 1 = -\lambda - 2, \quad e \cdot \lambda = \lambda, \qquad \forall \lambda \in \mathbb{C}.$$

若 $\lambda \notin \mathbb{Z}$, 则 $\lambda - (-\lambda - 2) = 2\lambda + 2 \notin 2\mathbb{Z}$, 此时 $\mathcal{O}_\lambda = \mathcal{O}_\lambda^{(1)} \oplus \mathcal{O}_\lambda^{(2)}$, 其中 $L(\lambda) \in \mathcal{O}_\lambda^{(1)}$, $L(-\lambda - 2) \in \mathcal{O}_\lambda^{(2)}$, 即 $L(\lambda)$ 和 $L(-\lambda - 2)$ 位于 $\mathcal{O}_\lambda$ 的不同的块, 尽管 λ 和 $-\lambda - 2$ 位于同一个 W-邻接类中 (习题 4.2.23).

设 $K(\mathcal{O})$ 是范畴 $\mathcal{O}$ 的 Grothendieck 群, 则 $\{[L(\lambda)] \mid \lambda \in \mathfrak{h}^*\}$ 是 $K(\mathcal{O})$ 的一个 $\mathbb{Z}$-基. 此外, 根据定理 3.1.18 和定理 4.2.5, $\forall \lambda \in \mathfrak{h}^*$,

$$[\Delta(\lambda)] = [L(\lambda)] + \sum_{\lambda > \mu \in W \cdot \lambda} c_{\lambda, \mu}[L(\mu)], \qquad 其中 \quad c_{\lambda, \mu} \in \mathbb{Z}^{\geq 0}.$$

所以 $\{[\Delta(\lambda)] \mid \lambda \in \mathfrak{h}^*\}$ 也构成 $K(\mathcal{O})$ 的一个 $\mathbb{Z}$-基.

回忆 3.3 节中 Abel 群 $\mathcal{X}$ 以及形式特征标的定义. 用 $\mathcal{X}_0$ 表示由 $\{\operatorname{ch} M \mid M \in \mathcal{O}\}$ 生成的 $\mathcal{X}$ 的 Abel 子群.

命题 4.2.19　范畴 $\mathcal{O}$ 中模的形式特征标有下述性质:

(1) 设 $0 \to L \to M \to N \to 0$ 是范畴 $\mathcal{O}$ 中的短正合列, 则 $\operatorname{ch} M = \operatorname{ch} L + \operatorname{ch} N$, 从而 $\operatorname{ch} M$ 等于 M 的所有合成因子 (记重数) 的形式特征标的和;

(2) $\operatorname{ch} : K(\mathcal{O}) \to \mathcal{X}_0$ 是 Abel 群的同构;

(3) 设 L 是有限维 $U(\mathfrak{g})$-模, $M \in \mathcal{O}$, 则 $\operatorname{ch}(L \otimes M) = \operatorname{ch} L * \operatorname{ch} M$.

证明　(1) 与 (3) 是显然的. 只证 (2), $\forall \lambda \in \mathfrak{h}^*$,

$$\operatorname{ch} L(\lambda) = e(\lambda) + \sum_{\mu < \lambda} \dim_{\mathbb{C}} L(\lambda)_\mu e(\mu).$$

所以 $\{\operatorname{ch} L(\lambda) \mid \lambda \in \mathfrak{h}^*\}$ 是 $\mathbb{Z}$-线性无关的, 因而群同态 $\operatorname{ch} : K(\mathcal{O}) \to \mathcal{X}_0$ 是单的, 从而是同构的. $\qquad\qquad\qquad\qquad\qquad\qquad\qquad\qquad\qquad\qquad\qquad\qquad\qquad$ □

注记 4.2.20　注意与半单李代数的有限维模不同, 范畴 $\mathcal{O}$ 中的模 (如 Verma 模和单模) 的权集一般并不在 Weyl 群 W 的作用下稳定.

习　题　4.2

习题 4.2.21　设 $\lambda \in \mathfrak{h}^*$, 则 λ 是点正则权当且仅当 $|W \cdot \lambda| = |W|$.

习题 4.2.22　设 M 是一个最高权为 λ 的最高权模, 则中心元素 $z \in Z(\mathfrak{g})$ 在 M 上的左乘作用是数乘 $\chi_\lambda(z)$.

习题 4.2.23　在例 4.2.18 中, 证明 $L(\lambda)$, $L(-\lambda - 2)$ 位于 $\mathcal{O}_\chi$ 的不同的块.

习题 4.2.24　设 $\lambda \in \mathfrak{h}^*$, $M \in \mathcal{O}_{\chi_\lambda}$, 则 $W \cdot \lambda = \sqcup_{[\mu] \in \mathfrak{h}^*/Q} (W \cdot \lambda \cap [\mu])$. 相应地, M 有分解 $M = \bigoplus_{[\mu] \in \mathfrak{h}^*/Q} M^{[\mu]}$, 其中只有有限多个 $M^{[\mu]}$ 非零, 并且若 $M^{[\mu]} \neq 0$, 则 $[\mu] \cap W \cdot \lambda \neq \varnothing$, ν 是 $M^{[\mu]}$ 的一个权当且仅当 $\nu \in [\mu]$.

4.3　点支配权和点反支配权

本节将引入范畴 $\mathcal{O}$ 中常用的点支配权和点反支配权的概念, 它们是整权所在邻接类的重要代表元. 我们首先讨论如何把范畴 $\mathcal{O}$ 的非整权所对应的块的研究转化到整权所对应的块的研究.

回忆 P 是 $\mathfrak{g}$ 的整权格, Q 是 $\mathfrak{g}$ 的根格.

定义 4.3.1　设 $\lambda \in \mathfrak{h}^*$, 定义

$$\Phi_{[\lambda]} := \{\alpha \in \Phi \mid \langle \lambda, \alpha^\vee \rangle \in \mathbb{Z}\}, \quad W_{[\lambda]} := \{w \in W \mid w(\lambda) - \lambda \in Q\}.$$

显然, $\Phi_{[\lambda]} = \{\alpha \in \Phi \mid \langle \lambda + \rho, \alpha^\vee \rangle \in \mathbb{Z}\}$, $W_{[\lambda]} = \{w \in W \mid w \cdot \lambda - \lambda \in Q\}$. 而且, $P = \{\lambda \in \mathfrak{h}^* \mid \Phi_{[\lambda]} = \Phi\}$.

命题 4.3.2　设 $\lambda, \mu \in \mathfrak{h}^*$.

(1) 若 $\lambda - \mu \in P$, 则 $\Phi_{[\lambda]} = \Phi_{[\mu]}$, $W_{[\lambda]} = W_{[\mu]}$. 特别地, $\forall \lambda \in P$,

$$\Phi_{[\lambda]} = \Phi_{[0]} = \Phi, \quad W_{[\lambda]} = W_{[0]} = W.$$

(2) 若 $\mu \in W_{[\lambda]} \cdot \lambda$, 则 $\Phi_{[\lambda]} = \Phi_{[\mu]}$, $W_{[\lambda]} = W_{[\mu]}$.

(3) $\Phi_{[\lambda]} = \{\alpha \in \Phi \mid s_\alpha \in W_{[\lambda]}\}$.

(4) 若 $L(\mu)$ 是 $\Delta(\lambda)$ 的合成因子, 则 $\mu \leqslant \lambda$ 且存在 $w \in W_{[\lambda]}$ 使得 $\mu = w \cdot \lambda$.

证明　(1) 只需注意到 $\forall \alpha \in \Phi$, $\langle \lambda, \alpha^\vee \rangle - \langle \mu, \alpha^\vee \rangle \in \mathbb{Z}$, 以及 $\forall w \in W$, $(w(\lambda) - \lambda) - (w(\mu) - \mu) \in Q$.

(2) 设 $\mu = w \cdot \lambda$, 其中 $w \in W_{[\lambda]}$, 根据定义 $\mu - \lambda = w \cdot \lambda - \lambda \in Q \subseteq P$, 根据 (1), 即得结论 (2).

(3) 设 $\alpha \in \Phi$. 若 $s_\alpha \in W_{[\lambda]}$, 即 $s_\alpha(\lambda) - \lambda = -\langle \lambda, \alpha^\vee \rangle \alpha \in Q$, 则我们断言 $\langle \lambda, \alpha^\vee \rangle \in \mathbb{Z}$. 事实上, 存在 $\sigma \in W$, 使得 $\sigma(\alpha) \in \Pi$, 则 $-\langle \lambda, \alpha^\vee \rangle \sigma(\alpha) \in Q$, 从而

$\langle \lambda, \alpha^\vee \rangle \in \mathbb{Z}$, 所以 $\alpha \in \Phi_{[\lambda]}$. 反之, 若 $\alpha \in \Phi_{[\lambda]}$, 即 $\langle \lambda, \alpha^\vee \rangle \in \mathbb{Z}$, 则 $s_\alpha(\lambda) - \lambda = -\langle \lambda, \alpha^\vee \rangle \alpha \in Q$, 所以 $s_\alpha \in W_{[\lambda]}$.

(4) 若 $L(\mu)$ 是 $\Delta(\lambda)$ 的合成因子, 则 $\chi_\mu = \chi_\lambda$, 从而 $\mu = w \cdot \lambda$, 其中 $w \in W$. 又 $\mu \leqslant \lambda$, 即 $\lambda - w \cdot \lambda \in Q^+$, 所以 $w \in W_{[\lambda]}$. $\qquad\square$

定理 4.3.3 ([44, Theorem 3.4]) 设 $\lambda \in \mathfrak{h}^*$, $E(\lambda)$ 是由 $\Phi_{[\lambda]}$ 张成的实向量空间, 则

(1) $\Phi_{[\lambda]}$ 是 $E(\lambda)$ 中的根系;

(2) $W_{[\lambda]}$ 是根系 $\Phi_{[\lambda]}$ 的 Weyl 群. 特别地, $W_{[\lambda]}$ 由 $\{s_\alpha \mid \alpha \in \Phi_{[\lambda]}\}$ 生成.

进一步, 存在根系 $\Phi_{[\lambda]}$ 的基 $\Pi_{[\lambda]}$, 使得 $\Phi_{[\lambda]} \cap \Phi^+$ 是对应的正根集.

上述定理使我们总可以把范畴 $\mathcal{O}$ 的非整权所对应的块的研究转化到整权所对应的块的研究. 为简单起见, 我们今后大多主要考虑范畴 $\mathcal{O}$ 的整权所对应的块.

设 $\lambda \in P$, 由于 $\{w(\lambda + \rho) \mid w \in W\}$ 中包含唯一的支配整权, 所以邻接类 $W \cdot \lambda$ 中包含唯一的 $P^+ - \rho := \{\mu - \rho \mid \mu \in P^+\}$ 中的元素. 换句话说, $P^+ - \rho$ 可参数化所有整权所在的邻接类 $W \cdot \lambda$, 进而参数化了整权对应的块. 类似地, 由于 W 中有唯一的最长元 w_0, 它把每个正根都变为负根, 所以 $\{w(\lambda + \rho) \mid w \in W\}$ 中也包含唯一一个在 $-P^+ := \{-\mu \mid \mu \in P^+\}$ 中的整权, 从而邻接类 $W \cdot \lambda$ 中包含唯一的 $-P^+ - \rho := \{-\mu - \rho \mid \mu \in P^+\}$ 中的元素. 换句话说, $-P^+ - \rho$ 也可参数化所有整权所在的邻接类 $W \cdot \lambda$, 从而参数化了整权对应的块.

定义 4.3.4 设 $\lambda \in \mathfrak{h}^*$.

(1) 若 $\forall \alpha \in \Phi^+$, $\langle \lambda + \rho, \alpha^\vee \rangle \notin \mathbb{Z}^{>0}$, 称 λ 是**点反支配权**;

(2) 若 $\forall \alpha \in \Phi^+$, $\langle \lambda + \rho, \alpha^\vee \rangle \notin \mathbb{Z}^{<0}$, 称 λ 是**点支配权**.

注记 4.3.5 注意这里的点支配权与前面介绍半单李代数的有限维表示理论中支配权概念的差别. 特别地, $-\rho$ 既是点反支配权又是点支配权; $P^+ - \rho$ 中的权都是点支配权.

命题 4.3.6 设 $\lambda \in \mathfrak{h}^*$, $\Pi_{[\lambda]}$ 是对应正根系 $\Phi_{[\lambda]} \cap \Phi^+$ 的单根集, 则 λ 是点反支配权当且仅当下面三个等价条件之一成立:

(1) $\forall \alpha \in \Pi_{[\lambda]}$, $\langle \lambda + \rho, \alpha^\vee \rangle \leqslant 0$;

(2) $\forall \alpha \in \Pi_{[\lambda]}$, $\lambda \leqslant s_\alpha \cdot \lambda$;

(3) $\forall w \in W_{[\lambda]}$, $\lambda \leqslant w \cdot \lambda$.

进一步, 轨道 $W_{[\lambda]} \cdot \lambda$ 中包含唯一的点反支配权且该点反支配权恰为 $W_{[\lambda]} \cdot \lambda$ 中的最小元. 对称地, 轨道 $W_{[\lambda]} \cdot \lambda$ 中也包含唯一的点支配权且该点支配权恰为 $W_{[\lambda]} \cdot \lambda$ 中的最大元.

证明 若 λ 是点反支配权, 则 $\forall \alpha \in \Phi_{[\lambda]} \cap \Phi^+$, 有 $\langle \lambda + \rho, \alpha^\vee \rangle \in \mathbb{Z}$ 且 $\langle \lambda + \rho, \alpha^\vee \rangle \notin \mathbb{Z}^{>0}$, 所以 $\langle \lambda + \rho, \alpha^\vee \rangle \in \mathbb{Z}^{\leqslant 0}$, 即 (1) 成立. 反之, 若 (1) 成立, 则 $\forall \alpha \in \Phi_{[\lambda]} \cap \Phi^+$, $\langle \lambda + \rho, \alpha^\vee \rangle \leqslant 0$. 又根据定义 $\forall \alpha \in \Phi \setminus \Phi_{[\lambda]}$, $\langle \lambda + \rho, \alpha^\vee \rangle \notin \mathbb{Z}$. 所以 λ 是点反支配的.

(1) ⇔ (2). 由于 $\forall \alpha \in \Pi_{[\lambda]}$, $s_\alpha \cdot \lambda - \lambda = -\langle \lambda + \rho, \alpha^\vee \rangle \alpha$, 所以 (1) 与 (2) 是等价的.

(2) ⇒ (3). 设 $w \in W_{[\lambda]}$, 对 $\ell(w)$ 归纳 (这里的长度函数是由 $\Pi_{[\lambda]}$ 定义的). 当 $\ell(w) = 0$ 时, $w = 1$, 结论是平凡的. 下设 $\ell(w) > 0$, 则存在 $\alpha \in \Pi_{[\lambda]}$, $w' \in W_{[\lambda]}$, 使得 $w = w's_\alpha$ 且 $\ell(w) = \ell(w') + 1$, 则 $w'(\alpha) > 0$. 从而

$$w \cdot \lambda - \lambda = w \cdot \lambda - w' \cdot \lambda + w' \cdot \lambda - \lambda = w'(s_\alpha \cdot \lambda - \lambda) + (w' \cdot \lambda - \lambda).$$

一方面, 根据归纳假设 $w' \cdot \lambda - \lambda \geqslant 0$. 另一方面

$$w'(s_\alpha \cdot \lambda - \lambda) = -\langle \lambda + \rho, \alpha^\vee \rangle w'(\alpha).$$

因为 (1) 与 (2) 等价, 所以 $-\langle \lambda + \rho, \alpha^\vee \rangle \geqslant 0$, 从而 $w'(s_\alpha \cdot \lambda - \lambda) \geqslant 0$, 则 $\lambda \leqslant w \cdot \lambda$.

(3) ⇒ (2) 是显然的.

最后, 取 μ 是 $W_{[\lambda]} \cdot \lambda$ 中的一个极小元. 若存在 $\alpha \in \Phi^+$, 使得 $\langle \mu + \rho, \alpha^\vee \rangle \in \mathbb{Z}^{>0}$, 则 $\alpha \in \Phi_{[\lambda]} \cap \Phi^+$ 且 $s_\alpha \cdot \mu < \mu$, 这与 μ 的极小性矛盾! 所以 μ 是点反支配权. 再根据 (3), 这时 μ 是轨道 $W_{[\lambda]} \cdot \lambda = W_{[\mu]} \cdot \mu$ 中的最小元. 所以 μ 是轨道 $W_{[\lambda]} \cdot \lambda$ 中唯一的点反支配权. 对称地, 轨道 $W_{[\lambda]} \cdot \lambda$ 中也包含唯一的点支配权且恰为 $W_{[\lambda]} \cdot \lambda$ 中的最大元. □

注记 4.3.7　注意到若 $\lambda \in P$, 则 $\Phi_{[\lambda]} = \Phi$, $\Pi_{[\lambda]} = \Pi$, $W_{[\lambda]} = W$, 从而 $W \cdot \lambda$ 中包含唯一的点反支配整权. 所以点反支配整权集 $-P^+ - \rho := \{-\lambda - \rho \mid \lambda \in P^+\}$ 可参数化所有整权对应的邻接类 $W \cdot \lambda$, 进而参数化所有整权对应的块. 对称地, $W \cdot \lambda$ 中也包含唯一的点支配整权. 所以点支配整权集 $P^+ - \rho := \{\lambda - \rho \mid \lambda \in P^+\}$ 也可参数化所有整权对应的邻接类 $W \cdot \lambda$, 进而参数化所有整权对应的块.

引理 4.3.8　设 $\lambda \in \mathfrak{h}^*$ 是点反支配权, 则 $\Delta(\lambda) = L(\lambda)$.

证明　反证法, 假设 $\Delta(\lambda) \neq L(\lambda)$, 则存在 $\mu < \lambda$, 使得 $L(\mu)$ 是 $\Delta(\lambda)$ 的合成因子, 从而 $\mu \in W_{[\lambda]} \cdot \lambda$. 又因为 λ 是点反支配权, 所以由命题 4.3.6, $\lambda \leqslant \mu$, 矛盾! □

例 4.3.9　设 $\mathfrak{g} = \mathfrak{sl}_2$, $\lambda \in \mathbb{C}$. 沿用公式 (1.4.1) 中的记号, 用 $\{u_i \mid i \in \mathbb{N}\}$ 表示 $\Delta(\lambda)$ 的标准基. 若 $\lambda \notin \{0, 1, 2, \cdots\}$, 则由公式 (1.4.1), $i(\lambda - i + 1) \neq 0$, $\forall i \in \mathbb{N}$. 若 $v = \sum_{i=0}^{k} a_i u_i \in \Delta(\lambda)$ 使得 $a_k \neq 0$, 则 $e^k v = a_k e^k(u_k)$ 是 u_0 的一个非零倍数. 这就证明了 $\Delta(\lambda)$ 的每个非零子模都含有 u_0, 从而 $\Delta(\lambda)$ 是单模.

现在假设 $\lambda = n \in \{0, 1, 2, \cdots\}$, 则公式 (1.4.1) 意味着

$$e u_{n+1} = 0, \quad h u_{n+1} = (-n-2) u_{n+1}.$$

利用推论 3.1.10 可得一个非零同态 $\iota : \Delta(-n-2) \to \Delta(n)$. 特别地, $\Delta(n)$ 不是单模. 这就证明了 $\Delta(\lambda)$ 是单模当且仅当 $\lambda \notin \{0, 1, 2, \cdots\}$.

因为 $-n-2$ 是点反支配权, 根据定理 4.3.8, $\Delta(-n-2) \cong L(-n-2)$ 是单模, 并且非零同态 ι 必须是单同态. $\Delta(n)$ 的子模 $\Delta(-n-2)$ 具有基 $\{u_{n+1}, u_{n+2}, \cdots\}$. 所以商模 $\Delta(n)/\Delta(-n-2)$ 具有基 $\{\overline{u_0}, \overline{u_1}, \cdots, \overline{u_n}\}$, 从而可推出 $\Delta(n)/\Delta(-n-2) \cong L(n)$. 设 V 是 $\Delta(n)$ 的任意非零子模, $0 \neq v \in V$. 利用公式 (1.4.1) 可知 $f^i v \neq 0, \forall i \in \mathbb{N}$. 另一方面, 显然 $f^{n+1} v \in \Delta(-n-2)$. 这证明了 $\Delta(n)$ 的每个非零子模都与 $\Delta(-n-2)$ 有非零的交. 所以 $\Delta(-n-2) \cong L(-n-2)$ 是 $\Delta(n)$ 的唯一单子模.

习 题 4.3

习题 4.3.10 设 $\lambda \in P$ 是一个点支配整权, 证明点稳定子群 W_λ 是由集合

$$\{s_\alpha \mid \alpha \in \Pi, \, s_\alpha \cdot \lambda = \lambda\}$$

中所有单反射生成的 W 的标准抛物子群 (即由 W 中的若干单反射生成的子群).

习题 4.3.11 在命题 4.3.6 中, $\Pi_{[\lambda]} = \Phi_{[\lambda]} \cap \Pi$ 是否总成立? 若成立予以证明, 若不成立请给出反例.

习题 4.3.12 设 $\lambda \in \mathfrak{h}^*$, 证明:

(1) 邻接类 $W \cdot \lambda$ 中至少包含一个点反支配权以及一个点支配权;

(2) 设 $\mu \in \mathfrak{h}^*$, 轨道 $W_{[\lambda]} \cdot \mu$ 中至少包含一个点反支配权以及一个点支配权.

第5章 范畴 $\mathcal{O}$ 的同调性质、投射模、内射模及标准滤过

范畴 $\mathcal{O}$ 中的模大部分都是无限维的, 但是它们大都具有良好的同调性质使得在很多方面与复数域上一个有限维代数的有限维模范畴很相似. 本章将研究范畴 $\mathcal{O}$ 的一些同调性质, 最后将得到范畴 $\mathcal{O}$ 的每个块子范畴 $\mathcal{O}_\chi$ 实际上都等价于 $\mathbb{C}$ 上一个有限维的拟遗传代数的有限维模范畴.

5.1 Hom 函子、Ext 函子和反变对偶函子

回忆对于范畴 $\mathcal{O}$ 中每个模 M, 用 $P(M)$ 表示 M 的权集.

命题 5.1.1 设 $\lambda, \mu \in \mathfrak{h}^*$, M 是最高权为 μ 的最高权模.

(1) 若 $\lambda \not< \mu$, 则 $\mathrm{Ext}^1_{\mathcal{O}}(\Delta(\lambda), M) = 0$. 特别地

$$\mathrm{Ext}^1_{\mathcal{O}}(\Delta(\lambda), \Delta(\mu)) = 0 = \mathrm{Ext}^1_{\mathcal{O}}(\Delta(\lambda), L(\lambda)).$$

(2) 若 $\mu < \lambda$, $N(\lambda)$ 是 $\Delta(\lambda)$ 的唯一的极大子模, 则

$$\mathrm{Hom}_{\mathcal{O}}(N(\lambda), L(\mu)) \cong \mathrm{Ext}^1_{\mathcal{O}}(L(\lambda), L(\mu)).$$

证明 (1) 设 $0 \to M \to N \to \Delta(\lambda) \to 0$ 是范畴 $\mathcal{O}$ 中的短正合列, 因为 $\lambda \not< \mu$, 所以 λ 必为 N 的一个极大权. 设 $\Delta(\lambda) = U(\mathfrak{g})v_\lambda$, 其中 v_λ 是权为 λ 的最高权向量, 则存在 $v \in N_\lambda$, 使得 v 在 $\Delta(\lambda)$ 中的像是 v_λ, 则 v 是极大向量 (否则, 存在单根 $\alpha \in \Pi$, $0 \neq x_\alpha \in \mathfrak{g}_\alpha$ 使得 $0 \neq x_\alpha \cdot v \in N_{\lambda+\alpha}$, 则 $\lambda + \alpha \in P(N)$, 这与 λ 的极大性矛盾!). 于是映射 $v_\lambda \mapsto v$ 可扩充为 $U(\mathfrak{g})$-模同态 $\Delta(\lambda) \to N$, 恰好是满同态 $N \to \Delta(\lambda)$ 的右逆, 所以上述短正合列是分裂的, 这就证明了 $\mathrm{Ext}^1_{\mathcal{O}}(\Delta(\lambda), M) = 0$.

(2) 考虑短正合列 $0 \to N(\lambda) \to \Delta(\lambda) \to L(\lambda) \to 0$. 因为 $\mu \neq \lambda$ 蕴涵

$$\mathrm{Hom}_{\mathcal{O}}(L(\lambda), L(\mu)) = 0, \quad \mathrm{Hom}_{\mathcal{O}}(\Delta(\lambda), L(\mu)) = 0,$$

所以可得长正合列

$$0 \to \mathrm{Hom}_{\mathcal{O}}(N(\lambda), L(\mu)) \to \mathrm{Ext}^1_{\mathcal{O}}(L(\lambda), L(\mu)) \to \mathrm{Ext}^1_{\mathcal{O}}(\Delta(\lambda), L(\mu)) \to \cdots.$$

又 $\mu < \lambda$, 所以根据(2), $\mathrm{Ext}^1_{\mathcal{O}}(\Delta(\lambda), L(\mu)) = 0$, 从而 $\mathrm{Hom}_{\mathcal{O}}(N(\lambda), L(\mu)) \cong \mathrm{Ext}^1_{\mathcal{O}}(L(\lambda), L(\mu))$. $\qquad\square$

推论 5.1.2 设 $\lambda, \mu \in \mathfrak{h}^*$.

(1) 若 $\mu \leqslant \lambda$, 则 $\mathrm{Ext}^1_{\mathcal{O}}(\Delta(\lambda), L(\mu)) = 0$;

(2) $\mathrm{Ext}^1_{\mathcal{O}}(L(\lambda), L(\lambda)) = 0$.

沿用第 3 章中的符号, $\Pi = \{\alpha_1, \cdots, \alpha_\ell\}$ 是单根集, $\Phi^+ = \{\alpha_1, \cdots, \alpha_m\}$ 是正根集, 其中 $m \geqslant \ell$. 对每个 $1 \leqslant i \leqslant m$, 选取非零元素 $x_i \in \mathfrak{g}_{\alpha_i}$, $y_i \in \mathfrak{g}_{-\alpha_i}$, $h_i \in \mathfrak{h}$, 满足 $[h_i, x_i] = 2x_i$, $[h_i, y_i] = -2y_i$ 以及 $[x_i, y_i] = h_i$.

定义 5.1.3 用 τ 表示 $U(\mathfrak{g})$ 的唯一的代数反自同构, 使得

$$\forall\, 1 \leqslant i \leqslant \ell, \quad \tau(x_i) = y_i, \quad \tau(y_i) = x_i, \quad \tau(h_i) = h_i.$$

对任意的 $U(\mathfrak{g})$-模 M, $M^* = \mathrm{Hom}_{\mathbb{C}}(M, \mathbb{C})$ 是 M 的对偶空间, 则 M^* 上有一个 $U(\mathfrak{g})$-模结构定义如下: $\forall x \in U(\mathfrak{g})$, $\forall f \in M^*$,

$$(x \cdot f)(v) := f(\tau(x) \cdot v), \qquad \forall v \in M.$$

用 M^τ 表示这个 $U(\mathfrak{g})$-模.

回忆范畴 $\mathcal{C}$ 的定义 3.2.9. 范畴 $\mathcal{O}$ 显然是范畴 $\mathcal{C}$ 的一个完全子范畴.

定义 5.1.4 设 $M \in \mathcal{C}$, 则 M^τ 的 $U(\mathfrak{g})$-子模 $M^\vee := \bigoplus_{\lambda \in \mathfrak{h}^*}(M^\tau)_\lambda$ 仍在 $\mathcal{C}$ 中, 称之为 M 在 $\mathcal{C}$ 中的**反变对偶**.

若 $M \in \mathcal{C}$, 容易验证 $\forall \lambda \in \mathfrak{h}^*$, $(M^\tau)_\lambda = (M_\lambda)^*$(习题 5.1.11). 此外, 典范线性映射 $M \to M^{\vee\vee}$ 是 $U(\mathfrak{g})$-模同构 (习题 5.1.12).

命题 5.1.5 若 $M \in \mathcal{O}$, 则 $M^\vee \in \mathcal{O}$.

证明 设 $M \in \mathcal{O}$, 根据定义, $M^\vee$ 显然满足 $(\mathcal{O}2)$, 又因为 $P(M) = P(M^\vee)$, 所以 $M^\vee$ 满足 $(\mathcal{O}5)$. 此外, 容易验证 $\forall \lambda \in \mathfrak{h}^*$, $L(\lambda)^\vee \cong L(\lambda)$, 即 $L(\lambda)$ 是自对偶的 (习题 5.1.10), 又对偶函子是正合的, 所以 $M^\vee$ 也存在合成列且与 M 有 (同构意义下) 完全相同的合成因子, 因此 $M^\vee$ 是 Noether 模, 进而是有限生成的, 即 $M^\vee$ 满足 $(\mathcal{O}1)$. 最后, 根据习题 4.1.7, $M^\vee \in \mathcal{O}$. $\square$

定义 5.1.6 定义范畴 $\mathcal{O}$ 上的反变对偶函子

$$\vee : \mathcal{O} \to \mathcal{O}, \quad M \mapsto M^\vee, \qquad \forall M \in \mathcal{O}.$$

定理 5.1.7 函子 $\vee : \mathcal{O} \to \mathcal{O}$ 是范畴 $\mathcal{O}$ 上的反变正合函子, 诱导范畴 $\mathcal{O}$ 上的自等价. 它还满足下述性质:

(1) 函子 $M \mapsto M^{\vee\vee}$ 自然同构于 $\mathcal{O}$ 上的恒等函子. 特别地, $\forall M \in \mathcal{O}$, 有 $U(\mathfrak{g})$-模典范同构 $M \cong M^{\vee\vee}$.

(2) 设 $M \in \mathcal{O}$, χ 是一个中心特征标, 则 $(M^\vee)^\chi = (M^\chi)^\vee$. 特别地, 若 $M \in \mathcal{O}_\chi$, 则 $M^\vee \in \mathcal{O}_\chi$.

(3) 设 $M \in \mathcal{O}$, 则 $\operatorname{ch} M = \operatorname{ch} M^{\vee}$, 从而在 $K(\mathcal{O})$ 中 $[M] = [M^{\vee}]$, 进而 M 和 $M^{\vee}$ 有相同的合成因子.

(4) 设 $M, N \in \mathcal{O}$, 则 $(M \oplus N)^{\vee} = M^{\vee} \oplus N^{\vee}$. 因此, 若 M 不可分解, 则 $M^{\vee}$ 也不可分解.

(5) 任意 $M, N \in \mathcal{O}$, $\operatorname{Ext}_{\mathcal{O}}^{1}(M, N) \cong \operatorname{Ext}_{\mathcal{O}}^{1}(N^{\vee}, M^{\vee})$. 特别地

$$\operatorname{Ext}_{\mathcal{O}}^{1}(L(\lambda), L(\mu)) \cong \operatorname{Ext}_{\mathcal{O}}^{1}(L(\mu), L(\lambda)).$$

证明　(1) 显然成立.

(2) 设 $f \in (M^{\vee})^{\chi}$, 对于任意一个与 χ 不相同的中心特征标 χ', 存在 $z_0 \in Z(\mathfrak{g})$, 使得 $\chi(z_0) \neq \chi'(z_0)$. 根据习题 5.1.13, $\forall z \in Z(\mathfrak{g})$, $\tau(z) = z$. 于是 $\forall m \in M^{\chi'}$,

$$0 = ((z_0 - \chi(z_0))^n \cdot f)(m) = f((z_0 - \chi(z_0))^n \cdot m), \quad n \gg 0.$$

而 $\chi(z_0) \neq \chi'(z_0)$ 意味着 $(z_0 - \chi(z_0))^n$ 限制为 $M^{\chi'}$ 上的可逆线性变换, 所以 $f(M^{\chi'}) = 0$, 即 $f \in (M^{\chi})^{\vee}$.

反之, 若 $f \in (M^{\chi})^{\vee}$, 则 $\forall z \in Z(\mathfrak{g})$, $\forall m \in M^{\chi}$,

$$((z - \chi(z))^n f)(m) = f((z - \chi(z))^n \cdot m) = 0, \quad n \gg 0.$$

而 $\forall \chi' \neq \chi$, $f(M^{\chi'}) = 0$, 所以 $\forall z \in Z(\mathfrak{g})$, $\forall m \in M^{\chi'}$, $\forall n \geqslant 0$,

$$((z - \chi(z))^n f)(m) = f((z - \chi(z))^n \cdot m) = 0.$$

所以 $f \in (M^{\vee})^{\chi}$.

(3) 根据定义, 显然有 $\operatorname{ch} M = \operatorname{ch} M^{\vee}$. 再利用命题 4.2.19 即知在 $K(\mathcal{O})$ 中, $[M] = [M^{\vee}]$, 进而 M 和 $M^{\vee}$ 有相同的合成因子.

(4) 利用对偶函子是加法函子.

(5) 若 $0 \to N \to L \to M \to 0$ 是 M 通过 N 的一个扩张, 用函子 "$\vee$" 作用得 $N^{\vee}$ 通过 $M^{\vee}$ 的一个扩张 $0 \to M^{\vee} \to L^{\vee} \to N^{\vee} \to 0$. 又根据 (1), 再用 "$\vee$" 作用一次又得到原来的扩张, 所以 "$\vee$" 给出了同构 $\operatorname{Ext}_{\mathcal{O}}^{1}(M, N) \cong \operatorname{Ext}_{\mathcal{O}}^{1}(N^{\vee}, M^{\vee})$.　□

定义 5.1.8　设 $\lambda \in \mathfrak{h}^*$, 记 $\nabla(\lambda) := \Delta(\lambda)^{\vee}$, 并称 $\nabla(\lambda)$ 为对应于 λ 的**余标准模**.

定理 5.1.9　设 $\lambda \in \mathfrak{h}^*$,

(1) $L(\lambda)$ 是 $\nabla(\lambda)$ 的唯一的单子模, $[\nabla(\lambda) : L(\lambda)] = 1$, 并且 $\nabla(\lambda)$ 的其他合成因子 $L(\mu)$ 都满足 $\mu < \lambda$.

(2) 在相差一个数乘的意义下, 存在唯一的非零同态 $f : \Delta(\lambda) \to \nabla(\lambda)$, 并且 $\operatorname{Im} f \cong L(\lambda)$. 一般地, 若 $\mu \in \mathfrak{h}^*$, 则

$$\dim_{\mathbb{C}} \operatorname{Hom}_{\mathcal{O}}(\Delta(\mu), \nabla(\lambda)) = \delta_{\mu\lambda}.$$

(3) 任意 $\mu \in \mathfrak{h}^*$, $\operatorname{Ext}_{\mathcal{O}}^{1}(\Delta(\mu), \nabla(\lambda)) = 0$.

证明 (1) 用函子 "∨" 作用在短正合列 $0 \to N(\lambda) \to \Delta(\lambda) \to L(\lambda) \to 0$ 上得如下短正合列:

$$0 \to L(\lambda)^{\vee} \to \nabla(\lambda) \to N(\lambda)^{\vee} \to 0,$$

所以 $L(\lambda)^{\vee} \cong L(\lambda)$ 是 $\nabla(\lambda)$ 的单子模.

若 $L(\mu)$ 是 $\nabla(\lambda)$ 的单子模, 则 $L(\mu)^{\vee} \cong L(\mu)$ 是 $\Delta(\lambda)^{\vee\vee} \cong \Delta(\lambda)$ 的单商模, 从而 $\mu = \lambda$. 又 $\nabla(\lambda)$ 和 $\Delta(\lambda)$ 有相同的合成因子, 所以 $[\nabla(\lambda) : L(\lambda)] = 1$, 并且若 $L(\mu)$ 也是 $\nabla(\lambda)$ 的合成因子且 $\mu \neq \lambda$, 则必有 $\mu < \lambda$.

(2) 设 $\mu \in \mathfrak{h}^*$, $\phi : \Delta(\mu) \to \nabla(\lambda)$ 是一个非零同态, 则 $M := \operatorname{Im}\phi$ 是 $\nabla(\lambda)$ 的非零子模. 根据 (1), M 中存在唯一的单子模 $L(\lambda)$, 而 M 是最高权为 μ 的最高权模, 因此 $\lambda \leqslant \mu$. 又 $L(\mu)$ 是 M 的从而也是 $\nabla(\lambda)$ 的合成因子, 同样根据 (1), 必有 $\mu \leqslant \lambda$, 所以 $\mu = \lambda$. 这就证明了当 $\mu \neq \lambda$ 时, $\operatorname{Hom}_{\mathcal{O}}(\Delta(\mu), \nabla(\lambda)) = 0$.

现在假设 $\mu = \lambda$, 则典范满同态 $\Delta(\lambda) \twoheadrightarrow L(\lambda)$ 与自然嵌入 $L(\lambda) \hookrightarrow \nabla(\lambda)$ 的合成显然给出一个非零同态 $\Delta(\lambda) \to \nabla(\lambda)$. 另一方面, 任给一个非零同态 $f : \Delta(\lambda) \to \nabla(\lambda)$, 若 $M := \operatorname{Im} f$ 是可约的, 则根据最高权模的性质, M 存在唯一的极大子模含于子空间 $\bigoplus_{\alpha \in Q^+ \setminus \{0\}} M_{\lambda - \alpha}$, 从而 M 必包含某个单子模 $L(\nu)$ 使得 $\nu < \lambda$, 但这与 (1) 矛盾! 所以 M 不可约, 进而 $M \cong L(\lambda)$. 注意到 $\dim_{\mathbb{C}} \nabla(\lambda)_{\lambda} = 1$, 并且 $\Delta(\lambda)$ 到 $\nabla(\lambda)$ 的任何同态都被 $\Delta(\lambda)_{\lambda}$ 中的一个最高权向量的像唯一决定, 所以 $\dim_{\mathbb{C}} \operatorname{Hom}_{\mathcal{O}}(\Delta(\lambda), \nabla(\lambda)) = 1$.

(3) 设 $0 \to \nabla(\lambda) \to M \to \Delta(\mu) \to 0$ 是一个短正合列, 下面证明这个短正合列是分裂的. 若 μ 是 M 中的一个极大权, 则取 $0 \neq m \in M_{\mu}$, 使得 m 在 $\Delta(\mu)$ 中的像是最高权向量, 我们断言 m 一定是一个极大向量. 否则, 存在 $\alpha_i \in \Pi$, 使得 $0 \neq x_i \cdot m \in M_{\mu + \alpha_i}$, 这与 μ 的极大性矛盾! 根据 $\Delta(\mu)$ 的泛性质, 可构造 $M \to \Delta(\mu)$ 的右逆. 若 μ 不是 M 的极大权, 则用函子 "∨" 作用上述短正合列得短正合列: $0 \to \nabla(\mu) \to M^{\vee} \to \Delta(\lambda) \to 0$, 这时 λ 必为 $M^{\vee}$ 的一个极大权, 类似的讨论可知该正合列分裂, 则原正合列分裂. $\square$

习 题 5.1

习题 5.1.10 设 $\lambda \in \mathfrak{h}^*$, 证明存在 $U(\mathfrak{g})$-模同构: $L(\lambda)^{\vee} \cong L(\lambda)$.

习题 5.1.11 设 $M \in \mathcal{C}$, 则 $M = \bigoplus_{\lambda \in \mathfrak{h}^*} M_{\lambda}$ 且 $\dim_{\mathbb{C}} M_{\lambda} < \infty$. 证明 $\forall \lambda \in \mathfrak{h}^*$, $(M^{\tau})_{\lambda} = (M_{\lambda})^*$.

习题 5.1.12 设 $M \in \mathcal{C}$, 证明自然映射 $M \to M^{\vee\vee}$ 是 $U(\mathfrak{g})$-模同构.

习题 5.1.13 证明对任意的 $z \in Z(\mathfrak{g})$, $\tau(z) = z$.

习题 5.1.14 设 $L, M \in \mathcal{O}$, $\dim_{\mathbb{C}} L < \infty$, 证明: $(L \otimes M)^{\vee} \cong L^{\vee} \otimes M^{\vee}$.

5.2　标 准 滤 过

在范畴 $\mathcal{O}$ 中很多类型的模都具有标准滤过. 这里指的是一个有限长的子模滤过使得相邻的商都同构于某个 Verma 模. 范畴 $\mathcal{O}$ 中的标准滤过是研究投射模以及倾斜模的基本工具, 本节我们将讨论范畴 $\mathcal{O}$ 中标准滤过的基本理论.

回忆范畴 $\mathcal{O}$ 中的模张量上任意一个有限维模仍然得到范畴 $\mathcal{O}$ 中的模.

定理 5.2.1　设 M 是一个有限维模, $\lambda \in \mathfrak{h}^*$. 令 $T := \Delta(\lambda) \otimes M$, 则 T 存在一个有限长子模滤过, 使得 $\{\Delta(\lambda + \mu) \mid \mu \in P(M)\}$ 是滤过中的全部商模的同构类, 且同构类 $\Delta(\lambda + \mu)$ 出现的重数恰好是 $\dim_{\mathbb{C}} M_\mu$.

证明　对每个 $U(\mathfrak{g})$-模 M 以及 $U(\mathfrak{b})$-模 L, 存在 $U(\mathfrak{g})$-模同构

$$(U(\mathfrak{g}) \otimes_{U(\mathfrak{b})} L) \otimes M \cong U(\mathfrak{g}) \otimes_{U(\mathfrak{b})} (L \otimes M), \tag{5.2.1}$$

其中 $(U(\mathfrak{g}) \otimes_{U(\mathfrak{b})} L) \otimes M$ 上的 $U(\mathfrak{g})$-模结构由 $U(\mathfrak{g})$ 的余乘结构诱导, 而 $U(\mathfrak{g}) \otimes_{U(\mathfrak{b})}$ $(L \otimes M)$ 上的 $U(\mathfrak{g})$-模结构是由左乘第一个张量积因子 $U(\mathfrak{g})$ 来定义的, $L \otimes M$ 上的 $U(\mathfrak{b})$-模结构由 $U(\mathfrak{b})$ 的余乘结构诱导 (习题 5.2.7).

现在假设 L, M 都是有限维的, 令 $N := L \otimes M$, 设 $n_1, \cdots, n_s$ 是 N 的由权向量组成的 $\mathbb{C}$-基, 其中 $\forall 1 \leqslant i \leqslant s$, $n_i \in N_{\nu_i}$ 且满足 $\nu_i < \nu_j$ 仅当 $i < j$. 令 $N_k := \mathbb{C}\text{-Span}\{n_k, n_{k+1}, \cdots, n_s\}$, 则有 $U(\mathfrak{b})$-模滤过:

$$0 \subset N_s \subset \cdots \subset N_1 = N,$$

使得 $\forall 1 \leqslant k \leqslant s$, N_k/N_{k+1} 是对应于 ν_k 的一维 $U(\mathfrak{b})$-模.

又因为 $U(\mathfrak{g})$ 是自由右 $U(\mathfrak{b})$-模, 所以张量函子 $U(\mathfrak{g}) \otimes_{U(\mathfrak{b})}$-是正合函子, 将其作用在上述滤过可得 $U(\mathfrak{g}) \otimes_{U(\mathfrak{b})} N$ 的 $U(\mathfrak{g})$-模滤过:

$$0 \subset U(\mathfrak{g}) \otimes_{U(\mathfrak{b})} N_s \subset \cdots \subset U(\mathfrak{g}) \otimes_{U(\mathfrak{b})} N_1 = U(\mathfrak{g}) \otimes_{U(\mathfrak{b})} N, \tag{5.2.2}$$

使得其中 $\forall 1 \leqslant k \leqslant s$,

$$\frac{U(\mathfrak{g}) \otimes_{U(\mathfrak{b})} N_k}{U(\mathfrak{g}) \otimes_{U(\mathfrak{b})} N_{k+1}} \cong U(\mathfrak{g}) \otimes_{U(\mathfrak{b})} (N_k/N_{k+1}) \cong \Delta(\nu_k).$$

在上述证明过程中将 L 换作一维 $U(\mathfrak{b})$-模 $\mathbb{C}_\lambda$ (参见定义 3.1.8), 则

$$P(\mathbb{C}_\lambda \otimes M) = \{\lambda + \mu \mid \mu \in P(M)\}.$$

最后注意到 $\forall \mu \in P(M)$, $\dim_{\mathbb{C}}(\mathbb{C}_\lambda \otimes M)_{\lambda+\mu} = \dim_{\mathbb{C}} M_\mu$. 利用同构 (5.2.1),

$$T = \Delta(\lambda) \otimes M = (U(\mathfrak{g}) \otimes_{U(\mathfrak{b})} \mathbb{C}_\lambda) \otimes M \cong U(\mathfrak{g}) \otimes_{U(\mathfrak{b})} (\mathbb{C}_\lambda \otimes M).$$

所以 $\Delta(\lambda + \mu)$ 在 $T = \Delta(\lambda) \otimes M$ 的上述滤过中作为商模出现的重数为 $\dim_{\mathbb{C}} M_\mu$. $\square$

定义 5.2.2 设 $M \in \mathcal{O}$, 若 M 有一个有限长的子模滤过

$$0 = M_0 \subset M_1 \subset M_2 \subset \cdots \subset M_n = M,$$

使得 $\forall 1 \leqslant i \leqslant n$, M_i/M_{i-1} 是 Verma 模, 则称 M 有标准滤过 (或Δ-滤过).

类似地, 利用余标准模也可定义余标准滤过 (或 ∇-滤过) 的概念.

设 $M \in \mathcal{O}$, 若 M 存在两个标准滤过, 考虑到 $\{[\Delta(\lambda)] \mid \lambda \in \mathfrak{h}^*\}$ 是 $K(\mathcal{O})$ 的自由 $\mathbb{Z}$-基, 那么这两个标准滤过长度相同且滤过中的相邻商模在计重数的意义下是一致的, 此时用 $(M : \Delta(\lambda))$ 表示 $\Delta(\lambda)$ 在 M 的标准滤过中出现的重数.

命题 5.2.3 设 $M \in \mathcal{O}$ 有标准滤过.

(1) 若 λ 是 M 的一个极大权, 则 M 中存在同构于 $\Delta(\lambda)$ 的子模且商模 $M/\Delta(\lambda)$ 也有标准滤过;

(2) 若 $M = M' \oplus M''$, 则 M' 和 M'' 也有标准滤过;

(3) M 是自由 $U(\mathfrak{n}^-)$-模.

证明 (1) 设 $0 \neq m \in M_\lambda$, 因为 λ 是 M 的一个极大权, 所以 m 是 M 的一个极大向量. 设 $\Delta(\lambda) = U(\mathfrak{g})v_\lambda$, 其中 v_λ 是权为 λ 的最高权向量, 则存在非零模同态 $\varphi : \Delta(\lambda) \to M$ 使得 $\varphi(v_\lambda) = m$. 下面证明 φ 是单的, 设 M 有标准滤过

$$0 = M_0 \subset M_1 \subset \cdots \subset M_n.$$

则存在 $1 \leqslant i \leqslant n$ 使得 $\varphi(\Delta(\lambda)) \subseteq M_i$ 而 $\varphi(\Delta(\lambda)) \not\subseteq M_{i-1}$, 则 φ 可诱导出非零同态 $\psi : \Delta(\lambda) \to M_i/M_{i-1} \cong \Delta(\mu)$, 其中 $\mu \in \mathfrak{h}^*$, 所以 $\lambda \leqslant \mu$, 但根据 λ 的极大性可知 $\lambda = \mu$, 从而 ψ 是同构的, 进而 φ 是单的. 从而 $\operatorname{Im}\varphi \cap M_{i-1} = 0$ 且 $M_i = \operatorname{Im}\varphi \oplus M_{i-1}$, 考虑短正合列:

$$0 \to M_{i-1} \to M/\operatorname{Im}\varphi \to M/M_i \to 0.$$

因为 M_{i-1} 和 M/M_i 都有标准滤过, 所以 $M/\operatorname{Im}\varphi$ 有标准滤过, 其中 $\operatorname{Im}\varphi \cong \Delta(\lambda)$.

(2) 对 M 的标准滤过的长度归纳, 若长度是 1, 即 M 是 Verma 模, 则结论是平凡的. 设 M 的标准滤过的长度 > 1, λ 是 M 的一个极大权. 设 $\Delta(\lambda) = U(\mathfrak{g})v_\lambda$, 其中 v_λ 是权为 λ 的最高权向量, 由于 $M = M' \oplus M''$, 不妨设 $M'_\lambda \neq 0$, 取 $0 \neq m \in M'_\lambda$, 根据 (1), 存在单同态 $\Delta(\lambda) \to M$, 使得 v_λ 在 M 中的像是 m, 则 $\Delta(\lambda)$ 在 M 中的像属于 M', 从而 $M/\Delta(\lambda) \cong M'/\Delta(\lambda) \oplus M''$. 根据 (1), $M/\Delta(\lambda)$ 有标准滤过且长度等于 M 的标准滤过长度减 1, 利用归纳假设 $M'/\Delta(\lambda)$ 和 M'' 都有标准滤过, 从而 M' 也有标准滤过.

(3) 对 M 的标准滤过的长度归纳. 若 M 是 Verma 模, 自然是自由 $U(\mathfrak{n}^-)$-模. 下设 M 的标准滤过的长度 > 1. 利用 (1), M 中包含某个Verma模 $\Delta(\lambda)$ 使得 $M/\Delta(\lambda)$ 也有标准滤过. 由归纳假设, $M/\Delta(\lambda)$ 是自由 $U(\mathfrak{n}^-)$-模, 所以作为 $U(\mathfrak{n}^-)$-模 $M \cong \Delta(\lambda) \oplus (M/\Delta(\lambda))$ 也自由. $\qquad\square$

推论 5.2.4　设 $M \in \mathcal{O}$ 有标准滤过, 则 M 存在一个如下形式的标准滤过

$$0 = M_0 \subset M_1 \subset M_2 \subset \cdots \subset M_n = M,$$

使得 $\forall 1 \leqslant i \leqslant n, M_i/M_{i-1} \cong \Delta(\nu_i)$ 并且 $\nu_i < \nu_j$ 仅当 $i > j$.

引理 5.2.5　设 $M \in \mathcal{O}$ 有标准滤过, $\varphi : M \to \Delta(\lambda)$ 是一个 $U(\mathfrak{g})$-模满同态, 则 $\operatorname{Ker} \varphi$ 也有标准滤过, 从而 $(M : \Delta(\lambda)) > 0$.

证明　对 M 的标准滤过的长度归纳. 若 M 是 Verma 模, 则 φ 是同构, $\operatorname{Ker} \varphi = 0$, 结论是平凡的. 下设 M 的标准滤过长度 > 1, 取 M 的一个极大权 μ, 根据命题 5.2.3(1), $\Delta(\mu)$ 是 M 的子模且 $M/\Delta(\mu)$ 也有标准滤过, 显然 $M/\Delta(\mu)$ 的标准滤过长度等于 M 的标准滤过长度减 1. 考虑嵌入 $\iota : \Delta(\mu) \hookrightarrow M$ 和 φ 的复合, 根据 μ 的极大性, 必有 $\mu \not< \lambda$, 若 $\mu \neq \lambda$, 则 $\varphi \circ \iota = 0$, 即 $\Delta(\mu) \subseteq \operatorname{Ker} \varphi$, 则 φ 可诱导出满同态 $\overline{\varphi} : M/\Delta(\mu) \twoheadrightarrow \Delta(\lambda)$, 根据归纳假设, $\operatorname{Ker} \overline{\varphi} = \operatorname{Ker} \varphi/\Delta(\mu)$ 有标准滤过, 所以 $\operatorname{Ker} \varphi$ 有标准滤过. 若 $\mu = \lambda$, 不妨设 $\varphi \circ \iota \neq 0$ (否则, 讨论同上), 则 $\varphi \circ \iota$ 是同构, 从而 φ 存在右逆 ψ, 那么短正合列 $0 \to \operatorname{Ker} \varphi \to M \to \Delta(\lambda) \to 0$ 是分裂的. 根据命题 5.2.3(2), $\operatorname{Ker} \varphi$ 作为 M 的直和项也有标准滤过. □

定理 5.2.6　设 $M \in \mathcal{O}$ 有标准滤过, 则 $\forall \lambda \in \mathfrak{h}^*$,

$$(M : \Delta(\lambda)) = \dim_{\mathbb{C}} \operatorname{Hom}_{\mathcal{O}}(M, \nabla(\lambda)).$$

证明　对 M 的标准滤过的长度归纳, 若 $M = \Delta(\mu)$ 是 Verma 模, 则 $(\Delta(\mu) : \Delta(\lambda)) = \delta_{\mu\lambda}$, 又根据定理 5.1.9(2), $\dim_{\mathbb{C}} \operatorname{Hom}_{\mathcal{O}}(\Delta(\mu), \nabla(\lambda)) = \delta_{\mu\lambda}$, 所以结论成立.

下设 M 的标准滤过的长度 > 1, 设 $0 \subset M_1 \subset \cdots \subset M_{n-1} \subset M_n = M$ 是 M 的一个标准滤过, 则 $M/M_{n-1} \cong \Delta(\mu)$, 其中 $\mu \in \mathfrak{h}^*$. 考虑短正合列

$$0 \to M_{n-1} \to M \to \Delta(\mu) \to 0.$$

则有长正合列:

$$0 \to \operatorname{Hom}_{\mathcal{O}}(\Delta(\mu), \nabla(\lambda)) \to \operatorname{Hom}_{\mathcal{O}}(M, \nabla(\lambda)) \to \operatorname{Hom}_{\mathcal{O}}(M_{n-1}, \nabla(\lambda))$$
$$\to \operatorname{Ext}^1_{\mathcal{O}}(\Delta(\mu), \nabla(\lambda)) \to \cdots.$$

根据定理 5.1.9(3), $\operatorname{Ext}^1_{\mathcal{O}}(\Delta(\mu), \nabla(\lambda)) = 0$, 根据定理 5.1.9(2), 有

$$\dim_{\mathbb{C}} \operatorname{Hom}_{\mathcal{O}}(\Delta(\mu), \nabla(\lambda)) = \delta_{\mu\lambda}.$$

又根据归纳假设 $(M_{n-1} : \Delta(\lambda)) = \dim_{\mathbb{C}} \operatorname{Hom}_{\mathcal{O}}(M_{n-1}, \nabla(\lambda))$, 从而

$$\begin{aligned}
(M : \Delta(\lambda)) &= (M_{n-1} : \Delta(\lambda)) + \delta_{\mu\lambda} \\
&= \dim_{\mathbb{C}} \operatorname{Hom}_{\mathcal{O}}(M_{n-1}, \nabla(\lambda)) + \dim_{\mathbb{C}} \operatorname{Hom}_{\mathcal{O}}(\Delta(\mu), \nabla(\lambda)) \\
&= \dim_{\mathbb{C}} \operatorname{Hom}_{\mathcal{O}}(M, \nabla(\lambda)).
\end{aligned}$$
□

习 题 5.2

习题 5.2.7 设 L 是 $U(\mathfrak{b})$-模, M 是 $U(\mathfrak{g})$-模, 证明存在 $U(\mathfrak{g})$-模同构

$$(U(\mathfrak{g}) \otimes_{U(\mathfrak{b})} L) \otimes M \cong U(\mathfrak{g}) \otimes_{U(\mathfrak{b})} (L \otimes M),$$

其中 $(U(\mathfrak{g}) \otimes_{U(\mathfrak{b})} L) \otimes M$ 上的 $U(\mathfrak{g})$-模结构由 $U(\mathfrak{g})$ 的余乘结构诱导, 而 $U(\mathfrak{g}) \otimes_{U(\mathfrak{b})} (L \otimes M)$ 上的 $U(\mathfrak{g})$-模结构是由左乘第一个张量积因子 $U(\mathfrak{g})$ 来定义的, $L \otimes M$ 上的 $U(\mathfrak{b})$-模结构由 $U(\mathfrak{b})$ 的余乘结构诱导.

习题 5.2.8 保持定理 5.2.1 的假设, 证明若 μ 是 M 的一个极大权, 则 T 有同构于 $\Delta(\lambda + \mu)$ 的子模; 若 μ 是 M 的一个极小权, 则 T 有同构于 $\Delta(\lambda + \mu)$ 的商模.

习题 5.2.9 设 L 是 $\mathcal{O}$ 中一个有限维模, 若 $M \in \mathcal{O}$ 有标准滤过, 则 $M \otimes L$ 也有标准滤过.

5.3 投射模、内射模与 BGG 互反律

范畴 $\mathcal{O}$ 与域上有限维代数的有限维模范畴相似的一个重要特征是它有足够的投射对象, 这将使得我们能够有效地利用同调代数的工具对其进行研究.

回忆范畴 $\mathcal{O}$ 是一个 Abel 范畴. 若 $P \in \mathcal{O}$ 使得函子 $\mathrm{Hom}_{\mathcal{O}}(P, -)$ 是正合函子, 则称 P 是 $\mathcal{O}$ 中投射模. 对偶地, 若 $I \in \mathcal{O}$ 使得函子 $\mathrm{Hom}_{\mathcal{O}}(-, I)$ 是正合函子, 则称 I 是 $\mathcal{O}$ 中内射模. 我们将证明范畴 $\mathcal{O}$ 有足够的投射模, 即对每个 $M \in \mathcal{O}$, 存在一个投射模 $P \in \mathcal{O}$ (依赖于 M) 以及一个满同态 $P \to M$.

引理 5.3.1 设 $L, M, N \in \mathcal{O}$, 其中 $\dim_{\mathbb{C}} L < \infty$, 则存在 $U(\mathfrak{g})$-模同构

$$\mathrm{Hom}_{\mathcal{O}}(L \otimes M, N) \cong \mathrm{Hom}_{\mathcal{O}}(M, L^* \otimes N).$$

证明 由于 $\dim_{\mathbb{C}} L < \infty$, 所以存在 $U(\mathfrak{g})$-模同构: $\mathrm{Hom}_{\mathbb{C}}(L, N) \cong L^* \otimes N$. 于是

$$\mathrm{Hom}_{\mathcal{O}}(L \otimes M, N) \cong \mathrm{Hom}_{\mathcal{O}}(M, \mathrm{Hom}_{\mathbb{C}}(L, N)) \cong \mathrm{Hom}_{\mathcal{O}}(M, L^* \otimes N). \qquad \square$$

引理 5.3.2 (1) 设 λ 是点支配权, 则 λ 是它所在轨道 $W_{[\lambda]} \cdot \lambda$ 中的最大元, 并且 $\Delta(\lambda)$ 是 $\mathcal{O}$ 中的投射模;

(2) 设 P 是 $\mathcal{O}$ 中的投射模, L 是有限维模, 则 $P \otimes L$ 也是 $\mathcal{O}$ 中的投射模.

证明 (1) 设 λ 是点支配权, 根据命题 4.3.6, λ 是轨道 $W_{[\lambda]} \cdot \lambda$ 中唯一的点支配权, 并且是 $W_{[\lambda]} \cdot \lambda$ 中的最大元. 设 $\pi : M \to N$ 是范畴 $\mathcal{O}$ 中的一个满同态, $\varphi : \Delta(\lambda) \to N$ 是一个非零模同态, 我们要将 φ 提升为同态 $\psi : \Delta(\lambda) \to M$. 因为 $\Delta(\lambda) \in \mathcal{O}_\lambda$, 所以 $\mathrm{Im}\,\varphi \subseteq N^{\chi_\lambda}$ 和 $\mathrm{Im}\,\psi \subseteq M^{\chi_\lambda}$, 故不妨设 $M, N \in \mathcal{O}_\lambda$.

设 $\Delta(\lambda) = U(\mathfrak{g})v_\lambda$, v_λ 是权为 λ 的最高权向量, 则 $0 \neq \varphi(v_\lambda)$ 是 N 中权为 λ 的一个极大向量. 设 $m \in M_\lambda$ 是 $\varphi(v_\lambda)$ 在 M 中的一个原像, 若 m 不是极大向量, 根据 ($\mathcal{O}$5), 则 $V := U(\mathfrak{g})m$ 中一定含有一个权为 μ 的极大向量, 使得 $\mu > \lambda$ 且 $\mu \in W_{[\lambda]} \cdot \lambda$, 这与 λ 是 $W_{[\lambda]} \cdot \lambda$ 中的最大元矛盾! 所以 $m \in M_\lambda$ 是极大向量, 根据 $\Delta(\lambda)$ 的泛性质, 映射 $v_\lambda \mapsto m$ 可扩充为 $U(\mathfrak{g})$-模同态 $\psi : \Delta(\lambda) \to M$ 使得 $\pi\psi = \varphi$, 这就证明了 $\Delta(\lambda)$ 是 $\mathcal{O}$ 中的投射模.

(2) 只需证明 $\mathrm{Hom}_{\mathcal{O}}(P \otimes L, -)$ 是正合函子. 根据引理 5.3.1, 对 $\forall M \in \mathcal{O}$, 有 $U(\mathfrak{g})$-模同构:

$$\mathrm{Hom}_{\mathcal{O}}(P \otimes L, M) \cong \mathrm{Hom}_{\mathcal{O}}(P, L^* \otimes M).$$

注意到上述同构关于 M 是自然的, 又由于函子 $\mathrm{Hom}_{\mathcal{O}}(P, -)$ 和 $L^* \otimes -$ 都是正合的, 所以 $\mathrm{Hom}_{\mathcal{O}}(P \otimes L, -)$ 是正合的. □

定理 5.3.3　范畴 $\mathcal{O}$ 中包含足够的投射模.

证明　首先证明对每个 $\lambda \in \mathfrak{h}^*$, 单模 $L(\lambda)$ 是某个投射模的同态像. 回忆 $\rho = \sum_{i=1}^{\ell} \Lambda_i$, 一定存在充分大的正整数 n, 使得 $\mu := \lambda + n\rho$ 是点支配权, 根据引理 5.3.2(1), $\Delta(\mu)$ 是投射模, 又 $n\rho \in P^+$, 所以 $\dim_{\mathbb{C}} L(n\rho) < \infty$, 根据引理 5.3.2(2), $P := \Delta(\mu) \otimes L(n\rho)$ 是投射模. 注意到 $-n\rho = w_0(n\rho)$ 是 $L(n\rho)$ 的最低权, 根据习题 5.2.8, P 有商模 $\Delta(\mu - n\rho) = \Delta(\lambda)$, 进而 $L(\lambda)$ 也是 P 的同态像.

设 $M \in \mathcal{O}$, 对 $\ell(M)$ 归纳. 若 $\ell(M) = 1$, 即 M 是单模 $L(\lambda)$, 根据前面证明的结论, M 是投射模的同态像. 下设 $\ell(M) > 1$, 设 $L(\lambda)$ 是 M 的一个单子模, $N = M/L(\lambda)$, 则 $\ell(N) = \ell(M) - 1$. 根据归纳假设, 存在投射模 Q 以及满同态 $\phi : Q \twoheadrightarrow N$, 考虑短正合列

$$0 \to L(\lambda) \to M \xrightarrow{\mathrm{can}} N \to 0,$$

利用 Q 的投射性, $Q \twoheadrightarrow N$ 可提升为同态 $\psi : Q \to M$. 若 ψ 是满的, 则结论得证; 若 ψ 不是满的, 则 $\mathrm{Im}\,\psi \cap L(\lambda) = 0$(否则, $L(\lambda) \subseteq \mathrm{Im}\,\psi$, 又 $\mathrm{can} \circ \psi$ 是满同态 $\phi : Q \twoheadrightarrow N$, 从而 $\mathrm{Im}\,\psi = M$, 矛盾!), 因此 $M = L(\lambda) \oplus \mathrm{Im}\,\psi$, 此时令 $P_0 := P \oplus Q$, 则存在满同态 $P_0 \twoheadrightarrow M$. □

由于范畴 $\mathcal{O}$ 是 Artin 范畴, 它包含足够的投射模保证了范畴 $\mathcal{O}$ 中的每个模都存在投射盖, 并且投射盖在同构意义下是唯一的.

定义 5.3.4　设 $\lambda \in \mathfrak{h}^*$, 用 $P(\lambda)$ 表示 $L(\lambda)$ 的**投射盖**. 固定一个自然满同态 $\pi_\lambda : P(\lambda) \twoheadrightarrow L(\lambda)$, 则 $\mathrm{Ker}\pi_\lambda = \mathrm{rad}\,P(\lambda)$ 是 $P(\lambda)$ 的唯一极大子模.

引理 5.3.5　(1) $\{P(\lambda) \mid \lambda \in \mathfrak{h}^*\}$ 是 $\mathcal{O}$ 中所有不可分解投射模的同构类的完全集;

(2) 设 $\lambda \in \mathfrak{h}^*$, 则 $\{P(w \cdot \lambda) \mid w \in W/W_\lambda\}$ 是 $\mathcal{O}_\lambda$ 中所有不可分解投射模的同构类的完全集;

(3) 设 $\lambda \in \mathfrak{h}^*$, $P \in \mathcal{O}$ 是投射模, P 分解为不可分解投射模的直和时, $P(\lambda)$ 出现的重数是 $\dim_{\mathbb{C}} \mathrm{Hom}_{\mathcal{O}}(P, L(\lambda))$;

(4) 设 $\lambda \in \mathfrak{h}^*$, $M \in \mathcal{O}$, $\dim_{\mathbb{C}} \mathrm{Hom}_{\mathcal{O}}(P(\lambda), M) = [M : L(\lambda)]$. 特别地, 有

$$\dim_{\mathbb{C}} \mathrm{End}_{\mathcal{O}} P(\lambda) = [P(\lambda) : L(\lambda)].$$

证明 留给读者. □

定理 5.3.6 范畴 $\mathcal{O}$ 中的投射模都存在标准滤过. 设 $\lambda, \mu \in \mathfrak{h}^*$, 则 $(P(\lambda) : \Delta(\lambda)) = 1$, 而且若 $(P(\lambda) : \Delta(\mu)) \neq 0$, 则 $\mu = w \cdot \lambda \geqslant \lambda$, 对某个 $w \in W$.

证明 若 $(P(\lambda) : \Delta(\mu)) \neq 0$, 则 $L(\lambda)$, $L(\mu)$ 位于同一个块中, 从而 $\mu = w \cdot \lambda$, 其中 $w \in W$. 只需证明范畴 $\mathcal{O}$ 中的不可分解模 $P(\lambda)$ 均有标准滤过即可. 取充分大的正整数 n, 使得 $\mu := \lambda + n\rho$ 是点支配权. 根据定理 5.3.3 第一段的证明, $P = \Delta(\mu) \otimes L(n\rho)$ 是投射模且 $L(\lambda)$ 是 P 的同态像, 所以 $P(\lambda)$ 是 P 的直和项.

根据定理 5.2.1, $P = \Delta(\mu) \otimes L(n\rho)$ 存在标准滤过且 $(P : \Delta(\mu + \nu)) = \dim_{\mathbb{C}} L(n\rho)_\nu$, 所以 $(P : \Delta(\lambda)) = 1$. 此外, 若 $(P : \Delta(\mu + \nu)) \neq 0$, 则 $\mu + \nu \geqslant \lambda$. 利用命题 5.2.3(2), 作为 P 的直和项 $P(\lambda)$ 也有标准滤过, 并且 $(P(\lambda) : \Delta(\mu + \nu)) \neq 0$ 仅当 $\mu + \nu \geqslant \lambda$. 再根据定理 5.2.6, 由于

$$\mathrm{Hom}_{\mathcal{O}}(P(\lambda), \nabla(\lambda)) \supseteq \mathrm{Hom}_{\mathcal{O}}(P(\lambda), L(\lambda)) \neq 0,$$

所以 $(P(\lambda) : \Delta(\lambda)) \neq 0$, 故 $(P(\lambda) : \Delta(\lambda)) = 1$. □

例 5.3.7 设 $\mathfrak{g} = \mathfrak{sl}_3$, $\Pi = \{\alpha_1, \alpha_2\}$. 记 $s := s_{\alpha_1}$, $t := s_{\alpha_2}$, $\lambda := -\Lambda_1$. 则 λ 是一个点奇异的点支配整权, $W_\lambda = \{e, s\}$. 任给 $w \in W$, 采用如下简单记号:

$$L(w) := L(w \cdot \lambda), \quad \Delta(w) := \Delta(w \cdot \lambda), \quad P(w) := P(w \cdot \lambda).$$

在范畴 $\mathcal{O}$ 的块 $\mathcal{O}_\lambda$ 中只有三个不可约模 $L(e), L(t), L(st)$, 其中

$$L(st) = \Delta(st), \quad \Delta(e) = P(e).$$

Verma 模 $\Delta(t)$ 具有唯一单头 $L(t)$ 以及唯一的单基座 $L(st)$, 并且这就是 $\Delta(t)$ 的仅有的两个合成因子 (计重数). Verma 模 $\Delta(e)$ 具有唯一单头 $L(e)$ 以及唯一的单基座 $L(st)$, $[\Delta(e) : L(t)] = 1$, 并且这就是 $\Delta(e)$ 的仅有的三个合成因子 (计重数).

三个不可分解投射模 $P(e), P(t), P(st)$ 都具有标准滤过, 其分层结构如下所示:

$$P(e) = \Delta(e), \quad P(t) = \begin{matrix} \Delta(t) \\ \Delta(e) \end{matrix}, \quad P(st) = \begin{matrix} \Delta(st) \\ \Delta(t) \\ \Delta(e) \end{matrix},$$

其中 $P(st)$ 是唯一一个自对偶的不可分解投射内射模, 它具有唯一的单头 $L(st)$ 以及唯一的单基座 $L(st)$.

定理 5.3.8　设 $M \in \mathcal{O}$, 则下述断言等价:

(1) M 有标准滤过;

(2) $\forall \mu \in \mathfrak{h}^*$ 以及 $\forall i \geqslant 1$, $\mathrm{Ext}^i_{\mathcal{O}}(M, \nabla(\mu)) = 0$;

(3) $\forall \mu \in \mathfrak{h}^*$, $\mathrm{Ext}^1_{\mathcal{O}}(M, \nabla(\mu)) = 0$.

证明　$(1) \Rightarrow (2)$. 设 $\lambda \in \mathfrak{h}^*$, 对 i 归纳来证明 $\mathrm{Ext}^i_{\mathcal{O}}(\Delta(\lambda), \nabla(\mu)) = 0$. 首先, 根据定理 5.1.9(3), $\mathrm{Ext}^1_{\mathcal{O}}(\Delta(\lambda), \nabla(\mu)) = 0$. 下设 $i = n \geqslant 1$ 时结论成立, 注意到 $P(\lambda)$ 也是 $\Delta(\lambda)$ 的投射盖, 则考虑短正合列

$$0 \to N \to P(\lambda) \to \Delta(\lambda) \to 0,$$

根据引理 5.2.5, N 也有标准滤过. 我们有如下长正合列

$$\cdots \to \mathrm{Ext}^n_{\mathcal{O}}(N, \nabla(\mu)) \to \mathrm{Ext}^{n+1}_{\mathcal{O}}(\Delta(\lambda), \nabla(\mu)) \to \mathrm{Ext}^{n+1}_{\mathcal{O}}(P(\lambda), \nabla(\mu)) \to \cdots.$$

由归纳假设, $\mathrm{Ext}^n_{\mathcal{O}}(N, \nabla(\mu)) = 0$, 再由 $P(\lambda)$ 投射知 $\mathrm{Ext}^{n+1}_{\mathcal{O}}(P(\lambda), \nabla(\mu)) = 0$, 所以 $\mathrm{Ext}^{n+1}_{\mathcal{O}}(\Delta(\lambda), \nabla(\mu)) = 0$. 这就证明了 $\forall i \geqslant 1$, $\forall \lambda \in \mathfrak{h}^*$, $\mathrm{Ext}^i_{\mathcal{O}}(\Delta(\lambda), \nabla(\mu)) = 0$. 最后, 利用 M 有标准滤过可推出 $\mathrm{Ext}^i_{\mathcal{O}}(M, \nabla(\mu)) = 0$, $\forall i \geqslant 1$.

$(2) \Rightarrow (3)$. 显然.

$(3) \Rightarrow (1)$. 对 M 的长度来归纳证明 M 有标准滤过, 设 λ 在偏序 "<" 下极小使得 $\mathrm{Hom}_{\mathcal{O}}(M, L(\lambda)) \neq 0$. 首先断言对于所有 $\mu < \lambda$, $\mathrm{Ext}^1_{\mathcal{O}}(M, L(\mu)) = 0$. 实际上, 有短正合列

$$0 \to L(\mu) \to \nabla(\mu) \to \nabla(\mu)/L(\mu) \to 0,$$

从而有如下长正合列

$$\cdots \to \mathrm{Hom}_{\mathcal{O}}(M, \nabla(\mu)/L(\mu)) \to \mathrm{Ext}^1_{\mathcal{O}}(M, L(\mu)) \to \mathrm{Ext}^1_{\mathcal{O}}(M, \nabla(\mu)) \to \cdots.$$

由 λ 的极小性可知 $\mathrm{Hom}_{\mathcal{O}}(M, \nabla(\mu)/L(\mu)) = 0$, 又有 $\mathrm{Ext}^1_{\mathcal{O}}(M, \nabla(\mu)) = 0$, 从而中间项 $\mathrm{Ext}^1_{\mathcal{O}}(M, L(\mu)) = 0$. 进一步, 任给 $M' \in \mathcal{O}$, 若 M' 的所有合成因子 $L(\nu)$ 满足 $\nu < \lambda$, 则 $\mathrm{Ext}^1_{\mathcal{O}}(M, M') = 0$.

现在考虑短正合列 $0 \to N(\lambda) \to \Delta(\lambda) \to L(\lambda) \to 0$, 有长正合列

$$0 \to \mathrm{Hom}_{\mathcal{O}}(M, N(\lambda)) \to \mathrm{Hom}_{\mathcal{O}}(M, \Delta(\lambda)) \to \mathrm{Hom}_{\mathcal{O}}(M, L(\lambda))$$
$$\to \mathrm{Ext}^1_{\mathcal{O}}(M, N(\lambda)) \to \cdots.$$

因为 $N(\lambda)$ 的所有权都小于 λ, 根据 λ 的极小性, 所以 $\mathrm{Hom}_{\mathcal{O}}(M, N(\lambda)) = 0$, 又由上一段讨论, $\mathrm{Ext}^1_{\mathcal{O}}(M, N(\lambda)) = 0$, 所以 $\mathrm{Hom}_{\mathcal{O}}(M, \Delta(\lambda)) \cong \mathrm{Hom}_{\mathcal{O}}(M, L(\lambda))$. 特别地, 得到一个满同态 $\pi : M \to \Delta(\lambda)$, 于是对任意 $\mu \in \mathfrak{h}^*$, 有正合列

$$\cdots \to \mathrm{Ext}^1_{\mathcal{O}}(M, \nabla(\mu)) \to \mathrm{Ext}^1_{\mathcal{O}}(\mathrm{Ker}\,\pi, \nabla(\mu)) \to \mathrm{Ext}^2_{\mathcal{O}}(\Delta(\lambda), \nabla(\mu)) \to \cdots,$$

又 $\mathrm{Ext}^1_{\mathcal{O}}(M, \nabla(\mu)) = 0$, 而根据 "$(1) \Rightarrow (2)$" 的证明过程, $\mathrm{Ext}^2_{\mathcal{O}}(\Delta(\lambda), \nabla(\mu)) = 0$, 所以 $\mathrm{Ext}^1_{\mathcal{O}}(\mathrm{Ker}\,\pi, \nabla(\mu)) = 0$. 注意到 $\mathrm{Ker}\,\pi$ 长度比 M 小, 由归纳假设, $\mathrm{Ker}\,\pi$ 有标准滤过, 从而 M 也有标准滤过. $\qquad\square$

定理 5.3.9 (BGG互反律) 设 $\lambda, \mu \in \mathfrak{h}^*$, 则

$$(P(\lambda) : \Delta(\mu)) = [\Delta(\mu) : L(\lambda)] = [\nabla(\mu) : L(\lambda)].$$

证明 回忆习题 4.1.10, $[\lambda] := \lambda + Q$, $[\mu] := \mu + Q$. 由于 $P(\lambda), \Delta(\mu), L(\lambda)$ 都是不可分解模, 所以 $P(P(\lambda)) \subseteq [\lambda]$, $P(\Delta(\mu)) \subseteq [\mu]$, $P(L(\lambda)) \subseteq [\lambda]$. 因此, 若 $[\lambda] \neq [\mu]$, 则

$$(P(\lambda) : \Delta(\mu)) = 0 = [\Delta(\mu) : L(\lambda)].$$

类似地, $P(\lambda) \in \mathcal{O}_{\chi_\lambda}$, $L(\lambda) \in \mathcal{O}_{\chi_\lambda}$, $\Delta(\mu) \in \mathcal{O}_{\chi_\mu}$, 若 λ, μ 不属于同一个邻接类, 同样有 $(P(\lambda) : \Delta(\mu)) = 0 = [\Delta(\mu) : L(\lambda)]$, 因此不妨设 $[\lambda] = [\mu]$ 且 λ 和 μ 属于同一个邻接类.

注意到由 $\mathrm{ch}\,\Delta(\mu) = \mathrm{ch}\,\nabla(\mu)$ 可知 $[\Delta(\mu) : L(\lambda)] = [\nabla(\mu) : L(\lambda)]$, 所以不妨来证明 $(P(\lambda) : \Delta(\mu)) = [\nabla(\mu) : L(\lambda)]$. 一方面, 根据定理 5.3.5(4), 有

$$\dim_{\mathbb{C}} \mathrm{Hom}_{\mathcal{O}}(P(\lambda), \nabla(\mu)) = [\nabla(\mu) : L(\lambda)].$$

另一方面, 根据定理 5.2.6, $(P(\lambda) : \Delta(\mu)) = \dim_{\mathbb{C}} \mathrm{Hom}_{\mathcal{O}}(P(\lambda), \nabla(\mu))$. $\qquad\square$

定义 5.3.10 设 $\lambda \in \mathfrak{h}^*$ 是点支配权, $x, y \in W/W_\lambda$, 令

$$d_{x,y} := [\Delta(x \cdot \lambda) : L(y \cdot \lambda)], \quad c_{x,y} := [P(x \cdot \lambda) : L(y \cdot \lambda)].$$

称 $d_{x,y}$ 为**分解数**, 矩阵 $D := (d_{x,y})_{x,y \in W/W_\lambda}$ 为 $\mathcal{O}_\lambda$ 的**分解矩阵**; 而称 $c_{x,y}$ 为 **Cartan 数**, 矩阵 $C := (c_{x,y})_{x,y \in W/W_\lambda}$ 为 $\mathcal{O}_\lambda$ 的 **Cartan 矩阵**.

推论 5.3.11 设 $\lambda \in \mathfrak{h}^*$ 是点支配权, $x, y \in W/W_\lambda$, 则

$$c_{x,y} = \sum_{z \in W/W_\lambda} d_{z,x} d_{z,y}.$$

特别地, Cartan 矩阵 C 是对称矩阵, 从而

$$c_{x,y} = \dim_{\mathbb{C}} \mathrm{Hom}_{\mathcal{O}}(P(y \cdot \lambda), P(x \cdot \lambda)) = \dim_{\mathbb{C}} \mathrm{Hom}_{\mathcal{O}}(P(x \cdot \lambda), P(y \cdot \lambda)) = c_{y,x}.$$

由于范畴 $\mathcal{O}$ 上有反变对偶函子 "$\vee$". 显然它把不可分解投射模 $P(\lambda)$ 变成不可分解内射模 $I(\lambda) := P(\lambda)^\vee$, 把 Verma 模 $\Delta(\lambda)$ 变成余标准模 $\nabla(\lambda) := \Delta(\lambda)^\vee$.

推论 5.3.12 (1) 范畴 $\mathcal{O}$ 中包含足够的内射模;

(2) 设 $\lambda \in \mathfrak{h}^*$, 则 $\{I(w \cdot \lambda) \mid w \in W/W_\lambda\}$ 是 $\mathcal{O}_\lambda$ 中所有不可分解内射模的同构类的完全集;

(3) 设 I 是 $\mathcal{O}$ 中的内射模, L 是有限维模, 则 $I \otimes L$ 也是 $\mathcal{O}$ 中的内射模;

(4) 范畴 $\mathcal{O}$ 中的内射模都存在余标准滤过, 设 $\lambda, \mu \in \mathfrak{h}^*$, 则 $(I(\lambda) : \nabla(\lambda)) = 1$, 而且若 $(I(\lambda) : \nabla(\mu)) \neq 0$, 则 $\mu \geqslant \lambda$;

(5) 设 $\lambda, \mu \in \mathfrak{h}^*$, 则 $(I(\lambda) : \nabla(\mu)) = [\Delta(\mu) : L(\lambda)] = [\nabla(\mu) : L(\lambda)]$.

推论 5.3.13　设 $N \in \mathcal{O}$, 则下述断言等价:

(1) N 有余标准滤过;

(2) $\forall \lambda \in \mathfrak{h}^*$ 以及 $\forall i \geqslant 1$, $\mathrm{Ext}_{\mathcal{O}}^i(\Delta(\lambda), N) = 0$;

(3) $\forall \lambda \in \mathfrak{h}^*$, $\mathrm{Ext}_{\mathcal{O}}^1(\Delta(\lambda), N) = 0$.

定义 5.3.14　设 $\lambda \in \mathfrak{h}^*$, 定义

$$B_\lambda := \left(\mathrm{End}_{\mathcal{O}} \left(\bigoplus_{\mu \in W \cdot \lambda} P(\mu) \right) \right)^{\mathrm{op}}.$$

称 B_λ 为范畴 $\mathcal{O}_\lambda$ 的**基本代数**.

根据推论 4.2.7, B_λ 是 $\mathbb{C}$ 上一个有限维基本代数 (即每个不可约表示都是一维空间).

命题 5.3.15　设 $\lambda \in \mathfrak{h}^*$, 则函子 $\mathrm{Hom}_{\mathcal{O}} \left(\bigoplus_{\mu \in W \cdot \lambda} P(\mu), - \right)$ 定义了范畴 $\mathcal{O}_\lambda$ 和有限维左 B_λ-模范畴之间的等价.

设 $\lambda \in \mathfrak{h}^*$, 记 $\mathscr{C} := \mathcal{O}_\lambda$, $\Delta := \{\Delta(\mu) \mid \mu \in W \cdot \lambda\}$, 定义 Δ 上的偏序: $\Delta(\mu) \geqslant \Delta(\nu)$ 当且仅当 $\mu \geqslant \nu$. 根据我们之前的讨论, 二元组 $(\mathscr{C}, \Delta)$ 满足如下性质:

(i) 设 $M \in \mathscr{C}$, 若对每个 $\Delta(\mu) \in \Delta$, $\mathrm{Hom}_{\mathscr{C}}(\Delta(\mu), M) = 0$, 则 $M = 0$;

(ii) 对每个 $\Delta(\mu) \in \Delta$, 存在一个投射对象 $P(\mu) \in \mathscr{C}$ 以及一个满同态 $\pi : P(\mu) \twoheadrightarrow \Delta(\mu)$, 满足 $\mathrm{Ker}\,\pi$ 具有一个有限滤过, 使得相邻的商都具有形式 $\Delta(\nu) \in \Delta$ 并且 $\Delta(\nu) > \Delta(\mu)$;

(iii) 对每个 $\Delta(\mu) \in \Delta$, $\mathrm{End}_{\mathscr{C}}(\Delta(\mu)) \cong \mathbb{C}$;

(iv) 对任意的 $\Delta(\mu), \Delta(\nu) \in \Delta$, $\mathrm{Hom}_{\mathscr{C}}(\Delta(\mu), \Delta(\nu)) \neq 0$ 当且仅当 $\Delta(\nu) \geqslant \Delta(\mu)$.

一般地, 若 $\mathscr{C}$ 是 $\mathbb{C}$ 上一个有限维代数的有限维模构成的 Abel 范畴, Δ 是 $\mathscr{C}$ 中一族对象带有偏序 "$\geqslant$", 并且满足 (i)—(iv), 则称二元组 $(\mathscr{C}, \Delta)$ 为一个最高权范畴. 特别地, $(\mathcal{O}_\lambda, \Delta)$ 是一个最高权范畴[22]. 事实上, 范畴 $\mathcal{O}$ 的子范畴 $\mathcal{O}_\lambda$ 正是 E. Cline, B. Parshall 与 L. Scott 引入的抽象最高权范畴的最早的原型之一. 进一步, E. Cline, B. Parshall 与 L. Scott[22] 证明了上述最高权范畴一定等价于 $\mathbb{C}$ 上一个有限维拟遗传代数的有限维模范畴.

定理 5.3.16[22]　任取 $\lambda \in P$, 子范畴 $\mathcal{O}_\lambda$ 的基本代数 B_λ 是 $\mathbb{C}$ 上一个有限维的拟遗传代数.

例 5.3.17　设 $\mathfrak{g} = \mathfrak{sl}_2$, $\lambda = -1$, 则 λ 是一个点奇异的点支配 (且点反支配) 整权. 此时在块 $\mathcal{O}_\lambda$ 中只有一个不可约模 $L(-1)$, 并且 $L(-1) = \Delta(-1) = P(-1)$. 所以块 $\mathcal{O}_\lambda$ 的基本代数 $B_\lambda = \mathrm{End}_\mathcal{O}(L(-1)) \cong \mathbb{C}$, 即 $\mathcal{O}_{-1} \cong \mathbb{C}\text{-mod}$.

例 5.3.18　设 $\mathfrak{g} = \mathfrak{sl}_2$, $\lambda = 0$, 则 λ 是一个点正则的点支配整权. 任给 $w \in W$, 采用如下简单记号:

$$L(w) := L(w \cdot 0), \quad \Delta(w) := \Delta(w \cdot 0), \quad P(w) := P(w \cdot 0).$$

在主块 $\mathcal{O}_0$ 中只有两个不可约模 $L(e)$, $L(s)$, 其中 $L(s) = \Delta(s)$, $\Delta(e) = P(e)$. Verma 模 $\Delta(e)$ 具有唯一单头 $L(e)$ 以及唯一的单基座 $L(s)$, 并且这就是 $\Delta(e)$ 的仅有的两个合成因子 (计重数). 不可分解投射模 $P(s)$ 是一个自对偶的投射内射模, 它具有唯一单头 $L(s)$ 以及唯一的单基座 $L(s)$, 并且 $[P(s):L(e)] = 1$, $[P(s):L(s)] = 2$, 并且这就是 $P(s)$ 的仅有的三个合成因子 (计重数). 容易验证 $\dim_\mathbb{C} \mathrm{Hom}_\mathcal{O}(P(s), P(e)) = 1$, $\dim_\mathbb{C} \mathrm{Hom}_\mathcal{O}(P(e), P(s)) = 1$ 并且存在从 $P(e) = \Delta(e)$ 到 $P(s)$ 的一个嵌入, 使得 $P(s)/\Delta(e) \cong \Delta(s) = L(s)$. 所以块 $\mathcal{O}_0$ 的基本代数 B_0 可以用如下的箭图与关系表示:

$$s \underset{b}{\overset{a}{\rightleftarrows}} e\,, \qquad ab = 0.$$

例 5.3.19　设 $\mathfrak{g} = \mathfrak{sl}_3$, $\Pi = \{\alpha_1, \alpha_2\}$. 记 $s = s_{\alpha_1}$, $t = s_{\alpha_2}$, $\lambda := -\Lambda_1$. 则 λ 是一个点奇异的点支配整权, $W_\lambda = \{e, s\}$. 同例 5.3.7一样, 任给 $w \in W$, 采用如下简单记号:

$$L(w) := L(w \cdot \lambda), \quad P(w) := P(w \cdot \lambda).$$

块 $\mathcal{O}_\lambda$ 中只有三个不可约模 $L(e)$, $L(t)$, $L(st)$, 三个不可分解投射模 $P(e)$, $P(t)$, $P(st)$ 的根基滤过对应的分层结构如下所示:

$$P(e) = \begin{matrix} L(e) \\ L(t) \\ L(st) \end{matrix}, \quad P(t) = \begin{matrix} L(t) \\ L(st), L(e) \\ L(t) \\ L(st) \end{matrix}, \quad P(st) = \begin{matrix} L(st) \\ L(t) \\ L(e), L(st) \\ L(t) \\ L(st) \end{matrix}.$$

不难验证块 $\mathcal{O}_\lambda$ 的基本代数 B_λ 可以用如下的箭图与关系表示:

$$st \underset{\beta}{\overset{\alpha}{\rightleftarrows}} t \underset{\delta}{\overset{\gamma}{\rightleftarrows}} e\,, \qquad \gamma\delta = 0, \quad \alpha\beta = \delta\gamma.$$

习　题　5.3

习题 5.3.20　设 P, Q 是 $\mathcal{O}$ 中的两个投射模, 证明 $P \cong Q$ 当且仅当 $\mathrm{ch}\, P = \mathrm{ch}\, Q$. 进一步, 全体不可分解投射模所对应的同构类 $[P(\lambda)]$ 构成 $K(\mathcal{O})$ 的一组基.

习题 5.3.21　设 L 是 $\mathcal{O}$ 中一个有限维模, 若 $N \in \mathcal{O}$ 有余标准滤过, 则 $N \otimes L$ 也有余标准滤过.

第6章 Verma 模的结构与同态

本章将研究 Verma 模以及它们的不可约商模的结构, 这包括 Verma 模是单模与是投射模的判别准则, Verma 模的基座以及 Verma 模之间同态的构造等. 但其中最核心的问题是关于 Verma 模中不可约模的合成因子重数的计算问题, 后者最终导致了著名的 Kazhdan-Lusztig 猜想. 为简单起见, 本章中只考虑整权 $\lambda \in P$ 所对应的块子范畴 $\mathcal{O}_\lambda$.

6.1 Verma 模之间的同态

首先证明每个 Verma 模都有唯一的单子模, 这其实是一个只与无右零因子的左 Noether 环有关的一般结果.

引理 6.1.1 设 R 是一个无右零因子的左 Noether 环, 则 R 的任何两个非零左理想有非平凡交.

证明 反证法, 假若存在 R 的两个非零左理想有平凡交 (即零理想), 则一定存在 R 的非零左理想 I 以及 $0 \neq x \in R$, 使得 $I \cap Rx = \{0\}$. 任给 $n \in \mathbb{Z}^{\geqslant 1}$, 设 $a_0, a_1, \cdots, a_n \in I$, 使得 $a_n \neq 0$. 我们往证

$$a_0 + a_1 x + \cdots + a_n x^n \notin I + Ix + \cdots + Ix^{n-1}.$$

若不然, 则存在 $b_0, b_1, \cdots, b_{n-1} \in I$, 使得

$$a_0 + a_1 x + \cdots + a_n x^n = b_0 + b_1 x + \cdots + b_{n-1} x^{n-1},$$

即 $c_0 + c_1 x + \cdots + c_{n-1} x^{n-1} + c_n x^n = 0$, 其中 $c_i = a_i - b_i \, (0 \leqslant i \leqslant n-1)$, $c_n = a_n$. 则 $c_0 = -(c_1 + c_2 x + \cdots + c_n x^{n-1}) x \in I \cap Rx = \{0\}$, 所以 $c_0 = 0$. 由已知 R 不含右零因子, 所以 $c_1 + c_2 x + \cdots + c_n x^{n-1} = 0$. 对 n 进行归纳即得 $c_0 = c_1 = \cdots = c_n = 0$. 特别地, $a_n = 0$. 矛盾! 所以, $a_0 + a_1 x + \cdots + a_n x^n \notin I + Ix + \cdots + Ix^{n-1}$, 这意味着 $I + Ix + \cdots + Ix^{n-1}$ 真包含于 $I + Ix + \cdots + Ix^n$. 所以可以得到 R 的一个无限长左理想升链:

$$I \subset I + Ix \subset \cdots \subset I + Ix + \cdots + Ix^n \subset \cdots.$$

这与 R 是左 Noether 环矛盾! $\qquad\square$

定理 6.1.2 设 $\lambda \in P$, 则 Verma 模 $\Delta(\lambda)$ 的基座是单的, 即 $\Delta(\lambda)$ 有唯一的单子模.

证明　设 $\Delta(\lambda) = U(\mathfrak{n}^-)v_\lambda$, 其中 v_λ 是权为 λ 的最高权向量. 回忆下述典范左 $U(\mathfrak{n}^-)$-模同构

$$\mathrm{can} : U(\mathfrak{n}^-) \longrightarrow \Delta(\lambda), \qquad x \mapsto x \cdot v_\lambda.$$

假若 L, L' 是 $\Delta(\lambda)$ 的两个不同的非零单子模, 则 $L \cap L' = \{0\}$. 另一方面, 令 $I := \mathrm{can}^{-1}(L)$, $I' := \mathrm{can}^{-1}(L')$, 则 I 和 I' 是 $U(\mathfrak{n}^-)$ 的两个非零左理想且 $I \cap I' = \{0\}$. 但 $U(\mathfrak{n}^-)$ 是不含右零因子的左 Noether 环, 应用引理 6.1.1 我们得出矛盾! 因此, $\Delta(\lambda)$ 仅包含唯一的单子模. □

定理 6.1.3　设 $\lambda, \mu \in P$.

(1) 每个非零同态 $\varphi \in \mathrm{Hom}_{\mathcal{O}}(\Delta(\mu), \Delta(\lambda))$ 都是单射;

(2) $\dim_{\mathbb{C}} \mathrm{Hom}_{\mathcal{O}}(\Delta(\mu), \Delta(\lambda)) \leqslant 1$;

(3) 若 $L(\mu)$ 是 Verma 模 $\Delta(\lambda)$ 的一个单子模, 则单模 $L(\mu)$ 本身也是一个 Verma 模.

证明　(1) 设 $\Delta(\mu) = U(\mathfrak{n}^-)v_\mu$, $\Delta(\lambda) = U(\mathfrak{n}^-)v_\lambda$, 其中 v_μ 是 $\Delta(\mu)$ 的最高权向量, v_λ 是 $\Delta(\lambda)$ 的最高权向量. 考虑典范左 $U(\mathfrak{n}^-)$-模同构

$$\mathrm{can}_1 : U(\mathfrak{n}^-) \longrightarrow \Delta(\mu), \qquad x \mapsto x \cdot v_\mu$$

以及

$$\mathrm{can}_2 : U(\mathfrak{n}^-) \longrightarrow \Delta(\lambda), \qquad x \mapsto x \cdot v_\lambda.$$

令 $\widetilde{\varphi} := \mathrm{can}_2^{-1} \circ \varphi \circ \mathrm{can}_1$, $u := \mathrm{can}_2^{-1} \circ \varphi(v_\mu) \neq 0$, 则

$$\widetilde{\varphi} : U(\mathfrak{n}^-) \longrightarrow U(\mathfrak{n}^-), \qquad x \mapsto xu$$

是 $U(\mathfrak{n}^-)$ 上的非零自同态. 由于 $U(\mathfrak{n}^-)$ 不含右零因子, 所以 $\widetilde{\varphi}$ 是单射, 进而 φ 也是单射.

(2) 设 φ_1, $\varphi_2 \in \mathrm{Hom}_{\mathcal{O}}(\Delta(\mu), \Delta(\lambda))$ 是两个非零同态, 根据 (1), φ_1 和 φ_2 都是单射. 根据定理 6.1.2, 设 L 是 $\Delta(\mu)$ 的唯一的单子模, 令 $L_1 := \varphi_1(L)$, $L_2 := \varphi_2(L)$, 则 L_1 和 L_2 都是 $\Delta(\lambda)$ 的单子模, 从而 $L_1 = L_2$, 根据 Schur 引理, 存在非零常数 c, 使得 $(\varphi_1 - c\varphi_2)(L) = 0$, 再利用 (1), 可知 $\varphi_1 - c\varphi_2 = 0$.

(3) 根据 Verma 模的泛性质, 存在从 $\Delta(\mu)$ 到 $L(\mu)$ 的满同态 φ. 另外, 将 φ 看作是 $\Delta(\mu)$ 到 $\Delta(\lambda)$ 的非零同态, 利用 (1) 即得 φ 是单射, 所以 φ 必须是同构, 即 $\Delta(\mu) \cong L(\mu)$. □

回忆第 3 章中的符号, $\Pi = \{\alpha_1, \cdots, \alpha_\ell\}$ 是单根集. 对任意 $1 \leqslant i \leqslant \ell$, 选取非零元素 $x_i \in \mathfrak{g}_{\alpha_i}$, $y_i \in \mathfrak{g}_{-\alpha_i}$, $h_i \in \mathfrak{h}$, 满足 $[h_i, x_i] = 2x_i$, $[h_i, y_i] = -2y_i$ 以及 $[x_i, y_i] = h_i$.

引理 6.1.4　设 $\lambda \in P$, $\alpha_i \in \Pi$, $n := \langle \lambda, \alpha_i^\vee \rangle$, $\Delta(\lambda) = U(\mathfrak{g})v_\lambda$, 其中 v_λ 是最高权向量. 若 $n \in \mathbb{Z}^{\geqslant 0}$, 令 $\mu := \lambda - (n+1)\alpha_i < \lambda$, 则 $v := y_i^{n+1} \cdot v_\lambda \in \Delta(\lambda)$ 是一个权为 μ 的极大向量. 进一步, 设 $\Delta(\mu) = U(\mathfrak{g})v_\mu$, 其中 v_μ 是最高权向量, 则存在从

$\Delta(\mu)$ 到 $\Delta(\lambda)$ 的单同态 φ, 使得 $\varphi(v_\mu) = v$. 特别地, $\operatorname{Im}\varphi \cong \Delta(\mu)$ 落在 $\Delta(\lambda)$ 的唯一的极大子模 $N(\lambda)$ 中.

证明 应用推论 3.1.14 与定理 6.1.3(1) 即得. □

推论 6.1.5 设 $\lambda \in P$, $\alpha_i \in \Pi$, 若 $\langle \lambda + \rho, \alpha_i^\vee \rangle = 0$, 则 $\Delta(s_{\alpha_i} \cdot \lambda) = \Delta(\lambda)$; 若 $\langle \lambda + \rho, \alpha_i^\vee \rangle \in \mathbb{Z}^{>0}$, 则 $\Delta(s_{\alpha_i} \cdot \lambda) \subset \Delta(\lambda)$.

证明 若 $\langle \lambda + \rho, \alpha_i^\vee \rangle = 0$, 则 $s_{\alpha_i} \cdot \lambda = \lambda$, 结论自然成立. 若 $\langle \lambda + \rho, \alpha_i^\vee \rangle > 0$, 即 $\langle \lambda, \alpha_i^\vee \rangle \geqslant 0$, 则根据引理 6.1.4, $\Delta(\lambda)$ 中存在同构于 $\Delta\big(\lambda - (\langle \lambda, \alpha_i^\vee \rangle + 1)\alpha_i\big) = \Delta(s_{\alpha_i} \cdot \lambda)$ 的真子模. □

命题 6.1.6 设 $\lambda \in P$ 是点支配整权, 则任给 $w \in W$, $\Delta(w \cdot \lambda) \subseteq \Delta(\lambda)$, 进而 $[\Delta(\lambda) : L(w \cdot \lambda)] > 0$. 特别地, 若 $w = s_{i_n} \cdots s_{i_1}$ 是一个既约表达式, 其中 $s_{i_k} := s_{\alpha_{i_k}}$ 是对应于单根 $\alpha_{i_k} \in \Pi$ 的单反射, 则有一串 $U(\mathfrak{g})$-模嵌入

$$\Delta(w \cdot \lambda) = \Delta(\lambda_n) \subseteq \Delta(\lambda_{n-1}) \subseteq \cdots \subseteq \Delta(\lambda_1) \subseteq \Delta(\lambda_0) = \Delta(\lambda),$$

这里

$$\lambda_0 := \lambda, \quad \lambda_n = w \cdot \lambda, \quad \lambda_k = s_{i_k} \cdot \lambda_{k-1} \leqslant \lambda_{k-1}, \qquad k = 1, 2, \cdots, n.$$

证明 对 w 的长度 $\ell(w)$ 归纳, 若 $\ell(w) = 0$, 结论是平凡的. 下设 $\ell(w) = n > 0$, $w = s_{i_n} \cdots s_{i_1}$ 是 w 的一个既约表达式. 令 $w_{n-1} = s_{i_{n-1}} \cdots s_{i_1}$, 则 $w_{n-1}^{-1}(\alpha_{i_n}) \in \Phi^+$. 那么

$$\begin{aligned}
\langle \lambda_{n-1} + \rho, \alpha_{i_n}^\vee \rangle &= \langle w_{n-1} \cdot \lambda + \rho, \alpha_{i_n}^\vee \rangle = \langle w_{n-1}(\lambda + \rho), \alpha_{i_n}^\vee \rangle \\
&= \langle \lambda + \rho, w_{n-1}^{-1}(\alpha_{i_n})^\vee \rangle \in \mathbb{Z}^{\geqslant 0}.
\end{aligned}$$

根据推论 6.1.5 知 $\Delta(\lambda_{n-1})$ 中存在同构于 $\Delta(\lambda_n) = \Delta(s_{i_n} \cdot \lambda_{n-1})$ 的子模. □

设 $\mathfrak{a}$ 是任意一个李代数, $U(\mathfrak{a})$ 是 $\mathfrak{a}$ 的普遍包络代数. 回忆 (注记 1.7.5)$U(\mathfrak{a})$ 上的Hopf 代数结构 $(U(\mathfrak{a}), \Delta, \varepsilon, S)$, 其中 $\Delta : U(\mathfrak{a}) \to U(\mathfrak{a}) \otimes U(\mathfrak{a})$, $\varepsilon : U(\mathfrak{a}) \to \mathbb{C}$ 是代数同态, $S : U(\mathfrak{a}) \to U(\mathfrak{a})$ 是反代数同态, 满足

$$\Delta(x) = x \otimes 1 + 1 \otimes x, \quad \varepsilon(x) = 0, \quad S(x) = -x, \qquad \forall\, x \in \mathfrak{a}.$$

设 $a \in U(\mathfrak{a})$, 记 $\Delta(a) = \sum a_{(1)} \otimes a_{(2)}$, Hopf 代数 $U(\mathfrak{a})$ 可按如下方式成为左 $U(\mathfrak{a})$-模: $\forall\, a \in U(\mathfrak{a})$,

$$a \cdot b = \sum a_{(1)} b S(a_{(2)}), \qquad \forall\, b \in U(\mathfrak{a}).$$

称上述表示为 $U(\mathfrak{a})$ 的**伴随表示**, 用 $\operatorname{ad} a$ 表示 a 在 $U(\mathfrak{a})$ 上的作用. 设 $x \in \mathfrak{a}$, 容易验证 $\operatorname{ad} x$ 是 $U(\mathfrak{a})$ 上的导子, 即 $\operatorname{ad} x(ab) = \operatorname{ad} x(a)b + a \operatorname{ad} x(b)$, $\forall\, a, b \in U(\mathfrak{a})$.

引理 6.1.7　设 $\mathfrak{a}$ 是一个幂零李代数, $x \in \mathfrak{a}, u \in U(\mathfrak{a})$. 设 n 是一个正整数, 则存在依赖于 x 和 u 的正整数 t 使得 $x^t u \in U(\mathfrak{a})x^n$.

证明　设 l_x 和 r_x 分别表示 $U(\mathfrak{a})$ 上左乘和右乘 x 的线性变换, 则 $\mathrm{ad}\,x = l_x - r_x$. 由于 $\mathfrak{a}$ 是幂零李代数, $\mathrm{ad}\,x$ 是导子, 所以存在正整数 $q > 0$ 使得 $(\mathrm{ad}\,x)^q u = 0$, 其中 q 的选取依赖于 x 和 u. 取一个正整数 $t \geqslant q + n$, 则

$$
\begin{aligned}
x^t u = (l_x)^t u &= (r_x + \mathrm{ad}\,x)^t u \\
&= \sum_{i=0}^{t} \binom{t}{i} r_x^{t-i} (\mathrm{ad}\,x)^i u \\
&= \sum_{i=0}^{q} \binom{t}{i} ((\mathrm{ad}\,x)^i u) x^{t-i} \in U(\mathfrak{a}) u^{t-q}.
\end{aligned}
$$

注意到 $t - q \geqslant n$, 结论得证.　　□

引理 6.1.8　设 $\mathfrak{a}$ 是一个李代数, 若 $x, y, h \in \mathfrak{a}$ 满足

$$
[h, x] = 2x, \quad [h, y] = -2y, \quad [x, y] = h,
$$

则 $\forall t \in \mathbb{Z}^{>0}$, 有

$$
[x, y^t] = ty^{t-1}(h - t + 1).
$$

证明　对 t 进行归纳即可.　　□

引理 6.1.9　设 $\lambda, \mu \in P, \alpha_i \in \Pi, n := \langle \lambda + \rho, \alpha_i^\vee \rangle \in \mathbb{Z}$. 若存在 $U(\mathfrak{g})$-模嵌入

$$
\Delta(s_{\alpha_i} \cdot \mu) \subseteq \Delta(\mu) \subseteq \Delta(\lambda).
$$

则对于 $\Delta(s_{\alpha_i} \cdot \lambda)$ 只存在如下两种可能:

(1) 若 $n \leqslant 0$, 则 $\Delta(\lambda) \subseteq \Delta(s_{\alpha_i} \cdot \lambda)$;

(2) 若 $n > 0$, 则 $\Delta(s_{\alpha_i} \cdot \mu) \subseteq \Delta(s_{\alpha_i} \cdot \lambda) \subset \Delta(\lambda)$.

证明　(1) 设 $n \leqslant 0$, 则

$$
\langle s_{\alpha_i} \cdot \lambda + \rho, \alpha_i^\vee \rangle = \langle s_{\alpha_i}(\lambda + \rho), \alpha_i^\vee \rangle = \langle \lambda + \rho, -\alpha_i^\vee \rangle = -n \in \mathbb{Z}^{\geqslant 0},
$$

根据推论 6.1.5 可知 $\Delta(\lambda) \subseteq \Delta(s_{\alpha_i} \cdot \lambda)$.

(2) 设 $n = \langle \lambda + \rho, \alpha_i^\vee \rangle > 0$, 根据推论 6.1.5 可知 $\Delta(s_{\alpha_i} \cdot \lambda) \subset \Delta(\lambda)$, 下面来证明 $\Delta(s_{\alpha_i} \cdot \mu) \subseteq \Delta(s_{\alpha_i} \cdot \lambda)$.

设 $\Delta(\lambda) = U(\mathfrak{g})v_\lambda$, 其中 v_λ 是 $\Delta(\lambda)$ 的最高权向量, 则 $y_i^n \cdot v_\lambda$ 是 $\Delta(s_{\alpha_i} \cdot \lambda)$ 中的最高权向量.

设 $\Delta(\mu) = U(\mathfrak{g})v_\mu$, 其中 v_μ 是 $\Delta(\mu)$ 的最高权向量, 因为 $\Delta(s_{\alpha_i} \cdot \mu) \subseteq \Delta(\mu)$, 所以

$$
s := \langle \mu + \rho, \alpha_i^\vee \rangle \in \mathbb{Z}^{\geqslant 0},
$$

从而 $y_i^s \cdot v_\mu$ 是 $\Delta(s_{\alpha_i} \cdot \mu)$ 中的最高权向量.

因为 $\Delta(\mu) \subseteq \Delta(\lambda)$, 所以存在 $u \in U(\mathfrak{n}^-)$, 使得 $u \cdot v_\lambda = v_\mu$, 根据引理 6.1.7, 存在 $t \in \mathbb{Z}^{>0}$ 使得 $y_i^t u \in U(\mathfrak{n}^-)y_i^n$, 因此

$$y_i^t \cdot v_\mu = y_i^t u \cdot v_\lambda \in U(\mathfrak{n}^-)y_i^n \cdot v_\lambda \subseteq \Delta(s_{\alpha_i} \cdot \lambda). \tag{6.1.1}$$

根据引理 6.1.7 的证明过程, 可令 $t > s = \langle \mu, \alpha_i^\vee \rangle + 1$. 这时, 利用引理 6.1.8 可得

$$[x_i, y_i^t] \cdot v_\mu = t y_i^{t-1}(h_i - t + 1) \cdot v_\mu = (s-t) t y_i^{t-1} \cdot v_\mu. \tag{6.1.2}$$

另一方面, 根据式 (6.1.1) 可得

$$[x_i, y_i^t] \cdot v_\mu = x_i y_i^t \cdot v_\mu - y_i^t x_i \cdot v_\mu = x_i y_i^t \cdot v_\mu \in \Delta(s_{\alpha_i} \cdot \lambda). \tag{6.1.3}$$

结合式 (6.1.2) 和 (6.1.3) 可知 $y_i^{t-1} \cdot v_\mu \in \Delta(s_{\alpha_i} \cdot \lambda)$. 若 $t-1 = s$, 则 $y_i^s \cdot v_\mu \in \Delta(s_{\alpha_i} \cdot \lambda)$, 若 $t-1 > s$, 则结合 $y_i^{t-1} \cdot v_\mu \in \Delta(s_{\alpha_i} \cdot \lambda)$, 在式 (6.1.2) 和 (6.1.3) 中将 t 换作 $t-1$ 仍成立, 进而得 $y_i^{t-2} \cdot v_\mu \in \Delta(s_{\alpha_i} \cdot \lambda)$, 重复进行下去. 最终得到 $y_i^s \cdot v_\mu \in \Delta(s_{\alpha_i} \cdot \lambda)$, 结论得证. □

定理 6.1.10 设 $\lambda \in P$, $\alpha \in \Phi^+$, 使得 $\mu = s_\alpha \cdot \lambda \leqslant \lambda$, 则存在 $U(\mathfrak{g})$-模嵌入: $\Delta(\mu) \hookrightarrow \Delta(\lambda)$.

证明 若 $\mu = \lambda$, 结论自然成立, 下设 $\mu < \lambda$. 因为 $\mu \in P$, 所以存在 $w \in W$, 使得 $\mu' = w^{-1} \cdot \mu \in P^+ - \rho$, 设 $w = s_{i_n} \cdots s_{i_1}$ 是一个既约表达式, 其中 $s_{i_k} := s_{\alpha_{i_k}}$, $\alpha_{i_k} \in \Pi$, 根据命题 6.1.6, 存在下述 Verma 模的嵌入:

$$\Delta(\mu) = \Delta(\mu_n) \subseteq \Delta(\mu_{n-1}) \subseteq \cdots \subseteq \Delta(\mu_0) = \Delta(\mu'),$$

其中 $\mu_0 := \mu'$, $\mu_k := s_{i_k} \cdots s_{i_1} \cdot \mu'$, $\forall k = 1, \cdots, n$. 此外, $\mu_0 = \mu' \geqslant \mu_1 \geqslant \cdots \geqslant \mu = \mu_n$. 定义

$$\lambda' := w^{-1} \cdot \lambda, \quad \lambda_0 := \lambda', \quad \lambda_k := s_{i_k} \cdots s_{i_1} \cdot \lambda', \qquad k = 1, \cdots, n.$$

令

$$w_n := 1, \quad w_k := s_{i_n} \cdots s_{i_{k+1}}, \quad \beta_k' := w_k^{-1}(\alpha), \qquad k = 0, 1, \cdots, n-1.$$

对每个 $0 \leqslant k \leqslant n-1$, 若 $\beta_k' > 0$, 则令 $\beta_k := \beta_k'$; 否则, 令 $\beta_k := -\beta_k'$. 则 $s_{\beta_k} = w_k^{-1} s_\alpha w_k$, 直接验证 $\mu_k = s_{\beta_k} \cdot \lambda_k$. 特别地, $\mu_k - \lambda_k$ 是正根 β_k 的非零整数倍 (因为 $\mu' \neq \lambda'$).

注意到 μ' 和 λ' 同属于邻接类 $W \cdot \lambda$, 因为 μ' 是点支配权, 所以 μ' 是 $W \cdot \lambda$ 中的最大元. 特别地, $\mu_0 = \mu' > \lambda' = \lambda_0$, 又因为 $\mu_n = \mu < \lambda_n = \lambda$, 所以存在某个 t, 使得 $\mu_t > \lambda_t$ 且 $\mu_{t+1} < \lambda_{t+1}$.

　　对于上述 t, 注意到 $\mu_{t+1} - \lambda_{t+1} = s_{i_{t+1}}(\mu_t - \lambda_t)$, 根据 t 的选取可知 $\mu_{t+1} - \lambda_{t+1}$ 是 β_{t+1} 的负整数倍, $\mu_t - \lambda_t$ 是 β_t 的正整数倍, 又 $s_{i_{t+1}}$ 将 $\alpha_{i_{t+1}}$ 变成 $-\alpha_{i_{t+1}}$, 而把其他正根仍然变成正根, 所以 $\beta_t = \beta_{t+1} = \alpha_{i_{t+1}}$. 注意到 $\mu_{t+1} = s_{i_{t+1}} \cdot \lambda_{t+1}$ 且 $\mu_{t+1} < \lambda_{t+1}$, 根据推论 6.1.5, $\Delta(\mu_{t+1}) \subset \Delta(\lambda_{t+1})$.

　　因为 $\mu_{t+2} \leqslant \mu_{t+1}$, 有

$$\Delta(\mu_{t+2}) = \Delta(s_{i_{t+2}} \cdot \mu_{t+1}) \subseteq \Delta(\mu_{t+1}) \subset \Delta(\lambda_{t+1}),$$

这时利用引理 6.1.9 可得

$$\Delta(\mu_{t+2}) = \Delta(s_{i_{t+2}} \cdot \mu_{t+1}) \subset \Delta(s_{i_{t+2}} \cdot \lambda_{t+1}) = \Delta(\lambda_{t+2}).$$

　　重复上述讨论, 最终可得 $\Delta(\mu) = \Delta(\mu_n) \subset \Delta(\lambda_n) = \Delta(\lambda)$. 　　　　□

　　例 6.1.11　设 $\mathfrak{g} = \mathfrak{sl}_3$, $\Pi = \{\alpha_1, \alpha_2\}$. 记 $s = s_{\alpha_1}$, $t = s_{\alpha_2}$, $\lambda := -\Lambda_1$. 则 λ 是一个点奇异的点支配整权, $W_\lambda = \{e, s\}$. 与例 5.3.7 一样, 任给 $w \in W$, 采用如下简单记号:

$$L(w) := L(w \cdot \lambda), \quad \Delta(w) := \Delta(w \cdot \lambda).$$

在块 $\mathcal{O}_\lambda$ 中只有三个不可约模 $L(e)$, $L(t)$, $L(st)$, 对应于三个 Verma 模 $\Delta(e)$, $\Delta(t)$, $\Delta(st)$, 它们的根基滤过对应的分层结构如下所示:

$$\Delta(e) = \begin{array}{c} L(e) \\ L(t) \\ L(st) \end{array}, \quad \Delta(t) = \begin{array}{c} L(t) \\ L(st) \end{array}, \quad \Delta(st) = L(st).$$

并且存在 $U(\mathfrak{g})$-模嵌入:

$$\Delta(st) \hookrightarrow \Delta(t) \hookrightarrow \Delta(e).$$

6.2　单 Verma 模、投射 Verma 模及投射内射模

　　本节将研究 Verma 模是单模或是投射模的判别准则. 最后我们还要给出不可分解投射内射模的分类.

　　定理 6.2.1　设 $\lambda \in P$, 则 $\Delta(\lambda)$ 是单模 (进而等于 $L(\lambda)$) 当且仅当 λ 是点反支配权.

　　证明　充分性是引理 4.3.8 的特殊情形. 下面来证明必要性: 设 $\Delta(\lambda)$ 是单模 (进而等于 $L(\lambda)$), 如果 λ 不是点反支配权, 则存在 $\alpha \in \Pi$ 使得 $\langle \lambda + \rho, \alpha^\vee \rangle > 0$, 根据推论 6.1.5, $\Delta(s_\alpha \cdot \lambda) \subset \Delta(\lambda) = L(\lambda)$, 矛盾! 　　　　□

　　利用定理 6.2.1、定理 6.1.2 以及定理 6.1.3(3) 可得下述推论.

推论 6.2.2 设 λ 是点反支配整权, 则对所有 $w \in W$, $\operatorname{soc} \Delta(w \cdot \lambda) \cong L(\lambda)$.

推论 6.2.3 设 λ 是点反支配整权, 则对所有 $w \in W$, 投射模 $P(w \cdot \lambda)$ 的基座 $\operatorname{soc} P(w \cdot \lambda)$ 是一些同构于 $L(\lambda)$ 的单模的直和.

证明 根据定理 5.3.6, $P(w \cdot \lambda)$ 有标准滤过

$$0 = M_0 \subset M_1 \subset \cdots \subset M_n = P(w \cdot \lambda),$$

其中每个 M_i/M_{i-1} 同构于某个 $\Delta(x \cdot \lambda)$, $x \in W$. 现在设 L 是 $\operatorname{soc} P(w \cdot \lambda)$ 的一个单子模, 用 i 表示最小的指标使得 $L \subseteq M_i$, 从而 $L \cap M_{i-1} = 0$, 于是 L 必定嵌入某个 $\Delta(x \cdot \lambda)$, $x \in W$, 由推论 6.2.2 可知 $L \cong L(\lambda)$. $\qquad\square$

定理 6.2.4 设 $\lambda \in P$, 则 $\Delta(\lambda)$ 是投射模 (进而等于 $P(\lambda)$) 当且仅当 λ 是点支配权.

证明 充分性是引理 5.3.2(1) 的特殊情形. 下面证明必要性: 设 $\Delta(\lambda)$ 是投射模 (进而等于 $P(\lambda)$), 若 λ 不是点支配权, 则存在 $w \in W$, 使得 $w \cdot \lambda$ 是点支配权并且 $w \cdot \lambda > \lambda$, 由该引理的充分性知 $\Delta(w \cdot \lambda) = P(w \cdot \lambda)$, 再根据命题 6.1.6, 存在一个嵌入 $\Delta(\lambda) \hookrightarrow \Delta(w \cdot \lambda)$. 特别地, $\operatorname{Hom}_{\mathcal{O}}(\Delta(\lambda), \Delta(w \cdot \lambda)) \neq 0$, 又 $\Delta(\lambda) = P(\lambda)$, 于是我们可应用推论 5.3.11 推断 $\operatorname{Hom}_{\mathcal{O}}(\Delta(w \cdot \lambda), \Delta(\lambda)) \neq 0$, 从而 $w \cdot \lambda \leqslant \lambda$, 矛盾! $\qquad\square$

例 6.2.5 注意 $-\rho$ 既是点支配整权, 也是点反支配整权, 所以 $\Delta(-\rho) = L(-\rho) = P(-\rho)$. 特别地, $P(-\rho) = L(-\rho) \cong L(-\rho)^{\vee} \cong P(-\rho)^{\vee}$, 从而 $P(-\rho)$ 是一个自对偶的投射内射模.

对于 $\mathcal{O}$ 中的一个模 M, 若 M 既是投射模又是内射模, 则称 M 是**投射内射模**.

定理 6.2.6 设 $\lambda \in P$, 则 $P(\lambda)$ 是内射模 (进而是投射内射模) 当且仅当 $P(\lambda)$ 自对偶, 也当且仅当 λ 是点反支配权, 此时 $\operatorname{soc} P(\lambda) \cong L(\lambda)$.

证明 若 $P(\lambda)$ 自对偶, 则显然 $P(\lambda)$ 是内射模 (进而是投射内射模). 现在假设 $P(\lambda)$ 是内射模, 则 $P(\lambda)^{\vee}$ 也是一个投射内射模, 特别地, $P(\lambda)^{\vee}$ 有标准滤过. 注意到 $\operatorname{soc}(P(\lambda)^{\vee}) \cong L(\lambda)$, 所以 $L(\lambda)$ 必定作为子模含在某个 Verma 模中, 根据定理 6.1.3(3) 和定理 6.2.1, λ 一定是点反支配整权.

剩下只需证明若 λ 是点反支配整权, 则 $P(\lambda)$ 自对偶. 假设 λ 是点反支配整权, 则 $w_0 \cdot \lambda$ 是点支配整权. 特别地, $L(w_0 \cdot \lambda + \rho)$ 是一个有限维不可约 $U(\mathfrak{g})$-模, 令 $T := \Delta(-\rho) \otimes L(w_0 \cdot \lambda + \rho)$, 注意到 $\Delta(-\rho)$ 是投射内射模, 则根据引理 5.3.2 与推论 5.3.12, T 是投射内射模. 记 $\chi := \chi_\lambda$, 用 T^{χ} 表示 T 对应于中心特征标 χ 的相应的直和项.

回忆 (定理 5.2.1) T 有标准滤过, 其中 $\Delta(-\rho + \mu)$ 作为相邻商出现的重数等于有限维不可约表示 $L(w_0 \cdot \lambda + \rho)$ 的 μ-权空间的维数. 一方面, $-\rho + \mu$ 与 λ 相邻接当且仅当 $\mu \in W(\lambda + \rho) = W(w_0 \cdot \lambda + \rho)$, 而 $\forall \mu \in W(w_0 \cdot \lambda + \rho)$, $L(w_0 \cdot \lambda + \rho)$ 的 μ-权空间总是一维的, 所以 $\forall w \in W$, $(T : \Delta(w \cdot \lambda)) = 1$. 另一方面, 作为 T 的直和

项, 我们知道 T^χ 也有标准滤过且 $(T^\chi : \Delta(\nu)) \neq 0$ 仅当 $\nu \in W \cdot \lambda$. 因此, 综上所述可以推断 T^χ 有一个标准滤过使得 $\{\Delta(w \cdot \lambda) \mid w \in W\}$ 是该滤过中的全部相邻商同构类且 $\forall w \in W$, $(T^\chi : \Delta(w \cdot \lambda)) = 1$.

注意到 $\lambda + \rho$ 是 $L(w_0 \cdot \lambda + \rho)$ 的最低权, 而 $w_0 \cdot \lambda + \rho$ 是 $L(w_0 \cdot \lambda + \rho)$ 的最高权. 根据习题 5.2.8, $\Delta(\lambda)$ 是 T^χ 的一个商模, $\Delta(w_0 \cdot \lambda)$ 同构于 T^χ 的一个子模, 而 λ 是点反支配整权意味着 $\Delta(\lambda) = L(\lambda)$ 不可约, 这说明 $P(\lambda)$ 必须作为直和项出现在投射内射模 T^χ 的一个分解中, 特别地 $\forall w \in W$, $(P(\lambda) : \Delta(w \cdot \lambda)) \leqslant 1$. 又根据 BGG 互反律和推论 6.2.2, $(P(\lambda) : \Delta(w \cdot \lambda)) = [\Delta(w \cdot \lambda) : L(\lambda)] \geqslant 1$. 所以 $\forall w \in W$, $(P(\lambda) : \Delta(w \cdot \lambda)) = 1$, 进而 $T^\chi = P(\lambda)$. 最后, 根据推论 6.2.2, $L(\lambda)$ 是 $\Delta(w_0 \cdot \lambda)$ 的子模, 从而也是 $P(\lambda)$ 的子模, 又 $P(\lambda)$ 作为 T 的直和项是不可分解内射模, 所以 $P(\lambda) \cong I(\lambda) \cong (P(\lambda))^\vee$. □

6.3　Kazhdan-Lusztig 理论

计算不可约模的特征标是范畴 $\mathcal{O}$ 理论中一个最核心的问题, 与之等价的问题是范畴 $\mathcal{O}$ 中分解数的计算, 即对于任意的 Verma 模 $\Delta(\lambda)$, 计算 $\Delta(\lambda)$ 的所有合成因子重数 $[\Delta(\lambda) : L(\mu)]$. 根据前面两章的讨论, 只需对每个与点支配整权 $\lambda \in P$ 对应的块子范畴 $\mathcal{O}_\lambda$ 来考虑这两个问题. 进一步, 只需对任意的 $x, y \in W/W_\lambda$ 且 $x \cdot \lambda \geqslant y \cdot \lambda$ 来计算分解数 $d_{x,y} = [\Delta(x \cdot \lambda) : L(y \cdot \lambda)]$. 为了回答这个问题, D. Kazhdan 与 G. Lusztig[59] 提出了著名的 Kazhdan-Lusztig 猜想, 该猜想在 1981 年分别被 A. Beilinson 与 J. Bernstein[7] 以及 J. Brylinski 与 M. Kashiwara[14] 所解决, 其证明所用到的一些深刻的几何工具如 D 模、相交上同调等都超出了本书的范围. 本节将不加证明地给出 Hecke 代数、Kazhdan-Lusztig 多项式的定义以及关于范畴 $\mathcal{O}_\lambda$ 的 Kazhdan-Lusztig 理论的主要结果, 进一步的细节可参看文献 [38].

回忆 $\Pi = \{\alpha_1, \cdots, \alpha_\ell\}$, Weyl 群 W 可由单反射

$$S := \{s_i := s_{\alpha_i} \mid 1 \leqslant i \leqslant \ell\}$$

生成. 若 $w = s_{i_1} \cdots s_{i_k}$, 其中 $1 \leqslant i_1, \cdots, i_k \leqslant \ell$, 使得 k 最小, 则称 $s_{i_1} \cdots s_{i_k}$ 是 w 的一个既约表达式, 并称 w 的长度为 k, 记作 $\ell(w) = k$. 用 "$\leqslant$" 表示 W 上的 **Bruhat 偏序**[45], 则 $u \leqslant w$ 当且仅当存在 w 的一个既约表达式 $s_{i_1} \cdots s_{i_k}$ 以及 $1 \leqslant t_1 < \cdots < t_a \leqslant k$ 使得 $u = s_{i_{t_1}} \cdots s_{i_{t_a}}$.

注记 6.3.1　设 $\lambda \in P$ 是点支配整权, 根据习题 4.3.10, W_λ 是 W 的一个标准抛物子群, W_λ 在 W 中的每个左陪集都包含唯一一个极大长度的元素, 用 W^λ 表示 W_λ 在 W 中的极大长度左陪集代表元的完全集. 有下述事实: 对任意 $x, y \in W^\lambda$,

$$x \cdot \lambda > y \cdot \lambda \quad 当且仅当 \quad x < y.$$

因此, 我们只需对所有 $x \leqslant y \in W^\lambda$ 来计算分解数 $d_{x,y} = [\Delta(x \cdot \lambda) : L(y \cdot \lambda)]$.

设 v 是 $\mathbb{Z}$ 上的一个未定元, 令 $q := v^{-2}$.

定义 6.3.2[13, 48, 49] 同 W 对应的 Iwahori-Hecke 代数 $\mathscr{H}_v(W)$ 是一个具有标准基 $\{H_w \mid w \in W\}$ 的自由 $\mathbb{Z}[v, v^{-1}]$-模, 其乘法由下面公式给出:

$$H_x H_y = H_{xy}, \quad 若 \ \ell(xy) = \ell(x) + \ell(y);$$
$$H_s^2 = (v^{-1} - v)H_s + 1, \quad \forall s \in S.$$

引理 6.3.3[59] $\mathbb{Z}[v, v^{-1}]$-代数 $\mathscr{H}_v(W)$ 上存在唯一的 $\mathbb{Z}$-线性对合 "$-$" 使得

$$\overline{v^k} = v^{-k}, \quad \overline{H_w} = H_{w^{-1}}^{-1}, \quad \forall w \in W, \quad \forall k \in \mathbb{Z}.$$

定理 6.3.4[59] 对每个 $w \in W$, 存在唯一的 $\underline{H}_w \in \mathscr{H}_v(W)$ 使得 $\overline{\underline{H}_w} = \underline{H}_w$, 并且

$$\underline{H}_w = H_w + \sum_{w > x \in W} v^{\ell(w) - \ell(x)} P_{x,w}(v^{-2}) H_x, \tag{6.3.1}$$

其中 $P_{x,w}(q) \in \mathbb{Z}[q]$ 并且 $\deg P_{x,w}(q) \leqslant (\ell(w) - \ell(x) - 1)/2$. 特别地, $\{\underline{H}_w \mid w \in W\}$ 构成 $\mathscr{H}_v(W)$ 的一组 $\mathbb{Z}[v, v^{-1}]$-基.

若 $x = w$, 定义 $P_{w,w}(q) := 1$. 多项式 $\{P_{x,w}(q) \mid x \leqslant w \in W\}$ 被称为 **Kazhdan-Lusztig 多项式**, 而 $\{\underline{H}_w \mid w \in W\}$ 被称为 Hecke 代数 $\mathscr{H}_v(W)$ 的**典范基**或 **Kazhdan-Lusztig 基**. 注意由 (6.3.1) 可以得到

$$\underline{H}_w \equiv H_w \quad \mathrm{mod} \sum_{w > x \in W} v\mathbb{Z}[v]H_x.$$

注记 6.3.5 (1) 我们这里对于 Hecke 代数的定义以及标准基与 Kazhdan-Lusztig 基采用了与文献[86]一致的记号, 我们的 "$q, P_{y,w}(q)$" 与文献[59]中的记号 "q, $P_{y,w}(q)$" 是一致的, 但这里所用的记号 "v" 等同于文献[59]中的记号 "$q^{-1/2} = v^{-1}$", 而记号 "$H_w, \underline{H}_w$" 分别对应于文献[59]中的记号

$$q^{-\ell(w)/2} T_w, \quad C'_w.$$

(2) Kazhdan-Lusztig 多项式 $P_{x,w}(q)$ 具有深刻的几何意义, 实际上它等于对应的 Schubert 簇 $\overline{BwB/B}$ 的局部相交上同调的 Poincaré 多项式. 特别地, 它具有正定性, 即它的系数都是非负整数; $P_{x,w}(q) = 1$ 当且仅当对所有的 $x \leqslant y \leqslant w$, Schubert 簇 $\overline{BwB/B}$ 沿着 Schubert 胞腔 ByB/B 都是有理光滑的.

(3) 实际上, 对于任意型的 Coxeter 群的 Hecke 代数 $\mathscr{H}_v(W)$, D. Kazhdan 与 G. Lusztig 都定义了上述典范基以及 Kazhdan-Lusztig 多项式, 并且他们利用了 Kazhdan-Lusztig 多项式与 Schubert 簇的相交上同调的关联证明了当 W 是有限

Weyl 群或仿射 Weyl 群时多项式 $P_{x,w}(q)$ 的正定性[60]. 对于任意的 Coxeter 群 W, 多项式 $P_{x,w}(q)$ 的正定性直到最近才被 B. Elias 与 G. Williamson (用纯代数的方法) 所证明[30].

以下是关于 Kazhdan-Lusztig 多项式 $P_{x,w}(q)$ 的一些基本性质.

引理 6.3.6   设 $x, w \in W$ 使得 $x \leqslant w$, w_0 是 W 中唯一的最长元.

(1) $P_{x,w}(0) = 1 = P_{x,w_0}(q)$;

(2) 若 $\ell(w) - \ell(x) \leqslant 2$, 则 $P_{x,w}(q) = 1$;

(3) 若 W 是二面体群 (例如 A_2, B_2, G_2), 则 $P_{x,w}(q) = 1$;

(4) $P_{x,w}(q) = P_{x^{-1},w^{-1}}(q) = P_{w_0xw_0,w_0ww_0}(q)$;

(5) 若 $x < w$, $sw < w$ 且 $sx > x$, 则 $P_{x,w}(q) = P_{sx,w}(q)$;

(6) $\sum_{x \leqslant z \leqslant w} (-1)^{\ell(x)}(-1)^{\ell(z)} P_{x,z}(q) P_{w_0w,w_0z}(q) = \delta_{x,w}$.

$\mathbb{Z}[v, v^{-1}]$-代数 $\mathscr{H}_v(W)$ 上有一个对称迹形式 $\tau : \mathscr{H}_v(W) \to \mathbb{Z}[v, v^{-1}]$, 使得

$$\tau(H_e) = \tau(1) := 1, \quad \tau(H_w) := 0, \qquad \forall e \neq w \in W.$$

定义 6.3.7   用 $\{\widehat{\underline{H}}_w \mid w \in W\}$ 表示 $\mathscr{H}_v(W)$ 的相对于对称迹形式 τ 的 Kazhdan-Lusztig 基 $\{\underline{H}_w \mid w \in W\}$ 的对偶基, 即它是 $\mathscr{H}_v(W)$ 的满足如下条件的唯一的 $\mathbb{Z}[v, v^{-1}]$-基:

$$\tau(\widehat{\underline{H}}_x \underline{H}_{y^{-1}}) = \delta_{x,y}, \quad \forall x, y \in W.$$

称 $\{\widehat{\underline{H}}_w \mid w \in W\}$ 为 $\mathscr{H}_v(W)$ 的**对偶 Kazhdan-Lusztig 基**.

1979 年 D. Kazhdan 与 G. Lusztig[59] 对范畴 $\mathcal{O}$ 的主块中的不可约模的特征标以及 Verma 模的合成因子重数提出下述猜想.

猜想 6.3.8 ([59, Conjecture 1.5])   在主块 $\mathcal{O}_0$ 的 Grothendieck 群 $K(\mathcal{O}_0)$ 中, 对任意 $w \in W$, 有

$$[L(w \cdot 0)] = \sum_{w \leqslant y \in W} (-1)^{\ell(y)-\ell(w)} P_{yw_0,ww_0}(1)[\Delta(y \cdot 0)],$$

$$[\Delta(w \cdot 0)] = \sum_{w \leqslant y \in W} P_{w,y}(1)[L(y \cdot 0)].$$

特别地, 对任意 $w \leqslant y \in W$, $[\Delta(w \cdot 0) : L(y \cdot 0)] = P_{w,y}(1)$.

该猜想最终在 1981 年分别被 A. Beilinson 与 J. Bernstein[7] 及 J. Brylinski 与 M. Kashiwara[14] 证明, 由此衍生的后续发展 (如 Coxeter 群的 Kazhdan-Lusztig 胞腔理论、Hecke 代数的基环、仿射李代数、量子群及代数群表示的 Kazhdan-Lusztig 猜想) 被统称为 Kazhdan-Lusztig 理论, 关于这方面的发展与现状, 参见席南华院士的综述文献[100].

下面的定理给出了范畴 $\mathcal{O}$ 中任意整块中不可约模的特征标公式以及 Verma 模的所有合成因子重数.

定理 6.3.9 ([12, Theorem 3.11.4]) 设 $\lambda \in P$ 是一个点支配整权, 则在块子范畴 $\mathcal{O}_\lambda$ 的 Grothendieck 群 $K(\mathcal{O}_\lambda)$ 中, 对任意 $w \in W^\lambda$,

$$[L(w \cdot \lambda)] = \sum_{w \leqslant y \in W^\lambda} (-1)^{\ell(y)-\ell(w)} \Big(\sum_{z \in W_\lambda} (-1)^{\ell(z)} P_{yzw_0, ww_0}(1) \Big) [\Delta(y \cdot \lambda)],$$

$$[\Delta(w \cdot \lambda)] = \sum_{w \leqslant y \in W^\lambda} P_{w,y}(1) [L(y \cdot \lambda)].$$

特别地, 对任意 $w \leqslant y \in W^\lambda$,

$$d_{w,y} = [\Delta(w \cdot \lambda) : L(y \cdot \lambda)] = P_{w,y}(1).$$

如果 $\lambda \in P^+$ 是支配整权, 则我们知道 $L(\lambda)$ 是有限维不可约模, 它的特征标由 Weyl 特征标公式给出. 但是注意到此时 λ 也是点正则的点支配整权, 根据定理 6.3.9 与引理 6.3.6(1), 得到

$$[L(\lambda)] = \sum_{y \in W} (-1)^{\ell(y)} P_{yw_0, w_0}(1) [\Delta(y \cdot \lambda)] = \sum_{y \in W} (-1)^{\ell(y)} [\Delta(y \cdot \lambda)]. \tag{6.3.2}$$

事实上, 此时对有限维不可约模 $L(\lambda)$ 存在如下的正合序列[78]:

$$0 \to \Delta(w_0 \cdot \lambda) = C_m \to \cdots \to C_1 \to C_0 = \Delta(\lambda) \to L(\lambda) \to 0, \tag{6.3.3}$$

其中 $m = |\Phi^+|$, 且对每个 $0 \leqslant k \leqslant m$, 有

$$C_k := \bigoplus_{w \in W, \ell(w)=k} \Delta(w \cdot \lambda).$$

上述正合序列称为 $L(\lambda)$ 的 **BGG 析解式**. 而公式 (6.3.2) 显然也是 $L(\lambda)$ 的 BGG 析解式的一个直接推论.

推论 6.3.10 设 $\lambda \in P$ 是点反支配整权, 则 $\forall w \in W$, $\Delta(w \cdot \lambda)$ 在 $P(\lambda)$ 的标准滤过中出现且重数为 1. 等价地, 根据 BGG 互反律, $[\Delta(w \cdot \lambda) : L(\lambda)] = 1$.

证明 $\lambda \in P$ 是点反支配整权意味着 $\mu := w_0 \cdot \lambda$ 是点支配整权, 设 w' 是左陪集 $(ww_0)W_\mu$ 中的最长元, 于是

$$[\Delta(w \cdot \lambda) : L(\lambda)] = [\Delta(ww_0 \cdot (w_0 \cdot \lambda)) : L(w_0 \cdot (w_0 \cdot \lambda))]$$
$$= [\Delta(w' \cdot (w_0 \cdot \lambda)) : L(w_0 \cdot (w_0 \cdot \lambda))]$$
$$= P_{w', w_0}(1) = 1. \qquad \square$$

6.4　Shapovalov 双线性型

范畴 $\mathcal{O}$ 中最高权模上的反变对称双线性型是研究范畴 $\mathcal{O}$ 的一个基本工具. 回忆定义 5.1.3 中引入的 $U(\mathfrak{g})$ 的反自同构 τ.

定义 6.4.1　设 M 是一个 $U(\mathfrak{g})$-模, $(\,,\,)_M$ 是 M 上的对称双线性型, 如果 $\forall u \in U(\mathfrak{g})$, $\forall v, v' \in M$, 有

$$(u \cdot v, v')_M = (v, \tau(u) \cdot v')_M,$$

则称 $(\,,\,)_M$ 是**反变的**.

引理 6.4.2　(1) 设 $U(\mathfrak{g})$-模 M 上有反变对称双线性型 $(\,,\,)_M$, 则 $\forall \lambda \neq \mu \in \mathfrak{h}^*$, $\forall v \in M_\lambda$, $\forall v' \in M_\mu$, $(v, v')_M = 0$;

(2) 设 $M = U(\mathfrak{g})v$ 是最高权模, v 是权为 λ 的最高权向量. 若 M 上存在非零的反变对称双线性型 $(\,,\,)_M$, 则 $(\,,\,)_M$ 在相差一个非零常数的意义下是唯一的且 $(\,,\,)_M$ 是由非零常数 $(v,v)_M$ 唯一决定的.

证明　(1) 因为 $\lambda \neq \mu$, 所以存在 $h \in \mathfrak{h}^*$, 使得 $\lambda(h) \neq \mu(h)$, 注意到 $\tau(h) = h$, $\forall h \in \mathfrak{h}$, 于是 $\forall v \in M_\lambda$, $\forall v' \in M_\mu$,

$$0 = (h \cdot v, v')_M - (v, h \cdot v')_M = (\lambda(h) - \mu(h))(v, v')_M,$$

所以 $(v, v')_M = 0$.

(2) 根据 (1), 只需考察 $(\,,\,)_M$ 在权空间 M_μ 上的限制即可, 设 $\mu = \lambda - \gamma$, 其中 $\gamma \in Q^+$, 则 $M_\mu = \mathbb{C}\text{-Span}\{y_1^{k_1} \cdots y_m^{k_m} \cdot v \mid \sum_{i=1}^m k_i \alpha_i = \gamma\}$. 设 $u \in U(\mathfrak{n}^-)$ 具有如下形式

$$\sum_{k_i \in \mathbb{Z}^{\geqslant 0}} c_{k_1,\cdots,k_m} y_1^{k_1} \cdots y_m^{k_m},$$

其中 $k_1, \cdots, k_m$ 满足 $\sum_{i=1}^m k_i \alpha_i = \gamma$, 则 M_μ 中的元素都具有形式 $u \cdot v$, 取 M_μ 中的另一个元素 $u' \cdot v$, 则 $(u \cdot v, u' \cdot v)_M = (v, \tau(u)u' \cdot v)$, 注意到 $\tau(u)u' \cdot v \in M_\lambda = \mathbb{C}v$, 而 $\tau(u)u' \cdot v$ 与 M 上的双线性型无关, 所以 $(\,,\,)_M$ 在 M_μ 上的取值是由 $(v,v)_M$ 唯一决定的. □

推论 6.4.3　设 $M \in \mathcal{O}$ 上有反变对称双线性型 $(\,,\,)_M$, 则映射

$$\varphi: M \to M^\vee,$$
$$v \mapsto \varphi(v): w \mapsto (v, w)_M$$

是一个合理定义的 $U(\mathfrak{g})$-模同态, 即 $\varphi \in \text{Hom}_{\mathcal{O}}(M, M^\vee)$. 进一步, $(\,,\,)_M \neq 0$ 当且仅当 $\varphi \neq 0$. 此外, $(\,,\,)_M$ 非退化当且仅当 φ 是一个同构.

证明 设 $v = v_1 + \cdots + v_s$, 其中 $v_i \in M_{\lambda_i}$, 若 $\mu \neq \lambda_i$, $\forall 1 \leqslant i \leqslant s$, 根据引理 6.4.2(1) 可知 $\varphi(v)(M_\mu) = 0$, 所以 $\varphi(v) \in M^\vee$, φ 是合理定义的线性映射. 又 $\forall x \in \mathfrak{g}$, $\forall v, w \in M$,

$$\varphi(x \cdot v)(w) = (x \cdot v, w)_M = (v, \tau(x) \cdot w)_M$$
$$= \varphi(v)(\tau(x) \cdot w) = (x \cdot \varphi(v))w,$$

所以 φ 是 $U(\mathfrak{g})$-模同态, 这证明了推论的第一个断言, 推论的最后两个断言显然成立. $\qquad\square$

引理 6.4.4 (1) 设 $U(\mathfrak{g})$-模 M 上有反变对称双线性型 $(\ ,\ )_M$, N 是 M 的子模, 则正交补 $N^\perp := \{v \in M \mid (v, v')_M = 0, \forall v' \in N\}$ 是 M 的子模;

(2) 设 $M \in \mathcal{O}$ 上有反变对称双线性型 $(\ ,\ )_M$, 若 χ_1, χ_2 是两个不同的中心特征标, 则 $\forall v \in M^{\chi_1}$, $\forall v' \in M^{\chi_2}$, $(v, v')_M = 0$.

证明 (1) 显然成立. 我们只证明 (2), 设 χ_1, χ_2 是两个不同的中心特征标, 取 $z \in Z(\mathfrak{g})$ 使得 $\chi_1(z) = c_1 \neq c_2 = \chi_2(z)$, 根据引理 6.4.2(1), 不妨设 $0 \neq v \in M_\lambda^{\chi_1}$, $0 \neq v' \in M_\lambda^{\chi_2}$, 其中 $\lambda \in P(M)$, 则存在最小的正整数 k_1 和 k_2 使得 $(z-c_1)^{k_1} \cdot v = 0$, $(z-c_2)^{k_2} \cdot v' = 0$. 为简化记号, 令 $(v, v') := (v, v')_M$, 下面对 $k_1 + k_2$ 归纳来证明下述论断: $(z \cdot v, v') = c_1(v, v')$ 且 $(v, z \cdot v') = c_2(v, v')$.

首先根据习题 5.1.13, $\tau(z) = z$. 若 $k_1 = k_2 = 1$, 自然有 $(z \cdot v, v') = c_1(v, v')$ 且 $(v, z \cdot v') = c_2(v, v')$. 下设 $k_1 + k_2 > 2$, 不妨设 $k_1 > 1$ 且 $k_2 > 1$, 对 $(z-c_1) \cdot v$, v' 应用归纳假设可得 $(z(z-c_1) \cdot v, v') = c_1((z-c_1) \cdot v, v')$ 且 $((z-c_1) \cdot v, z \cdot v') = c_2((z-c_1) \cdot v, v')$. 又 $(z(z-c_1) \cdot v, v') = ((z-c_1) \cdot v, z \cdot v')$ 且 $c_1 \neq c_2$, 从而 $((z-c_1) \cdot v, v') = 0$, 即 $(z \cdot v, v') = c_1(v, v')$. 类似地对 v, $(z-c_2) \cdot v'$ 讨论可得 $(v, z \cdot v') = c_2(v, v')$, 这就证明了第一段最后的论断, 又注意到 $(z \cdot v, v') = (v, z \cdot v')$ 且 $c_1 \neq c_2$, 所以 $(v, v') = 0$. $\qquad\square$

接下来我们考虑最高权 $U(\mathfrak{g})$-模上的反变对称双线性型的存在性及构造问题. 设 ε^+ 与 ε^- 是余单位映射 $\varepsilon: U(\mathfrak{g}) \to \mathbb{C}$ 分别在 $U(\mathfrak{n})$ 与 $U(\mathfrak{n}^-)$ 上的限制. 考虑线性映射

$$\varphi := \varepsilon^- \otimes \mathrm{Id} \otimes \varepsilon^+ : U(\mathfrak{g}) = U(\mathfrak{n}^-) \otimes U(\mathfrak{h}) \otimes U(\mathfrak{n}) \to U(\mathfrak{h}).$$

定义 $U(\mathfrak{g})$ 上的 $U(\mathfrak{h})$-值双线性型

$$C(u, u') := \varphi(\tau(u)u'), \quad \forall u, u' \in U(\mathfrak{g}).$$

注意到 τ 是 $U(\mathfrak{g})$ 上的反自同构且互换 $U(\mathfrak{n})$ 和 $U(\mathfrak{n}^-)$, 并保持 $U(\mathfrak{h})$ 中的元素不变, 所以 $\varphi(\tau(u)) = \varphi(u)$, $\forall u \in U(\mathfrak{g})$, 因而 $C(-, -)$ 是对称的:

$$C(u, u') = \varphi(\tau(u)u') = \varphi(\tau(\tau(u)u')) = \varphi(\tau(u')\tau^2(u)) = C(u', u).$$

显然 $C(1,1) = 1$, 进一步, 根据定义, $C(-, -)$ 是反变的: $\forall\, u, u', u'' \in U(\mathfrak{g})$,

$$C(uu', u'') = \varphi(\tau(uu')u'') = \varphi(\tau(u')\tau(u)u'') = C(u', \tau(u)u'').$$

将用 $U(\mathfrak{h})$-值双线性型 $C(-, -)$ 来诱导出 $U(\mathfrak{g})$ 上的 $\mathbb{C}$-值反变对称双线性型. 设 $\lambda \in \mathfrak{h}^*$, 则 λ 诱导出结合代数同态 $U(\mathfrak{h}) \to \mathbb{C}$, 仍记作 λ. 令 $\varphi_\lambda := \lambda \circ \varphi : U(\mathfrak{g}) \to \mathbb{C}$, 则如下定义 $U(\mathfrak{g})$ 上的双线性型, $\forall\, u, u' \in U(\mathfrak{g})$,

$$C^\lambda(u, u') := \varphi_\lambda(\tau(u)u') = \lambda(\varphi(\tau(u)u')) = \lambda(C(u, u')).$$

根据上述讨论, $C^\lambda(-, -)$ 是 $U(\mathfrak{g})$ 上的反变对称双线性型.

引理 6.4.5　设 $M = U(\mathfrak{g})v$ 是最高权模, v 是权为 λ 的最高权向量, 设 N 是 M 的唯一的极大子模, 则下述结论等价: $\forall\, u \in U(\mathfrak{g})$,

(1) $u \cdot v \in N$;

(2) $U(\mathfrak{g})u \cdot v \in N$;

(3) $\varphi_\lambda(U(\mathfrak{g})u) = 0$;

(4) $C^\lambda(U(\mathfrak{g}), u) = 0$;

(5) $u \in \operatorname{rad} C^\lambda := \{a \in U(\mathfrak{g}) \mid C^\lambda(a, b) = 0,\ \forall\, b \in U(\mathfrak{g})\}$.

证明　令 $V := \sum_{\mu \neq \lambda} M_\mu$, 则 $N \subseteq V$. 根据 PBW 定理可知 $\forall\, u \in U(\mathfrak{g})$,

$$u \cdot v \equiv \varphi_\lambda(u)v \mod V.$$

利用这个同余关系容易证明 (1)—(5) 的等价性. □

定理 6.4.6　设 $\lambda \in \mathfrak{h}^*$, $M = U(\mathfrak{g})v$ 是最高权模, v 是权为 λ 的最高权向量. 则 M 上存在非零反变对称双线性型 $(\ ,\ )_M$ 且 M 上的非零反变对称双线性型在相差非零常数的意义下是唯一的, 由 $(v, v)_M$ 唯一决定. 此外, $\operatorname{rad}(\ ,\ )_M$ 恰为 M 的唯一的极大子模. 因此, $(\ ,\ )_M$ 是非退化的当且仅当 $M \cong L(\lambda)$.

证明　根据引理 6.4.5, 若 $u_1, u_2 \in U(\mathfrak{g})$ 满足 $u_1 \cdot v = u_2 \cdot v$, 则 $u_1 - u_2 \in \operatorname{rad} C^\lambda$. 因此可以如下定义 M 上的对称双线性型 $(\ ,\ )_M$:

$$\forall\, u_1, u_2 \in U(\mathfrak{g}),\ v_1 = u_1 \cdot v,\ v_2 = u_2 \cdot v,\ \text{定义 } (v_1, v_2)_M := C^\lambda(u_1, u_2).$$

设 N 是 M 的唯一的极大子模, 若 $u \cdot v \in N$, 则根据引理 6.4.5, $\forall\, u' \in U(\mathfrak{g})$, 有 $(u' \cdot v, u \cdot v)_M = C^\lambda(u', u) = 0$, 所以 $u \cdot v \in \operatorname{rad}(\ ,\ )_M$. 反之, 若 $u \cdot v \in \operatorname{rad}(\ ,\ )_M$, 则 $\forall\, u' \in U(\mathfrak{g})$, $0 = (u' \cdot v, u \cdot v)_M = C^\lambda(u', u)$, 从而 $u \in \operatorname{rad} C^\lambda$, 再根据引理 6.4.5 可得 $u \cdot v \in N$, 所以 $N = \operatorname{rad}(\ ,\ )_M$. 再来验证 $(\ ,\ )_M$ 是反变的, 事实上, $\forall\, u_1, u_2, u_3 \in U(\mathfrak{g})$,

$$(u_1 u_2 \cdot v, u_3 \cdot v)_M = C^\lambda(u_1 u_2, u_3) = C^\lambda(u_2, \tau(u_1)u_3) = (u_2 \cdot v, \tau(u_1)u_3 \cdot v)_M.$$

所以 $(\ ,\ )_M$ 是最高权模 M 上的非零 (注意到 $(v, v)_M = 1$) 的 $\mathbb{C}$-值反变对称双线性型. □

定义 6.4.7 设 $\lambda \in \mathfrak{h}^*$, $M = U(\mathfrak{g})v$ 是最高权为 λ 的最高权模. 定理 6.4.6 中所给出的 M 上的 $\mathbb{C}$-值反变对称双线性型称为 **Shapovalov 双线性型**.

习 题 6.4

习题 6.4.8 设 $M = U(\mathfrak{g})v$ 是最高权模, $v \in M_\lambda$ 是最高权向量, $(\ ,\ )_M$ 是 M 上的反变对称双线性型, N 是 M 的唯一的极大子模, 则 $(\ ,\ )_M$ 限制在 N 上是 0.

习题 6.4.9 设 M_1, M_2 是两个 $U(\mathfrak{g})$-模, $(\ ,\ )_{M_1}$, $(\ ,\ )_{M_2}$ 分别是 M_1 与 M_2 上的反变对称双线性型, 则 $M := M_1 \otimes M_2$ 上存在反变对称双线性型 $(\ ,\ )_M$, 使得 $\forall v, v' \in M_1$, $\forall w, w' \in M_2$,

$$(v \otimes w, v' \otimes w')_M := (v, v')_{M_1}(w, w')_{M_2}.$$

此外, 若 $(\ ,\ )_{M_1}$ 和 $(\ ,\ )_{M_2}$ 是非退化的, 则 $(\ ,\ )_M$ 也是非退化的.

第7章 投射函子与平移函子

J. Bernstein 与 S. Gelfand 为了研究复半单李群的不可约 Harish-Chandra 模的分类, 在文献 [8] 中开启了范畴 $\mathcal{O}$ 中投射函子的研究, 他们工作的主要结果是给出不可分解投射函子的分类. 投射函子在范畴 $\mathcal{O}$ 理论中占据重要的地位, 例如投射函子能够给出同 W 对应的 Iwahori-Hecke 代数的 Kazhdan-Lusztig 基的范畴化. 平移函子可以看作一类特殊但更具体的投射函子, 本章将首先介绍投射函子以及平移函子的定义以及一些基本性质, 然后引入范畴 $\mathcal{O}$ 中的倾斜模理论, 并利用平移函子给出范畴 $\mathcal{O}$ 中所有不可分解倾斜模的一个具体构造.

7.1 投射函子

设 $\lambda \in P$ 是一个点支配整权. 根据命题 6.1.6, 对任意的 $w \in W$, $[\Delta(\lambda) : L(w \cdot \lambda)] > 0$. 这意味着如果 $\mathcal{F}$ 是从 $\mathcal{O}_\lambda$ 到 $\mathcal{O}$ 的一个正合函子并且满足 $\mathcal{F}(\Delta(\lambda)) = 0$, 则 $\forall w \in W$, $\mathcal{F}(L(w \cdot \lambda)) = 0$, 进而 $\mathcal{F} = 0$. 这说明在某种意义下, 正合函子 $\mathcal{F}$ 被它在最高权为点支配整权的 Verma 模上的取值所决定. 回忆由定理 4.1.4, 对每个有限维 $\mathfrak{g}$-模 V, $- \otimes_{\mathbb{C}} V$ 是一个正合函子.

定义 7.1.1 设 θ 是从 $\mathcal{O}$ 到 $\mathcal{O}$ (或者从 $\mathcal{O}_\lambda$ 到 $\mathcal{O}_{\lambda'}$) 的一个函子, 使得存在一个有限维 $\mathfrak{g}$-模 V, 而 θ 同构于 $- \otimes_{\mathbb{C}} V$ 的一个直和项, 则称 θ 是一个**投射函子**.

特别地, 恒等函子是投射函子 (取 V 为一维平凡 $\mathfrak{g}$-模). 以下是投射函子的一些基本性质.

引理 7.1.2[8] (1) 投射函子的直和项以及有限直和仍是投射函子;

(2) 投射函子的合成还是投射函子;

(3) 投射函子是正合函子;

(4) 投射函子保持由投射模构成的加法子范畴;

(5) 投射函子保持具有标准滤过的模构成的加法子范畴.

证明 利用定理 4.1.4(4)、引理 5.3.2(2) 以及习题 5.2.9, 引理得证. □

定义 7.1.3 设 $\lambda, \mu \in P$, 其中 λ 是点支配整权. 如果对 W_λ 中的每个单反射 s_α, 都有 $s_\alpha \cdot \mu \geq \mu$, 则称 μ 是一个 W_λ-**点反支配权**.

下述定理给出了不可分解投射函子的分类.

定理 7.1.4[8] 设 $\lambda, \lambda' \in P$ 是点支配整权, 则

(1) 对每个 W_λ-点反支配权 $\mu \in W \cdot \lambda'$, 存在从 $\mathcal{O}_\lambda$ 到 $\mathcal{O}_{\lambda'}$ 的唯一的不可分解投射函子 $\theta_{\lambda,\mu}$, 使得 $\theta_{\lambda,\mu}\Delta(\lambda) = P(\mu)$;

(2) 从 $\mathcal{O}_\lambda$ 到 $\mathcal{O}_{\lambda'}$ 的每个不可分解投射函子都同构于某个 $\theta_{\lambda,\mu}$, 其中 $\mu \in W \cdot \lambda'$ 是某个 W_λ-点反支配权.

推论 7.1.5[8]　设 $\lambda \in P$ 是一个点正则的点支配整权, 则

(1) 对每个 $w \in W$, 存在从 $\mathcal{O}_\lambda$ 到 $\mathcal{O}_\lambda$ 的唯一的不可分解投射函子 θ_w 使得 $\theta_w\Delta(\lambda) = P(w \cdot \lambda)$;

(2) 从 $\mathcal{O}_\lambda$ 到 $\mathcal{O}_\lambda$ 的每个不可分解投射函子都同构于某个 θ_w, 其中 $w \in W$;

(3) 对每个 $w \in W$, 函子 θ_w 既左伴随也右伴随于函子 $\theta_{w^{-1}}$.

上述定理与推论告诉我们不可分解的投射函子实际上被它们在最高权为点支配整权的 Verma 模上的取值唯一确定, 但是这些投射函子究竟来源于哪些有限维模的张量积的直和项却不得而知. 根据习题 5.3.20, 我们知道全体不可分解投射模所对应的同构类 $[P(\lambda)]$ 构成范畴 $\mathcal{O}$ 的 Grothendieck 群 $K(\mathcal{O})$ 的一组基, 从而有下述重要的结论.

命题 7.1.6　设 $\lambda \in P$ 是一个点支配整权, θ 是从 $\mathcal{O}_\lambda$ 到 $\mathcal{O}$ 的投射函子, 则在相差一个函子同构的意义下, θ 由它诱导的 Grothendieck 群 $K(\mathcal{O}_\lambda)$ 到 $K(\mathcal{O})$ 的群同态 $[\theta]$ 所唯一决定. 确切地说, θ 由 $[\theta][\Delta(\lambda)] := [\theta\Delta(\lambda)]$ 唯一决定.

推论 7.1.7　(1) 投射函子与函子 "$\vee$" 在相差一个函子同构的意义下交换;

(2) 投射函子保持由内射模构成的加法子范畴;

(3) 投射函子保持具有余标准滤过的模构成的加法子范畴.

证明　注意到 (2) 和 (3) 都由 (1) 以及引理 7.1.2 导出, 所以只需证明 (1). 根据命题 7.1.6, 每个投射函子 θ 由 $[\theta][\Delta(\lambda)] := [\theta\Delta(\lambda)]$ 唯一决定, 其中 $\lambda \in P$ 是给定的点支配整权. 易见函子的复合 $\vee \circ \theta \circ \vee$ 仍是一个投射函子, 而 $K(\mathcal{O})$ 中有

$$[(\theta(\Delta(\lambda)^\vee))^\vee] = [\theta(\Delta(\lambda)^\vee)] = [\theta(\nabla(\lambda))] = [\theta][\nabla(\lambda)] = [\theta][\Delta(\lambda)] = [\theta(\Delta(\lambda))],$$

所以由命题 7.1.6 可以推断 $\vee \circ \theta \circ \vee \cong \theta$. 等价地, $\vee \circ \theta \cong \theta \circ \vee$.　□

命题 7.1.8[83]　设 $\lambda \in P$ 是一个点正则的点支配整权, $w = s_{i_1} \cdots s_{i_k} \in W$ 是 w 的一个既约表达式, 其中 $s_{i_s} := s_{\alpha_{i_s}}, \alpha_{i_s} \in \Pi, \forall 1 \leqslant s \leqslant k$. 则函子 $\theta_{s_{i_k}} \circ \theta_{s_{i_{k-1}}} \circ \cdots \circ \theta_{s_{i_1}}$ 有唯一的不可分解直和项同构于 θ_w, 而函子 $\theta_{s_{i_k}} \circ \theta_{s_{i_{k-1}}} \circ \cdots \circ \theta_{s_{i_1}}$ 的其他不可分解直和项都同构于某个 θ_x, 其中 $w > x \in W$.

7.2　平移函子

本节将要介绍的平移函子是一类特殊的投射函子, 其中用来作张量积的有限维模 V 被讨论的块 $\mathcal{O}_\lambda$ 和 $\mathcal{O}_\mu$ 所决定.

定义 7.2.1　设 $\lambda, \mu \in P$ 是两个整权, $\nu := \mu - \lambda$, $\overline{\nu}$ 是 $W\nu \cap P^+$ 中唯一的支配整权, pr_λ, pr_μ 分别是范畴 $\mathcal{O}$ 到 $\mathcal{O}_\lambda$ 和 $\mathcal{O}_\mu$ 的投影函子. 定义函子

$$T_\lambda^\mu : \mathcal{O}(\text{或 } \mathcal{O}_\lambda) \longrightarrow \mathcal{O}_\mu, \quad M \mapsto \mathrm{pr}_\mu(L(\overline{\nu}) \otimes (\mathrm{pr}_\lambda M)),$$

并称 T_λ^μ 是**平移函子**.

命题 7.2.2　设 $\lambda, \mu \in \mathfrak{h}^*$, 正合函子 T_λ^μ 与对偶函子 $\vee$ 可交换, 即 $T_\lambda^\mu(M^\vee) \cong (T_\lambda^\mu M)^\vee$. 此外, T_λ^μ 把投射模变到投射模.

证明　根据定理 5.1.7(2) 和习题 5.1.14 即得 $(T_\lambda^\mu M)^\vee \cong T_\lambda^\mu(M^\vee)$. 若 P 是一个投射模, 根据引理 5.3.2(2), $L(\overline{\nu}) \otimes \mathrm{pr}_\lambda P$ 也是投射模, 从而其直和项 $T_\lambda^\mu P = \mathrm{pr}_\mu(L(\overline{\nu}) \otimes (\mathrm{pr}_\lambda P))$ 是投射模. ☐

命题 7.2.3　设 $\lambda, \mu \in P$, 则 T_λ^μ 和 T_μ^λ 互为左、右伴随, 而且 $\forall M, N \in \mathcal{O}$ 以及 $\forall i \geqslant 0$,

$$\mathrm{Ext}_\mathcal{O}^i(T_\lambda^\mu M, N) \cong \mathrm{Ext}_\mathcal{O}^i(M, T_\mu^\lambda N).$$

证明　设 $w \in W$ 使得 $w(\mu - \lambda) \in P^+$, 定义 $\overline{\nu} := w(\mu - \lambda)$, 根据命题 3.2.15(3), $L(\overline{\nu})^*$ 是最高权为 $-w_0\overline{\nu} \in P^+$ 的有限维不可约模且 $-w_0\overline{\nu} = w_0 w(\lambda - \mu)$, 于是利用引理 5.3.1, 有

$$\begin{aligned}
\mathrm{Hom}_\mathcal{O}(T_\lambda^\mu M, N) &= \mathrm{Hom}_\mathcal{O}(L(\overline{\nu}) \otimes \mathrm{pr}_\lambda M, \mathrm{pr}_\mu N) \\
&= \mathrm{Hom}_\mathcal{O}(\mathrm{pr}_\lambda M, L(\overline{\nu})^* \otimes \mathrm{pr}_\mu N) \\
&= \mathrm{Hom}_\mathcal{O}(M, \mathrm{pr}_\lambda(L(-w_0\overline{\nu}) \otimes \mathrm{pr}_\mu N)) \\
&= \mathrm{Hom}_\mathcal{O}(M, T_\mu^\lambda N).
\end{aligned}$$

一般地, 利用平移函子的正合性以及它把投射模变为投射模, 可证 $\forall i > 0$, $\mathrm{Ext}_\mathcal{O}^i(T_\lambda^\mu M, N) \cong \mathrm{Ext}_\mathcal{O}^i(M, T_\mu^\lambda N)$. ☐

回忆本书的第一部分我们研究过欧氏空间 E 中的 Weyl 房, 它们是由正交于根的所有超平面的并所分割出来的 E 的连通分支. 现在为了研究平移函子在 Verma 模、单模以及不可分解投射模上的作用, 我们需要 E 的原点从 0 移动到 $-\rho$, 此时的超平面形如 $H_\alpha := \{\lambda \in E \mid \langle \lambda + \rho, \alpha^\vee \rangle = 0\}$. 我们需要考虑 E 的一个更加细化的分解, 即把 E 分解成一些"面"的并.

定义 7.2.4　给定正根系的一个划分 $\Phi^+ = \Phi_F^0 \sqcup \Phi_F^+ \sqcup \Phi_F^-$, 定义**面** F 是 E 的一个非空子集, 使得

$$\lambda \in F \Leftrightarrow \begin{cases} \langle \lambda + \rho, \alpha^\vee \rangle = 0, & \forall \alpha \in \Phi_F^0, \\ \langle \lambda + \rho, \alpha^\vee \rangle > 0, & \forall \alpha \in \Phi_F^+, \\ \langle \lambda + \rho, \alpha^\vee \rangle < 0, & \forall \alpha \in \Phi_F^-. \end{cases}$$

显然 F 的闭包 $\overline{F}$ 满足

$$\lambda \in \overline{F} \Leftrightarrow \begin{cases} \langle \lambda + \rho, \alpha^{\vee} \rangle = 0, & \forall \alpha \in \Phi_F^0, \\ \langle \lambda + \rho, \alpha^{\vee} \rangle \geqslant 0, & \forall \alpha \in \Phi_F^+, \\ \langle \lambda + \rho, \alpha^{\vee} \rangle \leqslant 0, & \forall \alpha \in \Phi_F^-. \end{cases}$$

定义 7.2.5 定义面 F 的**上闭包** $\widehat{F}$:

$$\lambda \in \widehat{F} \Leftrightarrow \begin{cases} \langle \lambda + \rho, \alpha^{\vee} \rangle = 0, & \forall \alpha \in \Phi_F^0, \\ \langle \lambda + \rho, \alpha^{\vee} \rangle > 0, & \forall \alpha \in \Phi_F^+, \\ \langle \lambda + \rho, \alpha^{\vee} \rangle \leqslant 0, & \forall \alpha \in \Phi_F^-. \end{cases}$$

对称地可定义 F 的**下闭包**.

定义 7.2.6 设 C 是一个面满足 $\Phi_C^0 = \varnothing$, 则称 C 是**房**.

根据命题 2.2.6、命题 2.2.7 可得如下推论.

推论 7.2.7 (1) 房 C 的闭包 $\overline{C}$ 是 E 相对于 Weyl 群 W 的点作用的一个基本区域. 具体地, $\forall \lambda \in E$, 存在 $w \in W$(依赖 λ), 使得 $w \cdot \lambda \in \overline{C}$.

(2) 若 $\lambda, \mu \in \overline{C}$ 且存在 $w \in W$, 使得 $\mu = w \cdot \lambda$, 则 $\lambda = \mu$.

定义 7.2.8 设 C 是房, F 是包含于 $\overline{C}$ 的面. 若 $|\Phi_F^0| = 1$, 则称 F 是 C 的**墙**.

根据定义, 房 C 的墙或者包含于 C 的上闭包, 或者包含于 C 的下闭包.

定义 7.2.9 令 $C_0 := \{ \lambda \in E \mid \langle \lambda + \rho, \alpha^{\vee} \rangle > 0, \forall \alpha \in \Pi \}$, 称 C_0 是**支配房**.

显然, 支配房 C_0 的上闭包就是它本身. 根据定义, $\mathfrak{C}(\Pi) = C_0 + \rho$ 是 Π 对应的基本 Weyl 房, 显然 C_0 依赖于基 Π 的选取.

注记 7.2.10 设 F 是一个面, $w \in W$, 则 $w \cdot F$ 也是一个面, 满足

$$\Phi_{w \cdot F}^0 = \left(w(\Phi_F^0) \cap \Phi^+ \right) \cup \left(-(w(\Phi_F^0) \cap \Phi^-) \right),$$
$$\Phi_{w \cdot F}^+ = \left(w(\Phi_F^+) \cap \Phi^+ \right) \cup \left(-(w(\Phi_F^-) \cap \Phi^-) \right),$$
$$\Phi_{w \cdot F}^- = \left(w(\Phi_F^-) \cap \Phi^+ \right) \cup \left(-(w(\Phi_F^+) \cap \Phi^-) \right).$$

引理 7.2.11 设 $\lambda, \mu \in P$, $\nu := \mu - \lambda$, $\overline{\nu}$ 是 $W\nu \cap P^+$ 中唯一的支配整权. 若 λ 属于某个面 F, μ 属于 F 的闭包 $\overline{F}$, 则对于 $L(\overline{\nu})$ 的任意权 $\nu' \neq \nu$, 不存在 $w \in W$, 使得 $\lambda + \nu' = w \cdot (\lambda + \nu)$.

证明 反证法, 假设存在 $\nu' \neq \nu$ 是 $L(\overline{\nu})$ 的权且存在 $w \in W$ 使得 $\lambda + \nu' = w \cdot (\lambda + \nu)$. 设面 F 落在房 C 的闭包, 自然地 $\mu = \lambda + \nu \in \overline{C}$, 又设 $\lambda + \nu'$ 落在房 C' 的闭包, 定义非负整数

$$d(C, C') := \#\{ H_\beta \mid \beta \in \Phi \, \text{且} \, C \, \text{和} \, C' \, \text{分别位于} \, H_\beta \, \text{的不同侧} \}.$$

设上述 ν' 和 C' 的选取使得 $d(C, C')$ 是最小的.

若 $d(C, C') = 0$, 即 $C = C'$, 则根据推论 7.2.7 可得 $\lambda + \nu = \lambda + \nu'$, 则 $\nu = \nu'$, 矛盾!

下设 $d(C, C') > 0$, 则存在某个超平面 H_α, $\alpha \in \Pi$, 使得 C 和 C' 落在 H_α 的异侧, 不妨设 C 落在 H_α 的负侧, C' 落在 H_α 的正侧. 特别地 $\forall \xi \in \overline{F}$, $\langle \xi + \rho, \alpha^\vee \rangle \leqslant 0$.

令 $C'' = s_\alpha \cdot C'$, 则 $d(C, C'') = d(C, C') - 1$. 实际上, 不妨设 C' 对应的基恰为 Π, 由于 $s_\alpha(\Phi^+ \setminus \{\alpha\}) = \Phi^+ \setminus \{\alpha\}$, 那么 $\forall \gamma \in C'$, $\langle s_\alpha \cdot \gamma + \rho, \alpha^\vee \rangle = -\langle \gamma + \rho, \alpha^\vee \rangle < 0$, 而 $\forall \beta \in \Phi^+ \setminus \{\alpha\}$, $\langle s_\alpha \cdot \gamma + \rho, \beta^\vee \rangle = \langle \gamma + \rho, (s_\alpha(\beta))^\vee \rangle > 0$, 所以 $d(C, C'') = d(C, C') - 1$.

由于 $\lambda + \nu' \in \overline{C'}$, 所以 $\langle \lambda + \nu' + \rho, \alpha^\vee \rangle \geqslant 0$. 又因为 $\lambda \in F \subseteq \overline{C}$, 而 C 在 H_α 的负侧, 所以 $\langle \lambda + \rho, \alpha^\vee \rangle \leqslant 0$, 于是

$$
\begin{aligned}
s_\alpha \cdot (\lambda + \nu') &= \lambda + \nu' - \langle \lambda + \nu' + \rho, \alpha^\vee \rangle \alpha \\
&= \lambda - \langle \lambda + \rho, \alpha^\vee \rangle \alpha + \nu' - \langle \nu', \alpha^\vee \rangle \alpha \\
&= \lambda - \langle \lambda + \rho, \alpha^\vee \rangle \alpha + s_\alpha(\nu') \leqslant \lambda + \nu',
\end{aligned}
$$

从而 $s_\alpha(\nu') \leqslant s_\alpha(\nu') - \langle \lambda + \rho, \alpha^\vee \rangle \alpha \leqslant \nu'$.

令 $\nu'' = s_\alpha(\nu') - \langle \lambda + \rho, \alpha^\vee \rangle \alpha$. 一方面, 有 $s_\alpha(\nu') \leqslant \nu'' \leqslant \nu'$, 其中 ν', $s_\alpha(\nu')$ 都是 $L(\overline{\nu})$ 的权, 则根据命题 3.2.15(2), ν'' 也是 $L(\overline{\nu})$ 的权且

$$
\lambda + \nu'' = s_\alpha \cdot (\lambda + \nu') = s_\alpha w \cdot (\lambda + \nu).
$$

另一方面, $\lambda + \nu'' = s_\alpha \cdot (\lambda + \nu') \in s_\alpha \cdot \overline{C'} = \overline{C''}$ 且 $d(C, C'') = d(C, C') - 1$, 那么根据 ν' 和 C' 选取时的极小性, 可推断 $\nu'' \neq \nu'$, 从而 $\nu'' = \nu$, 进而 $s_\alpha(\nu') \leqslant \nu < \nu'$, 再根据命题 3.2.15(1) 可知, 必有 $s_\alpha(\nu') = \nu$(否则 $\nu \pm \alpha \in P(L(\overline{\nu}))$, 矛盾!). 这样我们证明了 $\nu'' = \nu = s_\alpha(\nu')$, 又 $\nu'' = s_\alpha(\nu') - \langle \lambda + \rho, \alpha^\vee \rangle \alpha$, 所以 $\langle \lambda + \rho, \alpha^\vee \rangle = 0$. 又 $\lambda \in F$, 结合 F 的定义得到 $\forall \xi \in F$, $\langle \xi + \rho, \alpha^\vee \rangle = 0$, 进而 $\forall \xi \in \overline{F}$, $\langle \xi + \rho, \alpha^\vee \rangle = 0$. 特别地, 因为 $\lambda + \nu = \mu \in \overline{F}$, 所以 $\langle \lambda + \nu + \rho, \alpha^\vee \rangle = 0$, 从而 $\langle \nu, \alpha^\vee \rangle = 0$, 最后 $\nu' = s_\alpha(\nu) = \nu$, 矛盾! $\qquad \square$

定理 7.2.12　设 $\lambda, \mu \in P$ 是两个点反支配整权. 若 λ 属于一个面 F, μ 属于 F 的闭包 $\overline{F}$, 则 $\forall w \in W$,

$$
T_\lambda^\mu \Delta(w \cdot \lambda) \cong \Delta(w \cdot \mu), \qquad T_\lambda^\mu \nabla(w \cdot \lambda) \cong \nabla(w \cdot \mu).
$$

证明　注意到 $w \cdot \lambda$ 属于面 $w \cdot F$, $w \cdot \mu$ 属于闭包 $\overline{w \cdot F}$, 令 $\nu := w \cdot \mu - w \cdot \lambda$ 并取 $\overline{\nu} \in W\nu \cap P^+$, 注意到 $\dim_{\mathbb{C}} L(\overline{\nu})_\nu = \dim_{\mathbb{C}} L(\overline{\nu})_{\overline{\nu}} = 1$. 令 $M := L(\overline{\nu}) \otimes \Delta(w \cdot \lambda)$, 根据定理 5.2.1, $1 = (M : \Delta(w \cdot \mu)) = (M^{\chi_\mu} : \Delta(w \cdot \mu))$. 又根据引理 7.2.11, $\forall \nu' \in P(L(\overline{\nu}))$ 且 $\nu' \neq \nu$, $(M^{\chi_\mu} : \Delta(w \cdot \lambda + \nu')) = 0$ (否则, $w \cdot \lambda + \nu'$ 与 μ 相

邻接, 从而与 $w \cdot \mu = w \cdot \lambda + \nu$ 也相邻接, 矛盾!). 所以 $M^{\chi_\mu} \cong \Delta(w \cdot \mu)$, 从而 $T_\lambda^\mu \Delta(w \cdot \lambda) \cong \Delta(w \cdot \mu)$, 这证明了第一个同构, 利用命题 7.2.2, 第二个同构是第一个同构的推论. □

定理 7.2.13 设 $\lambda, \mu \in P$ 是两个点反支配整权, 其中 λ 属于面 F, μ 属于面 F 的闭包 $\overline{F}$. 若 $M \in \mathcal{O}_\lambda$ 有标准滤过, 则 $T_\lambda^\mu M \in \mathcal{O}_\mu$ 也有标准滤过.

证明 对 M 的标准滤过的长度进行归纳. 根据定理 7.2.12, 若 $M \cong \Delta(w \cdot \lambda)$, 则 $T_\lambda^\mu M \cong \Delta(w \cdot \mu)$ 也是 Verma 模. 下设 M 的标准滤过的长度 > 1, 考虑短正合列 $0 \to N \to M \to \Delta(w \cdot \lambda) \to 0$, 其中 N 的标准滤过长度比 M 的标准滤过长度小 1. 用正合函子 T_λ^μ 作用上述短正合列, 得下述短正合列:

$$0 \to T_\lambda^\mu N \to T_\lambda^\mu M \to \Delta(w \cdot \mu) \to 0$$

利用归纳假设, $T_\lambda^\mu N$ 在 $\mathcal{O}_\mu$ 中有标准滤过, 从而 $T_\lambda^\mu M$ 在 $\mathcal{O}_\mu$ 也有标准滤过. □

命题 7.2.14 设 $w \in W$, $\lambda, \mu \in P$ 是两个点反支配权, 其中 λ 属于面 F, μ 属于面 F 的闭包 $\overline{F}$. 若 $T_\lambda^\mu L(w \cdot \lambda) \neq 0$, 则 $T_\lambda^\mu L(w \cdot \lambda) \cong L(w \cdot \mu)$.

证明 利用定理 7.2.12, 用正合函子 T_λ^μ 作用在典范同态 $\Delta(w \cdot \lambda) \twoheadrightarrow L(w \cdot \lambda)$ 上得满同态 $\Delta(w \cdot \mu) \twoheadrightarrow T_\lambda^\mu L(w \cdot \lambda)$, 所以若 $T_\lambda^\mu L(w \cdot \lambda) \neq 0$, 则 $T_\lambda^\mu L(w \cdot \lambda)$ 是最高权为 $w \cdot \mu$ 的最高权模.

类似地, 正合函子 T_λ^μ 作用在嵌入 $L(w \cdot \lambda) \hookrightarrow \nabla(w \cdot \lambda)$ 上得单同态 $T_\lambda^\mu L(w \cdot \lambda) \hookrightarrow \nabla(w \cdot \mu)$, 若 $T_\lambda^\mu L(w \cdot \lambda) \neq 0$, 则上述满同态和单同态的复合 $\Delta(w \cdot \mu) \twoheadrightarrow T_\lambda^\mu L(w \cdot \lambda) \hookrightarrow \nabla(w \cdot \mu)$ 是非零同态, 利用定理 5.1.9(2) 即 $T_\lambda^\mu L(w \cdot \lambda) \cong L(w \cdot \mu)$. □

命题 7.2.15 设 $\lambda, \mu \in P$ 是两个点反支配整权. 若 λ, μ 同属于一个面 F, 则 T_λ^μ 诱导了 Grothendieck 群 $K(\mathcal{O}_\lambda)$ 到 $K(\mathcal{O}_\mu)$ 的 Abel 群同构. 此外

$$T_\lambda^\mu[\Delta(w \cdot \lambda)] = [\Delta(w \cdot \mu)], \quad T_\lambda^\mu[L(w \cdot \lambda)] = [L(w \cdot \mu)].$$

特别地, $\forall w \in W$,

$$T_\lambda^\mu \Delta(w \cdot \lambda) \cong \Delta(w \cdot \mu), \quad T_\lambda^\mu L(w \cdot \lambda) \cong L(w \cdot \mu).$$

证明 由已知 λ 和 μ 同属于一个面 F, 这意味着 $W_\lambda = W_\mu$. 注意到 $\{[\Delta(w \cdot \lambda)] \mid w \in W/W_\lambda\}$ 与 $\{[\Delta(w \cdot \mu)] \mid w \in W/W_\mu\}$ 分别是 Grothendieck 群 $K(\mathcal{O}_\lambda)$ 与 $K(\mathcal{O}_\mu)$ 的 $\mathbb{Z}$-基. 根据定理 7.2.12, 正合函子 T_λ^μ 诱导了 $K(\mathcal{O}_\lambda)$ 到 $K(\mathcal{O}_\mu)$ 的群同态, 满足

$$T_\lambda^\mu[\Delta(w \cdot \lambda)] = [\Delta(w \cdot \mu)].$$

反之, T_μ^λ 诱导了 $K(\mathcal{O}_\mu)$ 到 $K(\mathcal{O}_\lambda)$ 的群同态, 满足

$$T_\mu^\lambda[\Delta(w \cdot \mu)] = [\Delta(w \cdot \lambda)].$$

从而 T_λ^μ 和 T_μ^λ 是互逆的群同构, 又 $\{[L(w \cdot \lambda)] \mid w \in W/W_\lambda\}$ 也是 $K(\mathcal{O}_\lambda)$ 的 $\mathbb{Z}$-基, 所以 $T_\lambda^\mu L(w \cdot \lambda) \neq 0$, 根据命题 7.2.14, $T_\lambda^\mu L(w \cdot \lambda) \cong L(w \cdot \mu)$. $\qquad\qquad\qquad \square$

推论 7.2.16　设 $\lambda, \mu \in P$ 是两个点反支配整权且 λ 和 μ 同属于一个面 F, $M \in \mathcal{O}_\lambda$. 则 $\forall w \in W$,

$$[M : L(w \cdot \lambda)] = [T_\lambda^\mu M : L(w \cdot \mu)].$$

定理 7.2.17　设 $\lambda, \mu \in P$ 是两个点反支配整权. 若 λ 和 μ 同属于一个面 F, 则函子 $T_\lambda^\mu : \mathcal{O}_\lambda \to \mathcal{O}_\mu$ 和 $T_\mu^\lambda : \mathcal{O}_\mu \to \mathcal{O}_\lambda$ 是范畴 $\mathcal{O}_\lambda$ 与 $\mathcal{O}_\mu$ 之间一对互逆的范畴等价.

证明　只需证明 $T_\mu^\lambda T_\lambda^\mu$ 自然同构于 $\mathcal{O}_\lambda$ 上的恒等函子. 下面对 $M \in \mathcal{O}_\lambda$ 的长度归纳, 来证明存在自然同构 $\varphi_M : T_\mu^\lambda T_\lambda^\mu M \to M$.

根据命题 7.2.3, T_λ^μ 和 T_μ^λ 是互为左、右伴随的, 则 $\forall M \in \mathcal{O}_\lambda$,

$$\operatorname{Hom}_\mathcal{O}(T_\mu^\lambda T_\lambda^\mu M, M) \cong \operatorname{Hom}_\mathcal{O}(T_\lambda^\mu M, T_\lambda^\mu M).$$

在上述同构下, 将 $\operatorname{Id}_{T_\lambda^\mu M}$ 在 $\operatorname{Hom}_\mathcal{O}(T_\mu^\lambda T_\lambda^\mu M, M)$ 中的原像记作 φ_M. 若 M 是单模, 根据命题 7.2.15, $T_\mu^\lambda T_\lambda^\mu M$ 也是单的, 所以非零同态 φ_M 是同构的. 下设 $\ell(M) > 1$, 由 $\mathcal{O}_\lambda$ 中的短正合列

$$0 \to N \to M \to L \to 0,$$

其中 L 是单模, 可得如下交换图:

$$
\begin{array}{ccccccccc}
0 & \longrightarrow & T_\mu^\lambda T_\lambda^\mu N & \longrightarrow & T_\mu^\lambda T_\lambda^\mu M & \longrightarrow & T_\mu^\lambda T_\lambda^\mu L & \longrightarrow & 0 \\
& & \downarrow{\scriptstyle \varphi_N} & & \downarrow{\scriptstyle \varphi_M} & & \downarrow{\scriptstyle \varphi_L} & & \\
0 & \longrightarrow & N & \longrightarrow & M & \longrightarrow & L & \longrightarrow & 0
\end{array}
$$

根据归纳假设 φ_N 是同构的, 又 φ_L 也是同构的, 所以 φ_M 也是同构的. $\qquad \square$

定理 7.2.18　设 $\lambda, \mu \in P$ 是两个点反支配整权, 若 λ 属于一个面 F, μ 属于 F 的闭包 $\overline{F}$, 则 $\forall w \in W$; 若 $w \cdot \mu \in \widehat{w \cdot F}$, 则 $T_\lambda^\mu L(w \cdot \lambda) \cong L(w \cdot \mu)$; 而若 $w \cdot \mu \notin \widehat{w \cdot F}$, 则 $T_\lambda^\mu L(w \cdot \lambda) = 0$.

证明　由命题 7.2.12, $T_\lambda^\mu \Delta(w \cdot \lambda) \cong \Delta(w \cdot \mu)$. 因为 T_λ^μ 正合, 所以 T_λ^μ 一定把 $\Delta(w \cdot \lambda)$ 的某个合成因子 $L(w'w \cdot \lambda)$ 映到 $L(w \cdot \mu)$, 这里 $w'w \cdot \lambda \leqslant w \cdot \lambda$. 应用命题 7.2.14, $T_\lambda^\mu L(w'w \cdot \lambda) \cong L(w'w \cdot \mu)$, 所以 $L(w'w \cdot \mu) \cong L(w \cdot \mu)$, 从而 $w'w \cdot \mu = w \cdot \mu$.

回忆注记 7.2.10. 若 $w \cdot \mu \in \widehat{w \cdot F}$, 则 w' 位于 W 的由集合

$$X := \{s_\alpha \mid \alpha \in \Phi_{w \cdot F}^0\} \cup \{s_\alpha \mid \alpha \in \Phi_{w \cdot F}^-, \langle w \cdot \mu + \rho, \alpha^\vee \rangle = 0\}$$

中的所有反射所生成的子群 W' 中, 我们断言: 集合 X 中的每个反射 s_α 都满足 $s_\alpha w \cdot \lambda \geqslant w \cdot \lambda$. 若不然, 假设存在 $s_\alpha \in X$, 其中 α 是正根, 使得 $s_\alpha w \cdot \lambda < w \cdot \lambda$, 即 $\langle w \cdot \lambda + \rho, \alpha^\vee \rangle > 0$, 由于 $w \cdot \lambda \in w \cdot F$, 从而正根 $\alpha \in \Phi^+_{w \cdot F}$, 矛盾! 这证明了上述断言. 进一步, $w'w \cdot \lambda \geqslant w \cdot \lambda$(对 Weyl 群 W' 中的长度函数归纳证明即可), 从而 $w'w \cdot \lambda = w \cdot \lambda$, 这就证明了 $T^\mu_\lambda L(w \cdot \lambda) = L(w \cdot \mu)$.

若 $w \cdot \mu \notin \widehat{w \cdot F}$, 由于 $w \cdot \mu \in \overline{w \cdot F}$, 则根据定义一定存在一个正根 $\alpha \in \Phi^+_{w \cdot F}$, 使得 $s_\alpha w \cdot \lambda < w \cdot \lambda$ 并且 $s_\alpha w \cdot \mu = w \cdot \mu$, 应用定理 6.1.10, 存在一个真的 $U(\mathfrak{g})$-模 嵌入 $\iota : \Delta(s_\alpha w \cdot \lambda) \hookrightarrow \Delta(w \cdot \lambda)$, 于是有如下的短正合列

$$0 \to \Delta(s_\alpha w \cdot \lambda) \xrightarrow{\tau} \Delta(w \cdot \lambda) \to Q \to 0,$$

其中 $Q \neq 0$. 最后应用平移函子 T^μ_λ, 由于

$$T^\mu_\lambda \Delta(s_\alpha w \cdot \lambda) \cong \Delta(s_\alpha w \cdot \mu) = \Delta(w \cdot \mu) \cong T^\mu_\lambda \Delta(w \cdot \lambda),$$

那么 $T^\mu_\lambda(\iota)$ 是一个同构, 从而 $T^\mu_\lambda Q = 0$, 而 $T^\mu_\lambda L(w \cdot \lambda)$ 作为 $T^\mu_\lambda Q$ 的商模, 也必定等于 0. $\qquad\square$

定理 7.2.19 设 $\lambda, \mu \in P$ 是两个点反支配整权, λ 属于一个面 F, $\mu \in \overline{F}$, 若存在 $w \in W$, 使得 $w \cdot \mu \in \widehat{w \cdot F}$, 则 $T^\lambda_\mu P(w \cdot \mu) \cong P(w \cdot \lambda)$.

证明 由定理 7.2.2 可知 $P := T^\lambda_\mu P(w \cdot \mu) \in \mathcal{O}_\lambda$ 是投射模. 对任意 $w' \in W$, 根据定理 5.3.5(3), P 分解为不可分解投射模的直和时 $P(w' \cdot \lambda)$ 出现的重数等于

$$\dim_{\mathbb{C}} \operatorname{Hom}_{\mathcal{O}}(T^\lambda_\mu P(w \cdot \mu), L(w' \cdot \lambda)) = \dim_{\mathbb{C}} \operatorname{Hom}_{\mathcal{O}}(P(w \cdot \mu), T^\mu_\lambda L(w' \cdot \lambda)).$$

首先, 根据定理 7.2.18

$$\operatorname{Hom}_{\mathcal{O}}(P(w \cdot \mu), T^\mu_\lambda L(w \cdot \lambda)) \cong \operatorname{Hom}_{\mathcal{O}}(P(w \cdot \mu), L(w \cdot \mu)) \cong \mathbb{C},$$

从而 $P(w \cdot \lambda)$ 作为 $T^\lambda_\mu P(w \cdot \mu)$ 的不可分解直和项出现的重数是 1.

其次, 若 $P(w' \cdot \lambda)$ 是 $T^\lambda_\mu P(w \cdot \mu)$ 的不可分解直和项, 则

$$\operatorname{Hom}_{\mathcal{O}}(T^\lambda_\mu P(w \cdot \mu), L(w' \cdot \lambda)) \cong \operatorname{Hom}_{\mathcal{O}}(P(w \cdot \mu), T^\mu_\lambda L(w' \cdot \lambda)) \neq 0,$$

从而根据命题 7.2.14 和定理 7.2.18 可知

$$L(w \cdot \mu) \cong T^\mu_\lambda L(w' \cdot \lambda) \cong L(w' \cdot \mu)$$

且 $w' \cdot \mu \in \widehat{w' \cdot F}$. 特别地, $w' \cdot \mu = w \cdot \mu$, 这时存在唯一的房 C 使得 $w \cdot F \subseteq \widehat{C}$, 从而 $w' \cdot \mu = w \cdot \mu \in \widehat{C}$. 又因为 $w' \cdot \mu \in \widehat{w' \cdot F}$, 所以

$$\Phi^0_{w' \cdot F} \cup \Phi^-_{w' \cdot F} = \Phi^-_C, \quad \Phi^+_{w' \cdot F} = \Phi^+_C.$$

所以 $\widehat{w' \cdot F} \subseteq \widehat{C}$, 那么 $w' \cdot \lambda, w \cdot \lambda \in \overline{C}$, 所以 $w' \cdot \lambda = w \cdot \lambda$. □

习　题　7.2

习题 7.2.20　设 F 是一个面, 则

(1) 存在唯一的房 C, 使得 $F \subseteq \widehat{C}$;

(2) 若面 F 属于房 C 的上闭包, 则 $\widehat{F} \subseteq \widehat{C}$.

习题 7.2.21　设 F 是一个面, 定义 $\Phi(F) := \{\alpha \in \Phi \mid \pm\alpha \in \Phi_F^0\}$, 则 $\Phi(F)$ 构成一个根系, 并且其 Weyl 群同构于 $\{w \in W \mid w \cdot x = x, \forall x \in F\}$.

7.3　倾　斜　模

倾斜理论起源于有限维代数的表示理论. C. Ringel[77] 证明了对于拟遗传代数存在一类同时具有标准滤过与余标准滤过的不可分解模——倾斜模, 并用它们构造新的拟遗传代数 (Ringel 对偶), 倾斜模理论目前在代数群的模表示[28]、参数为单位根的量子群[2, 4, 86] 以及仿射李代数的表示[87] 等领域中都有广泛的应用. 本节我们将讨论范畴 $\mathcal{O}$ 理论框架下的倾斜模理论.

定义 7.3.1　设 $M \in \mathcal{O}$, 若 M 既有标准滤过又有余标准滤过, 则称 M 是 $\mathcal{O}$ 中的**倾斜模**.

例 7.3.2　$\mathcal{O}$ 中的每个投射内射模都是倾斜模. 特别地, 根据定理 6.2.6, 若 λ 是点反支配整权, 则 $P(\lambda)$ 是 $\mathcal{O}$ 中的倾斜模. 例如 $P(w_0 \cdot 0)$ 是 $\mathcal{O}_0$ 中的倾斜模.

引理 7.3.3　投射函子保持由倾斜模构成的加法子范畴.

证明　应用引理 7.1.2 与推论 7.1.7, 引理得证. □

命题 7.3.4　设 $M \in \mathcal{O}$, 则 M 是倾斜模当且仅当对任何 $\lambda \in \mathfrak{h}^*$,

$$\mathrm{Ext}^1_{\mathcal{O}}(M, \nabla(\lambda)) = 0 = \mathrm{Ext}^1_{\mathcal{O}}(\Delta(\lambda), M),$$

也当且仅当对任何 $\lambda \in \mathfrak{h}^*$ 以及任何 $n > 0$,

$$\mathrm{Ext}^n_{\mathcal{O}}(M, \nabla(\lambda)) = 0 = \mathrm{Ext}^n_{\mathcal{O}}(\Delta(\lambda), M).$$

特别地, 若 M, N 都是倾斜模, 则 $\forall n > 0, \mathrm{Ext}^n_{\mathcal{O}}(M, N) = 0$.

证明　应用定理 5.3.8 与推论 5.3.13 即得命题结论. □

命题 7.3.5　设 $M \in \mathcal{O}$ 是倾斜模, 则:

(1) 设 $N \in \mathcal{O}$ 也是倾斜模, 则 $M \oplus N$ 是倾斜模;

(2) M 的每个直和项都是倾斜模;

(3) 设 L 是有限维模, 则 $L \otimes M$ 是倾斜模;

(4) 平移函子作用在 M 上仍然得到倾斜模.

证明 应用命题 7.3.4 可得 (1) 与 (2), 应用习题 5.2.9 和习题 5.3.21 可得 (3), 最后 (4) 由 (2) 与 (3) 推出. □

用 $\mathcal{O}_{\text{int}}$ 表示 $\mathcal{O}$ 的由所有权都是整权的模构成的完全子范畴. 等价地, $\mathcal{O}_{\text{int}} = \bigoplus_{\lambda \in P} \mathcal{O}_\lambda$. 利用命题 7.3.4 和命题 7.3.5(4) 以及倾斜模理论的标准归纳构造可得下述定理.

定理 7.3.6 (1) 在同构的意义下, 对每个 $\lambda \in P$, $\mathcal{O}_{\text{int}}$ 中存在唯一的不可分解倾斜模 $T(\lambda)$, 满足 $\dim_{\mathbb{C}} T(\lambda)_\lambda = 1$, 并且 $T(\lambda)_\mu \neq 0$ 仅当 $\mu \leqslant \lambda$. 进一步

$$(T(\lambda) : \Delta(\lambda)) = 1 = (T(\lambda) : \nabla(\lambda)),$$

并且 $\Delta(\lambda)$ 是 $T(\lambda)$ 的子模使得 $T(\lambda)/\Delta(\lambda)$ 有标准滤过, 而 $\nabla(\lambda)$ 是 $T(\lambda)$ 的商模使得满同态 $T(\lambda) \twoheadrightarrow \nabla(\lambda)$ 的核有余标准滤过.

(2) $\mathcal{O}_{\text{int}}$ 中的每个不可分解倾斜模都同构于某个 $T(\lambda)$, 其中 $\lambda \in P$.

推论 7.3.7 设 $\lambda \in P$, 则

(1) $T(\lambda)^\vee \cong T(\lambda)$;

(2) 在同构意义下, $T(\lambda)$ 由它的形式特征标所唯一决定;

(3) $\{[T(\lambda)] \mid \lambda \in P\}$ 是 $K(\mathcal{O}_{\text{int}})$ 的一组基.

证明 由定义, $T(\lambda)^\vee$ 也是一个不可分解倾斜模 $T(\lambda)$, 具有最高权 λ, 并且满足 $(T(\lambda)^\vee)_\mu \neq 0$ 仅当 $\mu \leqslant \lambda$. 根据定理 7.3.6 可知 $T(\lambda)^\vee \cong T(\lambda)$, 这证明了 (1). 仍根据定理 7.3.6 可知

$$\operatorname{ch} T(\lambda) = \operatorname{ch} \Delta(\lambda) + \sum_{\lambda > \mu \in P} b_{\lambda,\mu} \operatorname{ch} \Delta(\mu),$$

由此 (2), (3) 得证. □

例 7.3.8 设 $\mathfrak{g} = \mathfrak{sl}_3$, $\Pi = \{\alpha_1, \alpha_2\}$. 记 $s = s_{\alpha_1}$, $t = s_{\alpha_2}$, $\lambda := -\Lambda_1$. 则 λ 是一个点奇异的点支配整权, $W_\lambda = \{e, s\}$. 与例 5.3.7 一样, 任给 $w \in W$, 采用如下简单记号:

$$L(w) := L(w \cdot \lambda), \quad \Delta(w) := \Delta(w \cdot \lambda), \quad \nabla(w) := \nabla(w \cdot \lambda), \quad P(w) := P(w \cdot \lambda).$$

在范畴 $\mathcal{O}$ 的块 $\mathcal{O}_\lambda$ 中只有三个不可约模 $L(e), L(t), L(st)$, 所以也只有三个不可分解倾斜模 $T(e), T(t), T(st)$, 其中

$$T(e) = P(st), \quad T(st) = \Delta(st) = L(st).$$

它们的标准滤过对应的分层结构如下所示:

$$T(e) = \begin{matrix} \Delta(st) \\ \Delta(t) \\ \Delta(e) \end{matrix}, \quad T(t) = \begin{matrix} \Delta(st) \\ \Delta(t) \end{matrix}, \quad T(st) = \Delta(st),$$

其中 $T(e) = P(st)$ 是唯一一个自对偶的不可分解投射内射模.

回忆 $L(w_0 \cdot 0) \cong \Delta(w_0 \cdot 0) \cong \nabla(w_0 \cdot 0)$ 是主块 $\mathcal{O}_0$ 中的倾斜模. 应用命题 7.3.5, 我们可知对任意的 $x \in W$, $\theta_{w_0 x} L(w_0 \cdot 0)$ 也是 $\mathcal{O}_0$ 中的一个倾斜模. 利用命题 7.1.8 对投射函子的刻画可知 $\theta_{w_0 x} L(w_0 \cdot 0)$ 的最高权为 $x \cdot 0$. 最后再利用 $\mathcal{O}_0$ 的 Koszul 自对偶性, 可知 Koszul 对偶函子把 $\theta_{w_0 x} L(w_0 \cdot 0)$ 映到一个不可分解模, 由此得到下面关于范畴 $\mathcal{O}$ 的主块的不可分解倾斜模的具体构造.

定理 7.3.9 ([25, 命题 5.10])　对任何 $x \in W$, 有

$$T(x \cdot 0) \cong \theta_{w_0 x}\big(L(w_0 \cdot 0)\big).$$

设 $\lambda \in P$ 是点支配整权, 定义

$$\mathrm{Tr}_{P(w_0 \cdot \lambda)}\big(P(w_0 x \cdot \lambda)\big) := \sum_{f \in H} \mathrm{Im}\, f = \bigcup_{f \in H} \mathrm{Im}\, f,$$

其中 $H := \mathrm{Hom}_{\mathcal{O}}(P(w_0 \cdot \lambda), P(w_0 x \cdot \lambda))$.

在下面的命题中, K. Coulembier 给出范畴 $\mathcal{O}$ 的不可分解倾斜模的另一种构造.

命题 7.3.10 ([23, Lemma 1])　设 $\lambda \in P$ 是一个点支配整权, 则对任何 $x \in W$, 我们有

$$T(x \cdot \lambda) \cong \mathrm{Tr}_{P(w_0 \cdot \lambda)}\big(P(w_0 x \cdot \lambda)\big).$$

证明　显然 $L(w_0 \cdot 0) \cong \Delta(w_0 \cdot 0) \cong \nabla(w_0 \cdot 0) \cong T(w_0 \cdot 0)$ 可以等同于 $\mathrm{Tr}_{P(w_0 \cdot 0)}(\Delta(w_0 \cdot 0))$. 任给 $w \in W$, $\theta_w(\Delta(0)) \cong \Delta(w \cdot 0)$, 函子 θ_w 左、右伴随于 $\theta_{w^{-1}}$, 注意到 $P(w_0 \cdot 0)$ 是 $\mathcal{O}_0$ 中唯一的不可分解投射内射模, 而 θ_w 把投射内射模变为投射内射模, 所以 $\theta_w P(w_0 \cdot 0)$ 同构于若干个 $P(w_0 \cdot 0)$ 的直和. 若 $K := \mathrm{Tr}_{P(w_0 \cdot 0)}(M)$, 则 $\theta_w K = \mathrm{Tr}_{P(w_0 \cdot 0)}(\theta_w M)$.

现在取 $M := \Delta(0)$, $K := L(w_0 \cdot 0)$, $w = w_0 x$, 所以能得到 $\theta_{w_0 x}(L(w_0 \cdot 0)) = \mathrm{Tr}_{P(w_0 \cdot 0)}(P(w_0 x \cdot 0))$, 应用定理 7.3.9, $\theta_{w_0 x}(L(w_0 \cdot 0)) \cong T(x \cdot 0)$, 这证明了命题当 $\lambda = 0$ 时成立. 对一般的点支配整权 λ, 利用到墙上的平移函子即可归结到 $\lambda = 0$ 的情形. □

计算不可分解倾斜模的特征标是一个与计算不可约模特征标同等难度的核心问题, W. Soergel 在下面的结果中给出了答案.

定理 7.3.11 [89]　设 $\lambda \in P$ 是点支配整权, 则 $\forall\, x, w \in W^\lambda$, 使得 $x \leqslant w$,

$$\big(T(w_0 w \cdot \lambda) : \Delta(w_0 x \cdot \lambda)\big) = [\Delta(x \cdot \lambda) : L(w \cdot \lambda)] = \big(P(w \cdot \lambda) : \Delta(x \cdot \lambda)\big).$$

特别地, $\big(T(w_0 w \cdot \lambda) : \Delta(w_0 x \cdot \lambda)\big) = P_{x,w}(1)$.

根据定理 5.1.9(2)、推论 5.3.13、定理 7.3.11 以及不可分解倾斜模的自对偶性可得下述推论.

推论 7.3.12　设 $\lambda \in P$ 是点支配整权, 则 $\forall x, w \in W^\lambda$, $x \leqslant w$,

$$\dim_{\mathbb{C}} \mathrm{Hom}_{\mathcal{O}}(\Delta(w_0 x \cdot \lambda), T(w_0 w \cdot \lambda)) = P_{x,w}(1).$$

第8章 抛物范畴 $\mathcal{O}$

抛物范畴 $\mathcal{O}^{\mathfrak{p}}$ 是 BGG 范畴 $\mathcal{O}$ 的一种相对形式的推广, 它大致对应于李群设置下从对旗流形 G/B 的研究推广到对 G/P 的研究. 本章将主要讨论抛物范畴 $\mathcal{O}^{\mathfrak{p}}$ [78], 这些范畴实际上是通常的 BGG 范畴 $\mathcal{O}$ 的 Serre 子范畴, 虽然大部分通常 BGG 范畴 $\mathcal{O}$ 的理论都能推广到抛物范畴 $\mathcal{O}^{\mathfrak{p}}$ 上来, 但仍然有很多不同的地方.

8.1 抛物范畴 $\mathcal{O}$ 的定义和基本性质

回忆 $\mathfrak{g}$ 是一个有限维复半单李代数, 固定 $\mathfrak{g}$ 的 Cartan 子代数 $\mathfrak{h}$, Φ 是对应的根系, Π 是 Φ 的一个固定的基. 任给 Π 的子集 $\mathrm{I} \subseteq \Pi$, 令

$$\Phi_{\mathrm{I}} := \Phi \cap \mathbb{Z}\mathrm{I}, \quad \Phi_{\mathrm{I}}^{+} := \Phi^{+} \cap \mathbb{Z}\mathrm{I}, \quad \Phi_{\mathrm{I}}^{-} := \Phi^{-} \cap \mathbb{Z}\mathrm{I}.$$

则 Φ_{I} 是子空间 $\sum_{\alpha \in \mathrm{I}} \mathbb{R}\alpha$ 的根系, I 是 Φ_{I} 的基, Φ_{I}^{+} 是 Φ_{I} 的正根集, Φ_{I}^{-} 是 Φ_{I} 的负根集. 设 W_{I} 是由 $\{s_{\alpha} \mid \alpha \in \mathrm{I}\}$ 生成的 W 的子群, 则 W_{I} 是 Φ_{I} 的 Weyl 群. 用 $w_{0,\mathrm{I}}$ 表示 W_{I} 中唯一的最长元.

对任意 $\alpha \in \Phi^{+}$, 选取非零元素 $x_{\alpha} \in \mathfrak{g}_{\alpha}$, $y_{\alpha} \in \mathfrak{g}_{-\alpha}$, $h_{\alpha} \in \mathfrak{h}$ 满足

$$[x_{\alpha}, y_{\alpha}] = h_{\alpha}, \quad [h_{\alpha}, x_{\alpha}] = 2x_{\alpha}, \quad [h_{\alpha}, y_{\alpha}] = -2y_{\alpha}.$$

由子集 I 出发可定义 $\mathfrak{g}$ 的标准抛物子代数 $\mathfrak{p}_{\mathrm{I}}$ 如下:

$$\mathfrak{p}_{\mathrm{I}} := \bigoplus_{\alpha \in \Phi_{\mathrm{I}}^{-}} \mathfrak{g}_{\alpha} \oplus \mathfrak{h} \oplus \bigoplus_{\alpha \in \Phi^{+}} \mathfrak{g}_{\alpha}.$$

我们即将引入的抛物范畴 $\mathcal{O}^{\mathfrak{p}}$ 就是由抛物子代数 $\mathfrak{p} := \mathfrak{p}_{\mathrm{I}}$ 所关联的. 首先定义 $\mathfrak{p}_{\mathrm{I}}$ 的如下若干子代数:

$$\mathfrak{l}_{\mathrm{I}} := \mathfrak{h} \oplus \bigoplus_{\alpha \in \Phi_{\mathrm{I}}} \mathfrak{g}_{\alpha}; \qquad\qquad \mathfrak{u}_{\mathrm{I}} := \bigoplus_{\alpha \in \Phi^{+} \setminus \Phi_{\mathrm{I}}^{+}} \mathfrak{g}_{\alpha};$$

$$\mathfrak{u}_{\mathrm{I}}^{-} := \bigoplus_{\alpha \in \Phi^{-} \setminus \Phi_{\mathrm{I}}^{-}} \mathfrak{g}_{\alpha}; \qquad\qquad \mathfrak{g}_{\mathrm{I}} := [\mathfrak{l}_{\mathrm{I}}, \mathfrak{l}_{\mathrm{I}}], \quad \mathfrak{l}_{\mathrm{I}} \text{ 的半单子代数};$$

$$\mathfrak{h}_{\mathrm{I}} := \bigoplus_{\alpha \in \mathrm{I}} \mathbb{C}h_{\alpha}, \quad \mathfrak{g}_{\mathrm{I}} \text{ 的 Cartan 子代数}; \qquad\qquad \mathfrak{n}_{\mathrm{I}} := \bigoplus_{\alpha \in \Phi_{\mathrm{I}}^{+}} \mathfrak{g}_{\alpha};$$

$$\mathfrak{n}_{\mathrm{I}}^{-} := \bigoplus_{\alpha \in \Phi_{\mathrm{I}}^{-}} \mathfrak{g}_{\alpha}; \qquad\qquad \mathfrak{z}_{\mathrm{I}} := \bigcap_{\alpha \in \mathrm{I}} \ker \alpha = \mathfrak{l}_{\mathrm{I}} \text{ 的中心} = \operatorname{rad} \mathfrak{l}_{\mathrm{I}}.$$

特别地, $\mathfrak{p}_\varnothing = \mathfrak{h}$, $\mathfrak{p}_\Pi = \mathfrak{g}$, 有如下分解:

$$\mathfrak{p}_I = \mathfrak{l}_I \oplus \mathfrak{u}_I, \qquad\qquad \mathfrak{g}_I = \mathfrak{n}_I^- \oplus \mathfrak{h}_I \oplus \mathfrak{n}_I,$$

$$\mathfrak{l}_I = \mathfrak{g}_I \oplus \mathfrak{z}_I, \qquad\qquad \mathfrak{h} = \mathfrak{h}_I \oplus \mathfrak{z}_I,$$

$$\mathfrak{n} = \mathfrak{n}_I \oplus \mathfrak{u}_I, \qquad\qquad \mathfrak{n}^- = \mathfrak{n}_I^- \oplus \mathfrak{u}_I^-,$$

$$\mathfrak{g} = \mathfrak{u}_I^- \oplus \mathfrak{l}_I \oplus \mathfrak{u}_I = \mathfrak{u}_I^- \oplus \mathfrak{p}_I.$$

由于 $\mathfrak{h} = \mathfrak{h}_I \oplus \mathfrak{z}_I$, $\mathfrak{h}^* = \mathfrak{h}_I^* \oplus \mathfrak{z}_I^*$. 设 $\{\Lambda_\alpha \mid \alpha \in \Pi\}$ 是基本支配整权的集合, 则 $\{\alpha \downarrow_{\mathfrak{h}_I} \mid \alpha \in I\}$ 是 $\mathfrak{h}_I^*$ 的一组基. 设 $\lambda \in \mathfrak{h}^*$, 用 $\lambda_I \in \mathfrak{h}_I^*$ 表示 λ 在 $\mathfrak{h}_I$ 上的限制, 即 $\lambda_I = \lambda \downarrow_{\mathfrak{h}_I}$. 令

$$P_I^+ := \{\lambda \in \mathfrak{h}^* \mid \langle \lambda, \alpha^\vee \rangle \in \mathbb{Z}^{\geqslant 0}, \ \forall \alpha \in I\}.$$

设 $\lambda \in P_I^+$, 则 λ_I 是 $\mathfrak{h}_I^*$ 中的支配整权, $L(\lambda_I)$ 是有限维不可约 $\mathfrak{g}_I$-模. 定义 $z \in \mathfrak{z}_I$ 在 $L(\lambda_I)$ 上的作用是数乘 $\lambda(z)$, 则 $L(\lambda_I)$ 成为一个 $\mathfrak{l}_I$-模, 记作 $L_I(\lambda)$, 显然, $L_I(\lambda)$ 是有限维不可约 $\mathfrak{l}_I$-模. 反之, 每个有限维不可约 $\mathfrak{l}_I$-模都具有上述形式. 事实上, 设 L_I 是一个有限维不可约 $\mathfrak{l}_I$-模, 则 $z \in \mathfrak{z}_I$ 在 L_I 上的作用是 $\mathfrak{l}_I$-模同态, 由 Schur 引理, z 在 L_I 上的作用是数乘, 因此 L_I 限制为 $\mathfrak{g}_I$-模也是不可约的.

需要注意的是, 若 $\mathfrak{z}_I \neq 0$, 则互不同构的单 $\mathfrak{l}_I$-模 M 限制为 $\mathfrak{g}_I$-模时有可能是同构. 此外, $\mathfrak{l}_I$ 是简约李代数, 根据习题 1.6.12, 若 M 是有限维 $\mathfrak{l}_I$-模且 $\mathfrak{h}$ 在 M 上的作用是半单的, 则 M 作为 $\mathfrak{l}_I$-模是半单的.

设 $\lambda \in \mathfrak{h}^*$, $\mathbb{C}_\lambda = \mathbb{C}1_\lambda$ 是一维 $U(\mathfrak{h} \oplus \mathfrak{n}_I)$-模, 满足: $\forall h \in \mathfrak{h}$, $h \cdot 1_\lambda = \lambda(h)1_\lambda$, $\mathfrak{n}_I \cdot 1_\lambda = 0$. 称 $V_I(\lambda) := U(\mathfrak{l}_I) \otimes_{U(\mathfrak{h} \oplus \mathfrak{n}_I)} \mathbb{C}_\lambda$ 是 $U(\mathfrak{l}_I)$ 的 Verma 模. 根据 PBW 定理, 有 $U(\mathfrak{n}_I^-)$-模同构 $V_I(\lambda) \cong U(\mathfrak{n}_I^-) \otimes \mathbb{C}_\lambda$. 类似于 Kostant 函数 p, 参见定义 3.3.5, 定义 $\mathfrak{h}^*$ 上的整值函数 $p_I \in \mathcal{X}$, 满足 $\forall \lambda \in \mathfrak{h}^*$,

$$p_I(\lambda) := \#\left\{ (c_\alpha)_{\alpha \in \Phi_I^+} \middle| c_\alpha \in \mathbb{Z}^{\geqslant 0}, \lambda = -\sum_{\alpha \in \Phi_I^+} c_\alpha \alpha \right\}.$$

则 $\operatorname{ch} V_I(\lambda) = p_I * e(\lambda)$.

设 $\lambda \in P_I^+$, 类似于 (6.3.3), 有限维不可约 $U(\mathfrak{l}_I)$-模 $L_I(\lambda)$ 也存在下述 BGG 析解式:

$$0 \to V_I(w_{0,I} \cdot \lambda) = C_{m_I}^I \to \cdots \to C_1^I \to C_0^I = V_I(\lambda) \to L_I(\lambda) \to 0, \qquad (8.1.1)$$

其中 $m_I = |\Phi_I^+|$, 且对每个 $0 \leqslant k \leqslant m_I$,

$$C_k^I := \bigoplus_{w \in W_I, \ell(w) = k} V_I(w \cdot \lambda).$$

定义 8.1.1　固定子集 $\mathrm{I} \subseteq \Pi$, 设 $\mathfrak{p} = \mathfrak{p}_\mathrm{I}$ 是对应的标准抛物子代数. **抛物范畴** $\mathcal{O}^\mathfrak{p}$ 是 $U(\mathfrak{g})$-模范畴的完全子范畴, 其对象由满足下列条件的所有 $U(\mathfrak{g})$-模 M 组成:

($\mathcal{O}^\mathfrak{p}1$) M 作为 $U(\mathfrak{g})$-模是有限生成的;

($\mathcal{O}^\mathfrak{p}2$) M 作为 $U(\mathfrak{l}_\mathrm{I})$-模可分解为一些有限维单模的直和;

($\mathcal{O}^\mathfrak{p}3$) M 是局部 $U(\mathfrak{u}_\mathrm{I})$-有限的.

命题 8.1.2　设 $\mathrm{I} \subseteq \Pi$, $\mathfrak{p} = \mathfrak{p}_\mathrm{I}$ 是对应的标准抛物子代数, 则

(1) $\mathcal{O}^\mathfrak{p}$ 是 $\mathcal{O}$ 的完全子范畴;

(2) 有限维 $U(\mathfrak{g})$-模总属于 $\mathcal{O}^\mathfrak{p}$.

证明　(1) 设 $M \in \mathcal{O}^\mathfrak{p}$, 根据本节前面的讨论, 有限维单 $U(\mathfrak{l}_\mathrm{I})$-模一定是 $\mathfrak{h}$-半单的. 再结合 ($\mathcal{O}^\mathfrak{p}2$), M 是 $\mathfrak{h}$-半单的, M 满足 ($\mathcal{O}2$).

再来证明 $\forall v \in M$, $\dim_\mathbb{C} U(\mathfrak{n})v < \infty$. 根据 ($\mathcal{O}^\mathfrak{p}2$), 不妨设 v 属于 M 的某个有限维单 $U(\mathfrak{l}_\mathrm{I})$-模直和项, 则 $U(\mathfrak{n}_\mathrm{I})v$ 属于这个直和项, 因此是有限维的. 又根据 ($\mathcal{O}^\mathfrak{p}3$), $\forall w \in U(\mathfrak{n}_\mathrm{I})v$, $U(\mathfrak{u}_\mathrm{I})w$ 是有限维的, 进而 $U(\mathfrak{n})v = U(\mathfrak{u}_\mathrm{I})U(\mathfrak{n}_\mathrm{I})v$ 是有限维的, 即 M 满足 ($\mathcal{O}3$), 所以 $M \in \mathcal{O}$.

(2) 设 M 是有限维 $U(\mathfrak{g})$-模, 则 $\mathfrak{h}$ 在 M 上的作用是半单的, 根据本节前面的讨论, M 作为有限维 $U(\mathfrak{l}_\mathrm{I})$-模也是半单的, 所以 M 满足 ($\mathcal{O}^\mathfrak{p}2$), 又 M 是有限维的, 自然满足 ($\mathcal{O}^\mathfrak{p}1$) 和 ($\mathcal{O}^\mathfrak{p}3$), 所以 $M \in \mathcal{O}^\mathfrak{p}$.　□

注记 8.1.3　(1) 当 $\mathrm{I} = \varnothing$ 时, $\mathcal{O}^\mathfrak{p}$ 即范畴 $\mathcal{O}$; 而当 $\mathrm{I} = \Pi$ 时, $\mathcal{O}^\mathfrak{p}$ 即有限维 $U(\mathfrak{g})$-模范畴.

(2) 注意 ($\mathcal{O}^\mathfrak{p}2$) 中的 "一些" 可以是 "无限多个", 但是其中每个有限维单 $U(\mathfrak{l}_\mathrm{I})$-模只能在直和分解中出现至多有限次, 这是因为 $\mathcal{O}^\mathfrak{p} \subseteq \mathcal{O}$, 而 $\mathcal{O}$ 中模的每个权空间都是有限维的.

引理 8.1.4　设 $M \in \mathcal{O}$, $P(M)$ 是 M 的权集, $\mathrm{I} \subseteq \Pi$, 则下面几个命题等价:

(1) M 是局部 $U(\mathfrak{n}_\mathrm{I}^-)$-有限的;

(2) $\forall \alpha \in \mathrm{I}$, $\forall \mu \in P(M)$, $\dim_\mathbb{C} M_\mu = \dim_\mathbb{C} M_{s_\alpha\mu}$;

(3) $\forall w \in W_\mathrm{I}$, $\forall \mu \in P(M)$, $\dim_\mathbb{C} M_\mu = \dim_\mathbb{C} M_{w\mu}$;

(4) $P(M)$ 在 W_I 的作用下是稳定的.

证明　(1) $\Rightarrow$ (2). 对任意 $\alpha \in \mathrm{I}$, 取非零元素 $x_\alpha \in \mathfrak{g}_\alpha$, $y_\alpha \in \mathfrak{g}_{-\alpha}$, $h_\alpha \in \mathfrak{h}$ 满足

$$[x_\alpha, y_\alpha] = h_\alpha, \quad [h_\alpha, x_\alpha] = 2x_\alpha, \quad [h_\alpha, y_\alpha] = -2y_\alpha.$$

令 $\mathfrak{g}^\alpha := \mathbb{C}\text{-Span}\{x_\alpha, y_\alpha, h_\alpha\}$, 则 $\{x_\alpha, y_\alpha, h_\alpha\}$ 构成子代数 $\mathfrak{g}^\alpha \cong \mathfrak{sl}_2$ 的一个标准基. 根据命题 4.1.3($\mathcal{O}4$), $M \in \mathcal{O}$ 意味着 $\dim M_\mu < \infty$. 令 N 是由 M_μ 生成的 M 的 $\mathfrak{g}^\alpha$-子模, 则根据 (1), ($\mathcal{O}3$) 以及 PBW 定理可知, N 是 M 的一个有限维 $\mathfrak{g}^\alpha$-子模. 应用 $\mathfrak{sl}_2$ 的表示理论可得

$$\dim_\mathbb{C} M_\mu = \dim_\mathbb{C} N_\mu = \dim_\mathbb{C} N_{s_\alpha\mu} \leqslant \dim_\mathbb{C} M_{s_\alpha\mu},$$

根据 $\alpha \in \mathrm{I}$ 以及 $\mu \in P(M)$ 的任意性可知 $\dim_{\mathbb{C}} M_\mu = \dim_{\mathbb{C}} M_{s_\alpha \mu}$.

(2) $\Rightarrow$ (3). 只需注意到 W_I 由单反射 $\{s_\alpha \mid \alpha \in \mathrm{I}\}$ 生成.

(3) $\Rightarrow$ (4) 是平凡的.

(4) $\Rightarrow$ (1). 给定 M 中一个权为 μ 的权向量 v, 根据 $(\mathcal{O}3)$, $U(\mathfrak{n}_\mathrm{I})$ 中只有有限多个标准 PBW 单项式能把 v 变为非零向量, 因此 $P(M)$ 中也只有有限多个形如 $\mu + \nu$ 的权使得 ν 是 Φ_I^+ 中根的非负整系数线性组合. 由 (4), $w_{0,\mathrm{I}}$ 稳定 $P(M)$, 从而只有有限多个 Φ_I^- 中根的非负整系数线性组合可以加到 $w_{0,\mathrm{I}}\mu$ 上得到 M 的一个权, 这蕴含了 M 是局部 $U(\mathfrak{n}_\mathrm{I}^-)$-有限的. $\qquad\square$

命题 8.1.5 设 $\mathrm{I} \subseteq \Pi$, $\mathfrak{p} = \mathfrak{p}_\mathrm{I}$ 是对应的标准抛物子代数, 则

(1) 设 $M \in \mathcal{O}$, 则 $M \in \mathcal{O}^\mathfrak{p}$ 当且仅当 V 满足引理 8.1.4 的等价条件;

(2) 设 $M \in \mathcal{O}^\mathfrak{p}$, 则 $M^\vee \in \mathcal{O}^\mathfrak{p}$;

(3) 设 $M, N \in \mathcal{O}^\mathfrak{p}$, L 是有限维模, 则 $L \otimes M \in \mathcal{O}^\mathfrak{p}$, $M \oplus N \in \mathcal{O}^\mathfrak{p}$, M 的子模和商模也属于 $\mathcal{O}^\mathfrak{p}$, M 和 N 之间的任意扩张也属于 $\mathcal{O}^\mathfrak{p}$;

(4) 设 $M \in \mathcal{O}^\mathfrak{p}$ 有分解 $M = \bigoplus_\chi M^\chi$, 则 $M^\chi \in \mathcal{O}^\mathfrak{p}$. 从而 $\mathcal{O}^\mathfrak{p} = \bigoplus_\chi \mathcal{O}^\mathfrak{p}_\chi$, 进而平移函子可限制到抛物范畴 $\mathcal{O}^\mathfrak{p}$ 上.

证明 留作习题. $\qquad\square$

引理 8.1.6 设 $\lambda \in \mathfrak{h}^*$, 若 $L(\lambda) \in \mathcal{O}^\mathfrak{p}$, 则 $\lambda \in P_\mathrm{I}^+$.

证明 设 $v \in L(\lambda)$ 是一个权 λ 的极大向量. 根据命题 8.1.5(1), $L(\lambda)$ 是局部 $U(\mathfrak{n}_\mathrm{I}^-)$-有限的, 进而 $\forall \alpha \in \mathrm{I}$, $\dim_{\mathbb{C}} U(\mathfrak{g}^\alpha)v < \infty$. 应用 $\mathfrak{sl}_2$ 的表示理论可得 $\langle \lambda, \alpha^\vee \rangle \in \mathbb{Z}^{\geq 0}$, 即 $\lambda \in P_\mathrm{I}^+$. $\qquad\square$

由命题 8.1.5(3) 可知 $\mathcal{O}^\mathfrak{p}$ 是 $\mathcal{O}$ 的 Serre 子范畴, 有自然的嵌入函子 $i_\mathfrak{p} : \mathcal{O}^\mathfrak{p} \to \mathcal{O}$, 它是一个正合函子.

设 $M \in \mathcal{O}$, 令 $\hat{Z}_\mathfrak{p}M := \{v \in M \mid U(\mathfrak{n}_\mathrm{I}^-)v$ 是有限维的$\}$, 则显然 $\hat{Z}_\mathfrak{p}M$ 是 M 的一个子模, 从而也在 $\mathcal{O}$ 中, 进一步根据命题 8.1.5 知 $\hat{Z}_\mathfrak{p}M \in \mathcal{O}^\mathfrak{p}$. 特别地, $\hat{Z}_\mathfrak{p}M$ 是 M 的属于 $\mathcal{O}^\mathfrak{p}$ 的子模中最大的一个. 一般地, 若 $M, N \in \mathcal{O}$ 以及 $f \in \mathrm{Hom}_\mathcal{O}(M, N)$, 显然 $f(\hat{Z}_\mathfrak{p}M) \subseteq \hat{Z}_\mathfrak{p}N$, 于是 $\hat{Z}_\mathfrak{p}(-) : \mathcal{O} \to \mathcal{O}^\mathfrak{p}$ 是一个自然定义的函子. 定义 $Z_\mathfrak{p}(M) := (\hat{Z}_\mathfrak{p}(M^\vee))^\vee \in \mathcal{O}^\mathfrak{p}$, 则显然 $Z_\mathfrak{p}(M)$ 是 M 的位于 $\mathcal{O}^\mathfrak{p}$ 中的最大的商模, 从而也自然定义了一个函子 $Z_\mathfrak{p}(-) : \mathcal{O} \to \mathcal{O}^\mathfrak{p}$. 易见函子 $Z_\mathfrak{p}(-)$ 右正合, 而函子 $\hat{Z}_\mathfrak{p}(-)$ 左正合.

定义 8.1.7 把 $Z_\mathfrak{p}(-) : \mathcal{O} \to \mathcal{O}^\mathfrak{p}$ 称为是 **Zukerman 函子**, 而把 $\hat{Z}_\mathfrak{p}(-) : \mathcal{O} \to \mathcal{O}^\mathfrak{p}$ 称为**对偶 Zukerman 函子**.

定义 8.1.8 对每个 $\lambda \in \mathfrak{h}^*$, 定义

$$L^\mathfrak{p}(\lambda) := Z_\mathfrak{p}(L(\lambda)), \quad \Delta^\mathfrak{p}(\lambda) := Z_\mathfrak{p}(\Delta(\lambda)), \quad P^\mathfrak{p}(\lambda) := Z_\mathfrak{p}(P(\lambda)).$$

注意到 $L^\mathfrak{p}(\lambda)$ 要么为 0, 要么等于 $L(\lambda)$. 若 $P^\mathfrak{p}(\lambda) \neq 0$, 则 $P^\mathfrak{p}(\lambda)$ 是 $\mathcal{O}^\mathfrak{p}$ 中一个

不可分解投射模 (习题 8.1.11). 由于函子"$\vee$"保持 $\mathcal{O}^{\mathfrak{p}}$, 因此可以定义

$$\nabla^{\mathfrak{p}}(\lambda) := \left(\Delta^{\mathfrak{p}}(\lambda)\right)^{\vee}, \quad I^{\mathfrak{p}}(\lambda) := \left(P^{\mathfrak{p}}(\lambda)\right)^{\vee}.$$

习 题 8.1

习题 8.1.9　证明命题 8.1.5.

习题 8.1.10　证明 Zukerman 函子 $Z_{\mathfrak{p}}(-)$ 是嵌入函子 $i_{\mathfrak{p}}$ 的左伴随, 而 $\hat{Z}_{\mathfrak{p}}(-)$ 是嵌入函子 $i_{\mathfrak{p}}$ 的右伴随.

习题 8.1.11　设 $\lambda \in \mathfrak{h}^*$, 证明 $L^{\mathfrak{p}}(\lambda)$ 要么为 0, 要么等于 $L(\lambda)$; 若 $P^{\mathfrak{p}}(\lambda) \neq 0$, 则 $P^{\mathfrak{p}}(\lambda)$ 是 $\mathcal{O}^{\mathfrak{p}}$ 中一个不可分解投射模.

8.2　抛物 Verma 模

设 $I \subseteq \Pi, \lambda \in P_I^+$, $L_I(\lambda)$ 是 8.1 节中给出的有限维单 $\mathfrak{l}_I$-模. 利用典范李代数满同态 $\mathfrak{p}_I \twoheadrightarrow \mathfrak{p}_I/\mathfrak{u}_I \cong \mathfrak{l}_I$ 诱导出 $L_I(\lambda)$ 上的一个 $\mathfrak{p}_I$-模结构. 特别地, $\mathfrak{u}_I$ 在 $L_I(\lambda)$ 上作用为 0, 仍用 $L_I(\lambda)$ 表示这个 $\mathfrak{p}_I$-模. 显然, 作为 $\mathfrak{p}_I$-模, $L_I(\lambda)$ 也可以由权为 λ 的最高权向量 v 生成.

定义 8.2.1　设 $\lambda \in P_I^+$, 定义 $\Delta_I(\lambda) := U(\mathfrak{g}) \otimes_{U(\mathfrak{p}_I)} L_I(\lambda)$.

根据定义, 显然 $\Delta_I(\lambda)$ 是由权为 λ 的最高权向量生成的最高权 $U(\mathfrak{g})$-模. 因此, $\Delta_I(\lambda)$ 是 Verma 模 $\Delta(\lambda)$ 的商模, $L(\lambda)$ 是 $\Delta_I(\lambda)$ 的唯一的单商模. 特别地, $\Delta_I(\lambda) \in \mathcal{O}$, 此外, 根据 PBW 定理, 有 $U(\mathfrak{u}_I^-)$-模同构

$$U(\mathfrak{g}) \otimes_{U(\mathfrak{p}_I)} L_I(\lambda) \cong U(\mathfrak{u}_I^-) \otimes U(\mathfrak{p}_I) \otimes_{U(\mathfrak{p}_I)} L_I(\lambda) \cong U(\mathfrak{u}_I^-) \otimes L_I(\lambda),$$

所以 $\Delta_I(\lambda)$ 是自由 $U(\mathfrak{u}_I^-)$-模. 根据同构 $\Delta_I(\lambda) \cong U(\mathfrak{u}_I^-) \otimes L_I(\lambda)$ 可知

$$\operatorname{ch} \Delta_I(\lambda) = \mathfrak{g}^I * \operatorname{ch} L_I(\lambda),$$

其中 $\mathfrak{g}^I \in \mathcal{X}$ 是 $\mathfrak{h}^*$ 上的整值函数, 满足 $\forall \lambda \in \mathfrak{h}^*$,

$$\mathfrak{g}^I(\lambda) := \#\left\{ (c_\alpha)_{\alpha \in \Phi^+ \backslash \Phi_I^+} \,\middle|\, c_\alpha \in \mathbb{Z}^{\geqslant 0}, \ \lambda = -\sum_{\alpha \in \Phi^+ \backslash \Phi_I^+} c_\alpha \alpha \right\}.$$

定理 8.2.2　设 $I \subseteq \Pi, \lambda \in P_I^+$, 则

(1) $0 \neq \Delta_I(\lambda) \in \mathcal{O}^{\mathfrak{p}}$, 从而 $L(\lambda) \in \mathcal{O}^{\mathfrak{p}}$;

(2) 存在 $U(\mathfrak{g})$-模同构: $\Delta_I(\lambda) \cong \Delta^{\mathfrak{p}}(\lambda) = Z_{\mathfrak{p}}(\Delta(\lambda))$. **特别地**

$$\Delta^{\mathfrak{p}}(\lambda) \neq 0, \quad L^{\mathfrak{p}}(\lambda) = L(\lambda) \neq 0.$$

证明　(1) 由于 $\Delta_{\mathrm{I}}(\lambda) \in \mathcal{O}$, 根据命题 8.1.5(1), 要证 $\Delta_{\mathrm{I}}(\lambda) \in \mathcal{O}^{\mathfrak{p}}$, 只需证 $\Delta_{\mathrm{I}}(\lambda)$ 的权集在 W_{I} 下稳定. 但这可由同构 $\Delta_{\mathrm{I}}(\lambda) \cong U(\mathfrak{u}_{\mathrm{I}}^-) \otimes L_{\mathrm{I}}(\lambda)$ 以及特征标的比较直接得到.

(2) 由 $\Delta_{\mathrm{I}}(\lambda)$ 的构造和 (1) 可知, $\Delta_{\mathrm{I}}(\lambda) \in \mathcal{O}^{\mathfrak{p}}$ 是 $\Delta(\lambda)$ 的商模, 又根据 Zukerman 函子 $Z_{\mathfrak{p}}(-)$ 的定义及其右正合性可知, 存在一个满同态 $\Delta^{\mathfrak{p}}(\lambda) = Z_{\mathfrak{p}}(\Delta(\lambda)) \twoheadrightarrow Z_{\mathfrak{p}}(\Delta_{\mathrm{I}}(\lambda)) = \Delta_{\mathrm{I}}(\lambda)$, 从而 $\Delta^{\mathfrak{p}} \neq 0$. 同样根据 Zukerman 函子 $Z_{\mathfrak{p}}(-)$ 的定义和 (1) 可知, $L^{\mathfrak{p}}(\lambda) = Z_{\mathfrak{p}}(L(\lambda)) = L(\lambda) \neq 0$.

另一方面, 根据 (8.1.1), 存在如下 $U(\mathfrak{l}_{\mathrm{I}})$-模同态的正合列:

$$\bigoplus_{\alpha \in \mathrm{I}} V_{\mathrm{I}}(s_\alpha \cdot \lambda) \xrightarrow{\phi_{\mathrm{I}}} V_{\mathrm{I}}(\lambda) \to L_{\mathrm{I}}(\lambda) \to 0,$$

其中 ϕ_{I} 限制在每个直和项 $V_{\mathrm{I}}(s_\alpha \cdot \lambda)$ 上都非零 (文献 [44, 定理 6.8]). 应用正合函子 $U(\mathfrak{g}) \otimes_{U(\mathfrak{p}_{\mathrm{I}})} -$, 得到如下 $U(\mathfrak{g})$-模同态的正合列:

$$\bigoplus_{\alpha \in \mathrm{I}} \Delta(s_\alpha \cdot \lambda) \xrightarrow{\phi} \Delta(\lambda) \to \Delta_{\mathrm{I}}(\lambda) \to 0. \tag{8.2.1}$$

由于 $\alpha \in \mathrm{I}$ 意味着 $s_\alpha \cdot \lambda \notin P_{\mathrm{I}}^+$, 根据引理 8.1.6, $L(s_\alpha \cdot \lambda) \notin \mathcal{O}^{\mathfrak{p}}$, 所以 $\operatorname{Im} \phi$ 落在典范满同态 $\Delta(\lambda) \twoheadrightarrow \Delta^{\mathfrak{p}}(\lambda)$ 的核中, 进而诱导了从 $\Delta_{\mathrm{I}}(\lambda)$ 到 $\Delta^{\mathfrak{p}}(\lambda)$ 的满同态. 最后, 再结合之前得到的 $\Delta^{\mathfrak{p}}(\lambda)$ 到 $\Delta_{\mathrm{I}}(\lambda)$ 的满同态并比较每个权空间的维数, 可知这两个满同态都是同构的. □

根据引理 8.1.6 和定理 8.2.2(1) 可得下述推论.

推论 8.2.3　设 $M \in \mathcal{O}$, 则 $M \in \mathcal{O}^{\mathfrak{p}}$ 当且仅当 M 的合成因子 $L(\lambda)$ 满足 $\lambda \in P_{\mathrm{I}}^+$, 所以 $\{L(\lambda) \mid \lambda \in P_{\mathrm{I}}^+\}$ 是 $\mathcal{O}^{\mathfrak{p}}$ 中的全部单模的同构类. 特别地, $\mathcal{O}^{\mathfrak{p}}$ 是由 $\{L(\lambda) \mid \lambda \in P_{\mathrm{I}}^+\}$ 生成的 $\mathcal{O}$ 的 Serre 子范畴.

设 $\lambda \in P_{\mathrm{I}}^+$, 应用正合函子 $U(\mathfrak{g}) \otimes_{U(\mathfrak{p}_{\mathrm{I}})} -$ 到 $L_{\mathrm{I}}(\lambda)$ 的 BGG 析解式 (8.1.1), 实际上可以得到如下的 $U(\mathfrak{g})$-模同态的长正合列

$$0 \to \Delta(w_{0,\mathrm{I}} \cdot \lambda) = D_{m_{\mathrm{I}}} \to \cdots \to D_1 \to D_0 = \Delta(\lambda) \to \Delta_{\mathrm{I}}(\lambda) \to 0, \tag{8.2.2}$$

其中 $m_{\mathrm{I}} = |\Phi_{\mathrm{I}}^+|$, 且对每个 $0 \leqslant k \leqslant m_{\mathrm{I}}$,

$$D_k := \bigoplus_{w \in W_{\mathrm{I}}, \ell(w)=k} \Delta(w \cdot \lambda).$$

由此得到下面的推论.

推论 8.2.4　设 $\lambda \in P_{\mathrm{I}}^+$, 则 $\operatorname{ch} \Delta_{\mathrm{I}}(\lambda) = \sum_{w \in W_{\mathrm{I}}} (-1)^{\ell(w)} \operatorname{ch} \Delta(w \cdot \lambda)$.

定义 8.2.5　设 $\lambda \in P_I^+$, 称 $\Delta^{\mathfrak{p}}(\lambda)$ 为 $\mathcal{O}^{\mathfrak{p}}$ 中对应于 λ 的 **抛物 Verma 模** (或 **抛物标准模**), 称 $\nabla^{\mathfrak{p}}(\lambda)$ 为 $\mathcal{O}^{\mathfrak{p}}$ 中对应于 λ 的 **抛物余标准模**.

定理 8.2.6　设 $I \subseteq \Pi$, $\mathfrak{p} = \mathfrak{p}_I$ 是对应的标准抛物子代数.

(1) $\mathcal{O}^{\mathfrak{p}}$ 中有足够的投射模和内射模.

(2) 若 $\lambda \in P_I^+$ 是点支配权, 则抛物 Verma 模 $\Delta^{\mathfrak{p}}(\lambda)$ 是 $\mathcal{O}^{\mathfrak{p}}$ 中的投射模.

(3) $\mathcal{O}^{\mathfrak{p}}$ 中的投射模和有限维模的张量积仍然是 $\mathcal{O}^{\mathfrak{p}}$ 中的投射模.

(4) $\forall \lambda \in P_I^+$, $P^{\mathfrak{p}}(\lambda)$ 是 $L(\lambda)$ 在 $\mathcal{O}^{\mathfrak{p}}$ 中的投射盖. 特别地, $\{P^{\mathfrak{p}}(\lambda) \mid \lambda \in P_I^+\}$ 是 $\mathcal{O}^{\mathfrak{p}}$ 中不可分解投射模的同构类的完全集.

(5) 设 $P \in \mathcal{O}^{\mathfrak{p}}$ 是投射模, 则 P 在 $\mathcal{O}^{\mathfrak{p}}$ 中有抛物标准滤过. 特别地, 设 $\lambda, \mu \in P_I^+$, 若 $\big(P^{\mathfrak{p}}(\lambda) : \Delta^{\mathfrak{p}}(\mu)\big) \neq 0$, 则 $\mu \geqslant \lambda$ 且 $\big(P^{\mathfrak{p}}(\lambda) : \Delta^{\mathfrak{p}}(\lambda)\big) = 1$.

(6) $\mathcal{O}^{\mathfrak{p}}$ 中也成立 BGG 互反律: $\forall \lambda, \mu \in P_I^+$,

$$\big(P^{\mathfrak{p}}(\lambda) : \Delta^{\mathfrak{p}}(\mu)\big) = [\Delta^{\mathfrak{p}}(\mu) : L(\lambda)].$$

证明　留作习题.　　　　　　　　　　　　　　　　　　　　□

设 $\lambda \in P_I^+$, 记 $\mathcal{O}_\lambda^{\mathfrak{p}} := \mathcal{O}_{\chi_\lambda}^{\mathfrak{p}}$.

定义 8.2.7　设 $I \subseteq \Pi$, $\mathfrak{p} = \mathfrak{p}_I$ 是对应的标准抛物子代数, $\lambda \in P_I^+$, 定义

$$B_\lambda^{\mathfrak{p}} := \left(\mathrm{End}_{\mathcal{O}} \Big(\bigoplus_{\mu \in P_I^+ \cap W \cdot \lambda} P^{\mathfrak{p}}(\mu) \Big) \right)^{\mathrm{op}}.$$

并称 $B_\lambda^{\mathfrak{p}}$ 为子范畴 $\mathcal{O}_\lambda^{\mathfrak{p}}$ 的 **基本代数**.

同范畴 $\mathcal{O}_\lambda$ 的情形类似, 可以证明 $B_\lambda^{\mathfrak{p}}$ 是 $\mathbb{C}$ 上一个有限维基本代数, 而且函子

$$\mathrm{Hom}_{\mathcal{O}} \Big(\bigoplus_{\mu \in P_I^+ \cap W \cdot \lambda} P^{\mathfrak{p}}(\mu), - \Big)$$

定义了范畴 $\mathcal{O}_\lambda^{\mathfrak{p}}$ 和有限维左 $B_\lambda^{\mathfrak{p}}$-模范畴之间的等价.

定理 8.2.8[22]　对任意的 $\lambda \in P_I^+$, 子范畴 $\mathcal{O}_\lambda^{\mathfrak{p}}$ 的基本代数 $B_\lambda^{\mathfrak{p}}$ 是 $\mathbb{C}$ 上一个有限维的拟遗传代数.

特别地, 抛物范畴 $\mathcal{O}^{\mathfrak{p}}$ 也有与范畴 $\mathcal{O}$ 类似的倾斜模理论. 标准抛物子群 W_I 在 W 中的每个右陪集都包含唯一一个具有极小长度的元素.

定义 8.2.9　用 $\mathcal{D}_I$ 表示 W_I 在 W 中的所有右陪集的极小长度代表元的完全集.

设 $\lambda \in P$ 是一个点正则的点支配整权, 可以证明 $w \cdot \lambda \in P_I^+$ 当且仅当 $w \in \mathcal{D}_I$, 从而 $\{L(w \cdot \lambda) = L^{\mathfrak{p}}(w \cdot \lambda) \mid w \in \mathcal{D}_I\}$ 是抛物块范畴 $\mathcal{O}_\lambda^{\mathfrak{p}}$ 中所有不可约模的同构类的完全集 (习题 8.2.13).

例 8.2.10　设 $\mathfrak{g} = \mathfrak{sl}_3$, $\Pi = \{\alpha_1, \alpha_2\}$, $\mathrm{I} = \{\alpha_1\}$, $\mathfrak{p} = \mathfrak{p}_\mathrm{I}$. 记 $s = s_{\alpha_1}$, $t = s_{\alpha_2}$. 则 $\mathcal{D}_\mathrm{I} = \{e, t, ts\}$. 任给 $w \in W$, 采用如下简单记号:

$$L(w) := L(w \cdot 0), \quad \Delta^\mathfrak{p}(w) := \Delta^\mathfrak{p}(w \cdot 0), \quad P^\mathfrak{p}(w) := P^\mathfrak{p}(w \cdot 0).$$

在抛物范畴的点正则块 $\mathcal{O}_0^\mathfrak{p}$ 中只有三个不可约模 $L(e)$, $L(t)$, $L(ts)$, 其中

$$L(ts) = \Delta^\mathfrak{p}(ts), \quad \Delta^\mathfrak{p}(e) = P^\mathfrak{p}(e).$$

抛物 Verma 模 $\Delta^\mathfrak{p}(e)$ 具有唯一单头 $L(e)$ 以及唯一的单基座 $L(t)$, 并且这就是 $\Delta^\mathfrak{p}(e)$ 的仅有的两个合成因子 (计重数). 抛物 Verma 模 $\Delta^\mathfrak{p}(t)$ 具有唯一单头 $L(t)$ 以及唯一的单基座 $L(ts)$, 并且这就是 $\Delta^\mathfrak{p}(t)$ 的仅有的两个合成因子 (计重数).

不可分解投射模 $P^\mathfrak{p}(ts)$ 是一个自对偶的投射内射模, 它具有唯一单头 $L(ts)$ 以及唯一的单基座 $L(ts)$, 并且 $[P^\mathfrak{p}(ts) : L(t)] = 1$, $[P^\mathfrak{p}(ts) : L(ts)] = 2$, 并且这就是 $P^\mathfrak{p}(ts)$ 的仅有的三个合成因子 (计重数). 容易验证存在从 $\Delta^\mathfrak{p}(t)$ 到 $P^\mathfrak{p}(ts)$ 的一个嵌入, 使得 $P^\mathfrak{p}(ts)/\Delta^\mathfrak{p}(t) \cong \Delta^\mathfrak{p}(ts) = L(ts)$.

不可分解投射模 $P^\mathfrak{p}(t)$ 也是一个自对偶的投射内射模, 它包含 $\Delta^\mathfrak{p}(e)$ 作为它的一个子模, 使得 $P^\mathfrak{p}(t)/\Delta^\mathfrak{p}(e) \cong \Delta^\mathfrak{p}(t)$. $P^\mathfrak{p}(t)$ 具有唯一单头 $L(t)$ 以及唯一的单基座 $L(t)$, 并且 $[P^\mathfrak{p}(t) : L(e)] = 1 = [P^\mathfrak{p}(t) : L(ts)]$, $[P^\mathfrak{p}(t) : L(t)] = 2$, 并且这就是 $P^\mathfrak{p}(t)$ 的仅有的四个合成因子 (计重数). 三个不可分解投射模 $P^\mathfrak{p}(ts)$, $P^\mathfrak{p}(t)$, $P^\mathfrak{p}(e)$ 的标准滤过对应的分层结构如下所示:

$$P^\mathfrak{p}(ts) = \begin{matrix} \Delta^\mathfrak{p}(ts) \\ \Delta^\mathfrak{p}(t) \end{matrix}, \quad P^\mathfrak{p}(t) = \begin{matrix} \Delta^\mathfrak{p}(t) \\ \Delta^\mathfrak{p}(e) \end{matrix}, \quad P^\mathfrak{p}(e) = \Delta^\mathfrak{p}(e).$$

三个不可分解投射模 $P^\mathfrak{p}(ts)$, $P^\mathfrak{p}(t)$, $P^\mathfrak{p}(e)$ 的根基滤过对应的分层结构如下所示:

$$P^\mathfrak{p}(ts) = \begin{matrix} L(ts) \\ L(t) \\ L(ts) \end{matrix}, \quad P^\mathfrak{p}(t) = \begin{matrix} L(t) \\ L(ts), L(e) \\ L(t) \end{matrix}, \quad P^\mathfrak{p}(e) = \begin{matrix} L(e) \\ L(t) \end{matrix}.$$

不难验证块 $\mathcal{O}_0^\mathfrak{p}$ 的基本代数 $B_0^\mathfrak{p}$ 可以用如下的箭图与关系表示:

$$ts \underset{\beta}{\overset{\alpha}{\rightleftarrows}} t \underset{\delta}{\overset{\gamma}{\rightleftarrows}} e, \quad \gamma\delta = 0, \ \beta\delta = 0, \ \gamma\alpha = 0, \ \alpha\beta = \delta\gamma.$$

定理 8.2.11 ([12, Theorem 3.11.4])　设 $\mathrm{I} \subseteq \Pi$, $\mathfrak{p} = \mathfrak{p}_\mathrm{I}$ 是对应的标准抛物子代数, 则在抛物主块 $\mathcal{O}_0^\mathfrak{p}$ 的 Grothendieck 群 $K(\mathcal{O}_0^\mathfrak{p})$ 中, 对任意 $w \in W^\mathrm{I}$,

$$[\Delta^\mathfrak{p}(w \cdot 0)] = \sum_{w \leqslant y \in \mathcal{D}_\mathrm{I}} \Big(\sum_{z \in W_\mathrm{I}} (-1)^{\ell(z)} P_{zw, y}(1) \Big) [L^\mathfrak{p}(y \cdot 0)],$$

$$[L^\mathfrak{p}(w \cdot 0)] = \sum_{w \leqslant y \in \mathcal{D}_\mathrm{I}} (-1)^{\ell(y) - \ell(w)} P_{yw_0, ww_0}(1) [\Delta^\mathfrak{p}(y \cdot 0)].$$

以上的定理表明了抛物范畴 $\mathcal{O}^{\mathfrak{p}}$ 与通常的范畴 $\mathcal{O}$ 有许多相似与平行的地方, 但是它们之间也有许多不同的地方. 主要包括以下四个方面:

(1) 若 λ 是一个点正则整权, 则子范畴 $\mathcal{O}_\lambda^{\mathfrak{p}}$ 是一个块. 但对于奇异权 λ, 子范畴 $\mathcal{O}_\lambda^{\mathfrak{p}}$ 有可能不是一个块, 即它有可能可以继续分解成一些非平凡的块的直和 ([29, 推论 12.14]);

(2) 一般的抛物范畴 $\mathcal{O}^{\mathfrak{p}}$ 的抛物 Verma 模有可能出现基座不是单模的情况 ([46, 9.6]);

(3) 一般的抛物范畴 $\mathcal{O}^{\mathfrak{p}}$ 的抛物 Verma 模之间的同态空间更加复杂, 同态空间的维数有可能大于 1, 并且非零同态可以不是单射 ([46, 9.6]);

(4) 一般的抛物范畴 $\mathcal{O}_\lambda^{\mathfrak{p}}$ 有可能含有不止一个不可分解的投射内射模.

对于通常的范畴 $\mathcal{O}$, 每个块 $\mathcal{O}_\lambda$ 只有唯一的不可分解投射内射模 $P(\mu)$, 其中 μ 是 $W \cdot \lambda$ 中唯一的点反支配权. W. Soergel[83] 证明了对应的自同态代数 $\mathrm{End}_{\mathcal{O}}(P(\mu))$ 同构于 "协变代数" $S/(S_+^W)$ 在 W_λ 的通常作用下的不动点子代数 $\left(S/S_+^W\right)^{W_\lambda}$. 特别地, 它是一个交换的对称代数. W. Soergel 证明了投射内射模 $P(\mu)$ 满足双重中心化子性质, 并用它定义了组合 $\mathbb{V}$ 函子 (即基本投射内射模对应的 Hom 函子). S. König、H. Slungård 与惠昌常[64] 用支配维数的方法建立了判别双重中心化子性质的一个纯代数的有效方法.

对于一般的抛物范畴 $\mathcal{O}_\lambda^{\mathfrak{p}}$, C. Stroppel[91] 证明了抛物范畴 $\mathcal{O}_\lambda^{\mathfrak{p}}$ 的投射内射模也满足双重中心化子性质, R. S. Irving[47] 在 Addendum 中 (利用 Garfinkle 的想法) 证明了 $\mathcal{O}_\lambda^{\mathfrak{p}}$ 的不可分解投射模 $P^{\mathfrak{p}}(\lambda)$ 是内射的当且仅当它的单基座出现在某个抛物 Verma 模的基座中. 胡峻与 A. Mathas[41] 给出了类似结论在分圆 Schur 代数情形甚至更一般的 "Schur 对" 设置下的推广. M. Khovanov 曾猜想抛物范畴 $\mathcal{O}_\lambda^{\mathfrak{p}}$ 的投射内射模的自同态代数是一个对称代数, V. Mazorchuk 与 C. Stroppel[73] 对抛物范畴 $\mathcal{O}$ 的正则整块给予了证明, 胡峻与林牛[39] 对抛物范畴 $\mathcal{O}$ 的奇异整块给予了证明.

习　题　8.2

习题 8.2.12　设 $\lambda \in P^+$, 证明 $\mathrm{ch}\, L(\lambda) = \sum_{w \in \mathcal{D}_{\mathrm{I}}} (-1)^{\ell(w)} \mathrm{ch}\, \Delta_{\mathrm{I}}(w \cdot \lambda)$.

习题 8.2.13　设 $\lambda \in P$ 是一个点正则的点支配整权, 证明 $w \cdot \lambda \in P_{\mathrm{I}}^+$ 当且仅当 $w \in \mathcal{D}_{\mathrm{I}}$, 也当且仅当 $w^{-1}\Phi_{\mathrm{I}}^+ \subseteq \Phi^+$, 从而 $\{L(w \cdot \lambda) \mid w \in \mathcal{D}_{\mathrm{I}}\}$ 是抛物范畴 $\mathcal{O}_\lambda^{\mathfrak{p}}$ 中所有不可约模的同构类的完全集.

习题 8.2.14　证明定理8.2.6.

8.3 范畴 $\mathcal{O}$ 的 $\mathbb{Z}$-分次形式与 Koszul 对偶

W. Soergel[83] 以及 A. Beilinson, V. Ginzburg, W. Soergel[12] 研究范畴 $\mathcal{O}$ 时利用了深刻的代数几何工具, 在几何方法的背后他们观察到范畴 $\mathcal{O}$ 内部存在神秘的 $\mathbb{Z}$-分次结构, 进而把 $\mathbb{Z}$-分次表示的观点引入了范畴 $\mathcal{O}$ 的研究[85]. 特别地, 他们证明了范畴 $\mathcal{O}$ 的基本代数具有 Koszul 的非负 $\mathbb{Z}$-分次结构并且同构于其 Koszul 对偶的全部单模直和的 Ext 扩张 Yondeda 代数.

定义 8.3.1　　**Koszul 环**是指一个非负 $\mathbb{Z}$-分次环 $A = \bigoplus_{j \geqslant 0} A_j$, 使得

(a) A_0 是半单的;

(b) A_0 看作左 A-模存在一个 $\mathbb{Z}$-分次的线性投射析解式, 即一个 $\mathbb{Z}$-分次的投射析解式

$$\cdots \to P^2 \to P^1 \to P^0 \to A_0 \to 0,$$

满足对每个 $i \in \mathbb{Z}^{\geqslant 0}$, P^i 作为左 A-模可以由它的第 i 个齐次分支生成, 即 $P^i = A(P^i)_i$.

若 Koszul 环 A 还是一个有限生成左 A_0-模, 则可以证明 A_0 作为左 A-模的 Ext 扩张 Yondeda 代数 $E(A) := \mathrm{Ext}_A^\bullet(A_0, A_0)$ 仍是一个 Koszul 环并且还满足 $E(E(A))$ 典范同构于 A. 此时, 把 $E(A)$ 称为 A 的 **Koszul 对偶**.

设 $\lambda, \mu \in P$ 是两个点支配整权, 用 $\mathfrak{p}(\mu)$ 表示由单根子集

$$\{\alpha \in \Pi \mid \langle \mu + \rho, \alpha^\vee \rangle = 0\}$$

所决定的 $\mathfrak{g}$ 的标准抛物子代数, 我们用 I_λ^μ 表示 W 的一个子集使得 $\{L(w \cdot \lambda) \mid w \in I_\lambda^\mu\}$ 是抛物范畴 $\mathcal{O}_\lambda^{\mathfrak{p}(\mu)}$ 中两两不同构的单模的完全集. 定义抛物范畴 $\mathcal{O}_\lambda^{\mathfrak{p}(\mu)}$ 的**基本代数** B_λ^μ 如下:

$$B_\lambda^\mu := \mathrm{End}_{\mathcal{O}_\lambda^{\mathfrak{p}(\mu)}} \Big(\bigoplus_{w \in I_\lambda^\mu} P^{\mathfrak{p}(\mu)}(w \cdot \lambda) \Big).$$

定理 8.3.2[5, 12]　　设 $\lambda, \mu \in P$ 是两个点支配整权, 则 B_λ^μ 是一个 Koszul 环, 并且 $B_{-w_0\mu}^\lambda$ 同构于 B_λ^μ 的 Koszul 对偶, 即

$$B_{-w_0\mu}^\lambda \cong E(B_\lambda^\mu) \cong \mathrm{Ext}_{\mathcal{O}_\lambda^{\mathfrak{p}(\mu)}}^\bullet \Big(\bigoplus_{w \in I_\lambda^\mu} L(w \cdot \lambda), \bigoplus_{w \in I_\lambda^\mu} L(w \cdot \lambda) \Big).$$

用双线体符号如 $\mathbb{B}_\lambda^\mu$, $\mathbb{B}_\lambda$ 与 $\mathbb{B}_\lambda^\mathfrak{p}$ 来强调这些基本代数是具有 Koszul 的非负 $\mathbb{Z}$-分次. 注意利用定理 8.3.2, 单模的自对偶性 (习题 5.1.10) 自然诱导了 B_λ^μ 上一个零次齐次的反对合 "⊛". 特别地, 有 $B_\lambda^\mu \cong (B_\lambda^\mu)^{\mathrm{op}}$.

定义 8.3.3　设 $\lambda, \mu \in P$ 是两个点支配整权. 用 $\mathbb{B}_\lambda^\mu$-gmod 表示 $\mathbb{B}_\lambda^\mu$ 的有限维 $\mathbb{Z}$-分次模范畴, 定义

$$\mathcal{O}_{\lambda, \mathbb{Z}}^{\mathfrak{p}(\mu)} := \mathbb{B}_\lambda^\mu\text{-gmod},$$

并称 $\mathcal{O}_{\lambda, \mathbb{Z}}^{\mathfrak{p}(\mu)}$ 为抛物范畴 $\mathcal{O}_\lambda^{\mathfrak{p}(\mu)}$ 的 $\mathbb{Z}$-分次形式.

任给 $k \in \mathbb{Z}$, 用 $\langle k \rangle$ 表示有限维 $\mathbb{Z}$-分次模范畴中向下平移 k 个位置的平移函子, 参见文献 [40]. 根据文献 [12, 83, 90] 的结果, 抛物 Verma 模与单模都有自然的 $\mathbb{Z}$-分次提升. 对每个单模 $L(\lambda)$ 选定它的一个标准 $\mathbb{Z}$-分次提升 $\mathbb{L}(\lambda)$ 使得 $\mathbb{L}(\lambda)^\circledast \cong \mathbb{L}(\lambda)$. 对抛物 Verma 模 $\Delta^{\mathfrak{p}}(\lambda)$ 也选定它的一个标准 $\mathbb{Z}$-分次提升 $\mathbb{W}^{\mathfrak{p}}(\lambda)$ 使得典范满同态 $\mathbb{W}^{\mathfrak{p}}(\lambda) \twoheadrightarrow \mathbb{L}(\lambda)$ 是零次齐次同态. 类似地, 对不可分解投射模 $P^{\mathfrak{p}}(\lambda)$ 也选定它的一个标准 $\mathbb{Z}$-分次提升 $\mathbb{P}^{\mathfrak{p}}(\lambda)$ 使得典范满同态 $\mathbb{P}^{\mathfrak{p}}(\lambda) \twoheadrightarrow \mathbb{L}(\lambda)$ 是零次齐次同态, 则每个 $P^{\mathfrak{p}}(\lambda)$ 有一个 $\mathbb{Z}$-分次标准滤过, 即一个有限维 $\mathbb{Z}$-分次 $\mathbb{B}_\lambda^\mu$-模滤过

$$0 = M_0 \subset M_1 \subset M_2 \subset \cdots \subset M_{k-1} \subset M_k = P^{\mathfrak{p}}(\lambda),$$

使得任给 $1 \leqslant j \leqslant k$, 存在 $n_j \in \mathbb{N}$ 及 $\mu_j \geqslant \lambda$, 满足 $M_j / M_{j-1} \cong \mathbb{W}^{\mathfrak{p}}(\mu_j)\langle -n_j \rangle$, 其中 $\mu_k = \lambda$, $n_k = 0$, 并且 $\forall\, 1 \leqslant i < k,\ \mu_i > \lambda,\ n_i > 0$.

推论 8.3.4　代数 $\mathbb{B}_\lambda^\mu$ 是一个 $\mathbb{Z}$-分次拟遗传代数, 而范畴 $\mathbb{B}_\lambda^\mu$-gmod 是一个 $\mathbb{Z}$-分次最高权范畴.

定义 8.3.5　设 $\lambda \in P$ 是一个点支配整权, $x, y \in W^\lambda$. 定义块范畴 $\mathcal{O}_\lambda$ 的 $\mathbb{Z}$-分次分解数多项式

$$d_{x,y}(v) := \big[\mathbb{W}(x \cdot \lambda) : \mathbb{L}(y \cdot \lambda)\big]_v := \sum_{k \in \mathbb{Z}} \big[\mathbb{W}(x \cdot \lambda) : \mathbb{L}(y \cdot \lambda)\langle -k \rangle\big] v^k \in \mathbb{N}[v, v^{-1}].$$

类似地, 设 $I \subseteq \Pi$, $\mathfrak{p} = \mathfrak{p}_I$, 对于抛物块范畴 $\mathcal{O}_\lambda^{\mathfrak{p}}$ 也可以定义 $\mathbb{Z}$-分次分解数多项式: 对于 $x, y \in W/W_\lambda$ 满足 $x \cdot \lambda, y \cdot \lambda \in P_I^+$,

$$d_{x,y}^{\mathfrak{p}}(v) := \big[\mathbb{W}^{\mathfrak{p}}(x \cdot \lambda) : \mathbb{L}(y \cdot \lambda)\big]_v \in \mathbb{N}[v, v^{-1}].$$

下面的定理告诉我们 Kazhdan-Lusztig 多项式 (以及它们的抛物形式) 计算的不仅是 Verma 模的分解数, 还是它们的 $\mathbb{Z}$-分次提升的 $\mathbb{Z}$-分次分解数多项式.

定理 8.3.6[12]　设 $\lambda \in P$ 是一个点支配整权, $x, y \in W^\lambda$, 则

$$d_{x,y}(v) = P_{x,y}(v^{-2}) v^{\ell(y) - \ell(x)}.$$

定理 8.3.7[12]　设 $\mathfrak{p} = \mathfrak{p}_I$ 是一个标准抛物子代数, $x, y \in \mathcal{D}_I$, 则对于抛物主块 $\mathcal{O}_0^{\mathfrak{p}}$, 有

$$d_{x,y}^{\mathfrak{p}}(v) = \big[\mathbb{W}^{\mathfrak{p}}(x \cdot 0) : \mathbb{L}(y \cdot 0)\big]_v = \sum_{x \leqslant y \in \mathcal{D}_I} \bigg(\sum_{z \in W_I} (-1)^{\ell(z)} v^{\ell(y) - \ell(x)} P_{zx,y}(v^{-2}) \bigg).$$

任给 $M \in \mathcal{O}$, 定义 $\text{rad}^0 M := M$, 而对任意 $k \geqslant 1$, $\text{rad}^k M$ 定义为 $\text{rad}^{k-1} M$ 的最小的子模 N 使得 $(\text{rad}^{k-1} M)/N$ 是半单的, 则有 M 的根滤过

$$0 = \text{rad}^t M \subset \text{rad}^{t-1} M \subset \cdots \subset \text{rad}^1 M \subset \text{rad}^0 M = M.$$

注意到基本代数上的 Koszul 分次结构还使得 $\mathbb{Z}$-分次抛物 Verma 模 $\mathbb{W}^{\mathfrak{p}}(x \cdot \lambda)$ 上的 $\mathbb{Z}$-分次滤过与它的根基滤过吻合 (参见文献 [12, 命题 2.4.1]), 从而有如下推论.

推论 8.3.8[12] 设 $\lambda \in P$ 是一个点支配整权, $x, y \in W^\lambda$, 则

$$d_{x,y}(v) = \sum_{k \geqslant 0} \Big[\text{rad}^k \Delta(x \cdot \lambda) / \text{rad}^{k+1} \Delta(x \cdot \lambda) : L(y \cdot \lambda) \Big] v^k.$$

对于抛物范畴 $\mathcal{O}^{\mathfrak{p}}_\lambda$ 的 $\mathbb{Z}$-分次分解数多项式 $d^{\mathfrak{p}}_{x,y}(v)$, 类似等式也成立.

假设 $\lambda \in P$ 是一个点支配的点正则整权. 则对每个不可分解投射函子 $\theta_w : \mathcal{O}_\lambda \to \mathcal{O}_\lambda$, 存在 (在相差一个同构的意义下)$\theta_w$ 的唯一的标准 $\mathbb{Z}$-分次提升, 即一个 $\mathbb{Z}$-分次函子 $\mathcal{O}_{\lambda,\mathbb{Z}} \to \mathcal{O}_{\lambda,\mathbb{Z}}$ 使得它把 $\mathbb{Z}$-分次模 $\mathbb{P}(\lambda) = \mathbb{W}(\lambda)$ 映到 $\mathbb{P}(w \cdot \lambda)$. 仍用同一个记号 θ_w 表示 θ_w 的这个标准 $\mathbb{Z}$-分次提升. 考虑 $\mathcal{O}_{\lambda,\mathbb{Z}}$ 的由 $\theta_w(w \in W)$ 的标准提升的 $\mathbb{Z}$-分次平移的所有有限直和构成的加法范畴 $\mathcal{S}^{\mathbb{Z}}$. 它的分裂 Grothendieck 群自然成为一个 $\mathbb{Z}[v, v^{-1}]$-模, 使得 $\forall k \in \mathbb{Z}$, $v^k[\theta_w] := [\theta_w\langle -k \rangle]$. 下面的定理表明投射函子实际上给出了 Hecke 代数 $\mathscr{H}_v(W)$ 的反代数的范畴化.

定理 8.3.9([71, 定理 8.2]) 假设 $\lambda \in P$ 是一个点支配的点正则整权. 则下列映射

$$[\mathcal{S}^{\mathbb{Z}}] \to \mathscr{H}_v(W), \quad [\theta_w] \mapsto \underline{H}_w, \qquad \forall w \in W,$$

可唯一地线性扩充为一个保持单位元的 $\mathbb{Z}[v, v^{-1}]$-代数的反同构.

范畴 $\mathcal{O}_{\lambda,\mathbb{Z}}$ 的分裂 Grothendieck 群自然成为一个 $\mathbb{Z}[v, v^{-1}]$-模, 使得 $\forall k \in \mathbb{Z}$, $\forall M \in \mathcal{O}_{\lambda,\mathbb{Z}}$, $v^k[M] := [M\langle -k \rangle]$. 下面的定理说明通过投射函子, 范畴 $\mathcal{O}_\lambda$ 的 $\mathbb{Z}$-分次形式 $\mathcal{O}_{\lambda,\mathbb{Z}}$ 实际上给出 Hecke 代数 $\mathscr{H}_v(W)$ 的右正则模的范畴化.

命题 8.3.10([71, 定理 7.10、推论 7.11、推论 7.13、推论 7.14]) 假设 $\lambda \in P$ 是一个点支配的点正则整权. 则存在唯一的 $\mathbb{Z}[v, v^{-1}]$-模同构 $\varphi : \mathscr{H}_v(W) \to [\mathcal{O}_{\lambda,\mathbb{Z}}]$ 使得 $\varphi(H_w) = [\mathbb{W}(w \cdot \lambda)]$, $\forall w \in W$, 以及下图交换

$$
\begin{array}{ccc}
\mathscr{H}_v(W) & \xrightarrow{\ \cdot H_w\ } & \mathscr{H}_v(W) \\
\downarrow{\varphi} & & \downarrow{\varphi} \\
[\mathcal{O}_{\lambda,\mathbb{Z}}] & \xrightarrow{\ [\theta_w]\cdot\ } & [\mathcal{O}_{\lambda,\mathbb{Z}}]
\end{array}
$$

而且

$$\varphi(\underline{H}_w) = [\mathbb{P}(w \cdot \lambda)], \quad \varphi(\widehat{\underline{H}}_w) = [\mathbb{L}(w \cdot \lambda)], \qquad \forall w \in W.$$

用范畴化的语言, 上面考虑的 $\mathbb{Z}$-分次投射函子可以作成一个 2-范畴, 而 $\mathbb{Z}$-分次投射函子在 $\mathcal{O}_{\lambda,\mathbb{Z}}$ 上的作用给出了该 2-范畴的一个 2-表示. 利用协变代数上某些双模, W. Soergel 给出了 Hecke 代数 $\mathscr{H}_v(W)$ 的 "Soergel 双模" 范畴化[88]. 确切地说, 他对每个单反射都关联协变代数上的一个 $\mathbb{Z}$-分次双模, 由这些 $\mathbb{Z}$-分次双模生成的张量范畴被称为 "Soergel 双模范畴". W. Soergel 证明了 "Soergel 双模范畴" 的分裂 Grothendieck 群与 Hecke 代数 $\mathscr{H}_v(W)$ 作为 $\mathbb{Z}[v,v^{-1}]$-代数同构. 而 Kazhdan-Lusztig 猜想就等价于证明在这个分裂 Grothendieck 群中对应于 Kazhdan-Lusztig 基的某些不可分解 Soergel 双模的存在性. W. Soergel 证明了组合 $\mathbb{V}$ 函子给出 Hecke 代数 $\mathscr{H}_v(W)$ 的 "$\mathbb{Z}$-分次投射函子" 范畴化与 "Soergel 双模" 范畴化之间的等价. "Soergel 双模" 范畴化的优点在于它不仅初等 (只涉及 Weyl 群在协变代数上的作用), 而且更重要的是它适用于任意的 Coxeter 群 (而不仅局限于本书讨论的有限 Weyl 群). 利用 Hecke 代数 $\mathscr{H}_v(W)$ 的 "Soergel 双模" 范畴化, B. Elias 与 G. Williamson 对于任意的 Coxeter 群 W, 给出了 Soergel 猜想 (即不可分解 Soergel 双模与 Kazhdan-Lusztig 基的对应) 的证明, 同时还证明了 Kazhdan-Lusztig 多项式 $P_{x,w}(q)$ 的系数以及 Kazhdan-Lusztig 基 $\underline{H}_w$ 的乘法结构多项式的系数的正定性猜想[30]. 结合 W. Soergel 的工作[84], 这导出了 Kazhdan-Lusztig 猜想的纯代数证明. 目前, Soergel 双模的范畴化以及相关的 p-典范基与 Hecke 范畴等已经成为表示理论最前沿的研究课题与方向, 参见文献 [31, 32, 52, 65, 76, 98, 99].

参 考 文 献

[1] ADO I D. The representation of Lie algebras by matrices. Uspekhi Mat. Nauk., 1947, 2(6): 159-173.

[2] ANDERSEN H H. Tensor products of quantized tilting modules. Comm. Math. Phys., 1992, 149: 149-159.

[3] ANDERSEN H H, MAZORCHUK V. Category $\mathcal{O}$ for quantum groups. J. Eur. Math. Soc., 2015, 17(2): 405-431.

[4] ANDERSEN H H, PARADOWSKI J. Fusion categories arising from semi-simple Lie algebras. Comm. Math. Phys., 1995, 169: 563-588.

[5] BACKELIN E. Koszul duality for parabolic and singular category $\mathcal{O}$. Represent. Theory (Electronic), 1999, 3: 139-152.

[6] BACKELIN E. The Hom-spaces between projective functors. Represent. Theory, 2001, 5: 267-283.

[7] BEILINSON A, BERNSTEIN J. Localisation de $\mathfrak{g}$-modules. C. R. Math. Acad. Sci. Paris, 1981, 292: 15-18.

[8] BERNSTEIN J, GELFAND S I. Tensor products of finite and infinite-dimensional representations of semisimple Lie algebras. Compositio Math., 1980, 41: 245-285.

[9] BERNSTEIN J, GELFAND I M, GELFAND S I. Structure of representations generated by highest weights. Funktsional. Anal. i Prilozhen., 1971, 5(1): 1-8.

[10] BERNSTEIN J, GELFAND I M, GELFAND S I. Differential operators on the base affine space and a study of $\mathfrak{g}$-modules, Lie Groups and their Representations (Proc. Summer School, Bolyai János Math. Soc., Budapest, 1971). New York: Halsted, 1975: 21-64.

[11] BERNSTEIN J, GELFAND I M, GELFAND S I. On a category of g-modules. Funktsional. Anal. i Prilozhen. 10(2) (1976), 1-8; English transl., Funct. Anal. Appl., 1976, 10: 87-92.

[12] BEILINSON A, GINZBURG V, SOERGEL W. Koszul duality patterns in representation theory. J. Amer. Math. Soc., 1996, 9: 473-527.

[13] BOURBAKI N. Groupes et algèbres de Lie, Chapters 4-6, Hermann, Paris, 1968. 2nd ed. Masson, Paris, 1981; English transl., Berlin: Springer-Verlag., 2002.

[14] BRYLINSKI J L, KASHIWARA M. Kazhdan-Lusztig conjecture and holonomic systems. Invent. Math., 1981, 64: 387-410.

[15] BRUNDAN J. Centers of degenerate cyclotomic Hecke algebras and parabolic category $\mathcal{O}$. Represent. Theory, 2008, 12: 236-259.

[16] BRUNDAN J. Symmetric functions, parabolic category $\mathcal{O}$, and the Springer fiber. Duke Math. J., 2008, 143: 41-79.

[17] BRUNDAN J, KLESHCHEV A. Schur-Weyl duality for higher levels. Selecta Math., 2008, 14: 1-57.

[18] BRUNDAN J, LOSEV I, WEBSTER B. Tensor product categorifications and the super Kazhdan-Lusztig conjecture. Int. Math. Res. Not., 2017, 20: 6329-6410.

[19] CHARI V, PRESSLEY A. A guide to quantum groups. Cambridge: Cambridge University Press, 1994.

[20] CHENG S J, LAM N, WANG W Q. Brundan-Kazhdan-Lusztig conjecture for general linear Lie superalgebras. Duke Mathematical Journal, 2015, 164: 617-95.

[21] CHEVALLEY C. Invariants of finite groups generated by reflections. Amer. J. Math., 1955, 77: 778-782.

[22] CLINE E, PARSHALL B, SCOTT L. Finite-dimensional algebras and highest weight categories. J. Reine Angew. Math., 1988, 391: 85-99.

[23] COULEMBIER K. Rigidity of tilting modules in category $\mathcal{O}$. preprint, arXiv:1709.09764, 2017.

[24] COULEMBIER K, MAZORCHUK V. Some homological properties of category $\mathcal{O}$, III. Adv. Math., 2015, 283: 204-231.

[25] COULEMBIER K, MAZORCHUK V. Dualities and derived equivalences for category $\mathcal{O}$. Israel J. Math., 2017, 219: 661-706.

[26] COULEMBIER K, MAZORCHUK V. Some homological properties of category $\mathcal{O}$, IV. Forum Math., 2017, 29: 1083-1124.

[27] DEODHAR V V, GABBER O, KAC V. Structure of some categories of representations of infinite-dimensional Lie algebras. Adv. Math., 1982, 45: 92-116.

[28] DONKIN S. On tilting modules for algebraic groups. Math. Z., 1993, 212: 39-60.

[29] ENRIGHT T J, SHELTON B. Categories of highest weight modules: Applications to Hermitian symmetric pairs. Mem. Amer. Math. Soc., 1987, 367: iv+94.

[30] ELIAS B, WILLIAMSON G. The Hodge theory of Soergel bimodules. Annals of Mathematics, 2014, 180: 1089-1136.

[31] Elias B, WILLIAMSON G. Soergel calculus. Represent. Theory, 2016, 20: 295-374.

[32] ELIAS B, WILLIAMSON G. Kazhdan-Lusztig conjectures and shadows of Hodge theory. Arbeitstagung Bonn, 2013: 105-126, Progr. Math., 319, Birkhäuser, Cham, 2016.

[33] GINZBURG V, GUAY N, OPDAM E, et al. On the category $\mathcal{O}$ for rational Cherednik algebras. Invent. Math., 2003, 154(3): 617-651.

[34] GORDON I, LOSEV I. On category $\mathcal{O}$ for cyclotomic rational Cherednik algebras. J. Eur. Math. Soc., 2014, 16: 1017-1079.

[35] GUAY N. Projective modules in the category $\mathcal{O}$ for the Cherednik algebra. J. Pure

Appl. Algebra, 2003, 182: 209-221.

[36] HARISH C. On some applications of the universal enveloping algebra of a semisimple Lie algebra. Trans. Amer. Math. Soc., 1951, 70: 28-96.

[37] HELGASON S. Differential geometry, Lie groups, and symmetric spaces. New York: Academic Press, 1978.

[38] HOTTA R, TAKEUCHI K, TANISAKI T. D-Modules, perverse sheaves, and representation theory. Progr. Math., 236. Boston, MA: Birkhäuser, 2008: xii+407.

[39] HU J, LAM N. Symmetric structure for the endomorphism algebra of projective-injective module in parabolic category. J. Algebra, 2018, 515: 173-201.

[40] HU J, MATHAS A. Graded cellular bases for the cyclotomic Khovanov-Lauda-Rouquier algebras of type A. Advances in Mathematics, 2010, 225: 598-642.

[41] HU J, MATHAS A. Fayers' conjecture and the socles of cyclotomic Weyl modules. Tran. Amer. Math. Soc., 2019, 371: 1271-1307.

[42] HU J, MATHAS A. Quiver Schur algebras for linear quivers. Proc. Lond. Math. Soc., 2015, 110: 1315-1386.

[43] HUMPHREYS J E. Introduction to Lie algebras and representation theory. Graduate Texts in Mathematics. 9. 2nd ed. Berlin: Springer, 1972.

[44] AMERICAN MATHEMATICAL SOCIETY. Representations of semisimple Lie algebras in the BGG category $\mathcal{O}$. Graduate Studies in Mathematics 94, 2008.

[45] AMERICAN MATHEMATICAL SOCIETY. Reflection Groups and Coxeter Groups. Cambridge: Cambridge University Press, 1990: 29.

[46] IRVING R S. Projective modules in the category $\mathcal{O}$. unpublished manuscript, 1982.

[47] IRVING R S. Projective modules in the category $\mathcal{O}_S$: self-duality. Trans. Amer. Math. Soc., 1985, 291: 701-732.

[48] IWAHORI N. On the structure of a Hecke ring of a Chevalley group over a finite field. J. Fac. Sci. Univ. Tokyo Sect. I, 1964, 10: 215-236.

[49] IWAHORI N, MATSUMOTO H. On some Bruhat decomposition and the structure of the Hecke rings of p-adic Chevalley groups. Inst. Hautes Études Sci. Publ. Math., 1965, 25: 5-48.

[50] JACOBSON N. Lecture notes in pure and applied mathematics: Exceptional Lie algebras. New York: Marcel Dekker Inc., 1971.

[51] JANTZEN J C. Moduln mit einem höchsten Gewicht. Lecture Notes in Mathematics. Berlin: Springer, 1979: 750.

[52] JENSEN L, WILLIAMSON G. The p-canonical basis for Hecke algebras. Categorification and Higher Representation Theory, 333-361, Contemp. Math., 683, Amer. Math. Soc., Providence, RI, 2017.

[53] JOSEPH A. A characteristic variety for the primitive spectrum of a semisimple Lie algebra. Non-commutative harmonic analysis (Actes Colloq., Marseille-Luminy, 1976).

Lecture Notes in Math., 587. Berlin: Springer, 1977: 102-118.

[54] JOSEPH A. *W*-module structure in the primitive spectrum of the enveloping algebra of a semisimple Lie algebra. Noncommutative harmonic analysis (Proc. Third Colloq., Marseille-Luminy, 1978). Lecture Notes in Math. 728. Berlin: Springer, 1979: 116-135.

[55] JOSEPH A. Quantum groups and their primitive ideals. Ergebnisse der Mathematik und ihrer Grenzgebiete, (3). Berlin: Springer-Verlag, 1995.

[56] KAC V G. Infinite dimensional Lie algebras. 3rd ed. Cambridge: CUP, 1994.

[57] KASHIWARA M, TANISAKI T. Kazhdan-Lusztig conjecture for affine Lie algebras with negative level, I. Duke Math. J., 1995, 77: 21-62.

[58] KASHIWARA M, TANISAKI T. Kazhdan-Lusztig conjecture for affine Lie algebras with negative level, II: Nonintegral case. Duke Math. J., 1996, 84: 771-813.

[59] KAZHDAN D, LUSZTIG G. Representations of coxeter groups and Hecke algebras. Invent. Math., 1979, 53: 165-184.

[60] KAZHDAN D, LUSZTIG G. Schubert varieties and Poincaré duality. Geometry of the Laplace operator (Proc. Sympos. Pure Math., Univ. Hawaii, Honolulu, Hawaii, 1979). Proc. Sympos. Pure Math., XXXVI, Amer. Math. Soc., Providence, R.I., 1980: 185-203.

[61] KHOMENKO O. Categories with projective functors. Proc. London Math. Soc., 2005, 90: 711-737.

[62] KHOROSHKIN S. Projective functors and the restriction of a Verma module to a subalgebra of Levi type. Ann. Global Anal. Geom., 1992, 10: 81-86.

[63] KILDETOFT T, Mazorchuk V. Parabolic projective functors in type *A*. Adv. Math., 2016, 301: 785-803.

[64] KÖNIG S, SLUNGÅRD H, XI C. Double centralizer properties, dominant dimension and tilting modules. J. Algebra, 2001, 240: 393-412.

[65] LIBEDINSKY N, WILLIAMSON G. A non-perverse Soergel bimodule in type *A*. C. R. Math. Acad. Sci. Paris, 2017, 355(8): 853-858.

[66] LIN Y, PENG L. Elliptic Lie algebras and tubular algebras. Adv. Math., 2005, 196(2): 487-530.

[67] LUSZTIG G. Introduction to quantum groups. Basel: Birkhäuser, 1994.

[68] MAKSIMAU R. Quiver Schur algebras and Koszul duality. J. Algebra, 2014, 406: 91-133.

[69] MAZORCHUK V. Some homological properties of the category $\mathcal{O}$. Pacific J. Math., 2007, 232: 313-341.

[70] MAZORCHUK V. Some homological properties of the category $\mathcal{O}$, II. Represent. Theory, 2010, 14: 249-263.

[71] MAZORCHUK V. Lectures on algebraic categorification. QGM Master Class Series. European Mathematical Society, 2012.

[72] MAZORCHUK V. Parabolic category $\mathcal{O}$ for classical Lie superalgebras. Advances in Lie Superalgebras, 149-166, Springer INdAM Ser., 7. Cham: Springer, 2014.

[73] MAZORCHUK V, STROPPEL C. Projective-injective modules, Serre functors and symmetric algebras. J. Reine Angew. Math., 2008, 616: 131-165.

[74] PENG L, XIAO J. Triangulated categories and Kac-Moody algebras. Invent. Math., 2000, 140: 563-603.

[75] RUI H, SU Y. Affine walled Brauer algebras and super Schur-Weyl duality. Adv. Math., 2015, 285: 28-71.

[76] RICHE S, WILLIAMSON G. Tilting modules and the p-canonical basis. Astérisque, 2018, 397: ix+184.

[77] RINGEL C M. The category of modules with good filtrations over a quasi-hereditary algebra has almost split sequences. Math. Z., 1991, 208: 209-223.

[78] ROCHA-CARIDI A. Splitting criteria for g-modules induced from a parabolic and the Bernstein-Gelfand-Gelfand resolution of a finite-dimensional, irreducible g-module. Trans. Amer. Math. Soc., 1980, 262: 335-366.

[79] SARTORI A, STROPPEL C. Categorification of tensor product representations of $\mathfrak{sl}_k$ and category $\mathcal{O}$. J. Algebra, 2015, 428: 256-291.

[80] SARTORI A, STROPPEL C. Walled Brauer algebras as idempotent truncations of level 2 cyclotomic quotients. J. Algebra, 2015, 440: 602-638.

[81] SHAN P, VARAGNOLO M, VASSEROT E. Koszul duality of affine Kac-Moody algebras and cyclotomic rational double affine Hecke algebras. Adv. Math., 2014, 262: 370-435.

[82] SLODOWY P. Simple singularities and simple algebraic groups. Lecture Notes in Mathematics, Vol. 815. New York: Springer, 1980.

[83] SOERGEL W. Kategorie $\mathcal{O}$, perverse Garben und Moduln über den Koinvarianten zur Weylgruppe. J. Amer. Math. Soc., 1990, 3(2): 421-445.

[84] SOERGEL W. The combinatorics of Harish-Chandra bimodules. J. Reine Angew. Math., 1992, 429: 49-74.

[85] SOERGEL W. Gradings on representation categories. Proc. Intern. Congr. Math. (Zürich, 1994). Basel: Birkhäuser, 1995: 800-806.

[86] SOERGEL W. Kazhdan-Lusztig polynomials and a combinatoric for tilting modules. Represent. Theory, 1997, 1: 83-114.

[87] SOERGEL W. Character formulas for tilting modules over Kac-Moody algebras. Represent. Theory, 1998, 2: 432-448.

[88] SOERGEL W. Kazhdan-Lusztig-Polynome und unzerlegbare Bimoduln über Polynomringen. J. Inst. Math. Jussieu, 2007, 6: 501-525.

[89] SOERGEL W. Andersen filtration and Hard Lefschetz. Geom. Funct. Anal., 2008, 17(6): 2066-2089.

[90] STROPPEL C. Category $\mathcal{O}$: Gradings and translation functors. J. Algebra, 2003, 268: 301-326.

[91] STROPPEL C. Category $\mathcal{O}$: quivers and endomorphism rings of projectives. Represent. Theory, 2003, 7: 322-345.

[92] STROPPEL C. Parabolic category $\mathcal{O}$, perverse sheaves on Grassmannians, Springer fibres and Khovanov homology. Compos. Math., 2009, 145: 954-992.

[93] SU Y, ZHANG R B. Character and dimension formulae for queer Lie superalgebra. Comm. Math. Phys., 2015, 333(3): 1465-1481.

[94] SU Y, ZHANG R B. Generalised Jantzen filtration of Lie superalgebras I. J. Eur. Math. Soc., 2012, 14(4): 1103-1133.

[95] VARAGNOLO M, VASSEROT E. Cyclotomic double affine Hecke algebras and affine parabolic category $\mathcal{O}$. Adv. Math., 2010, 225: 1523-1588.

[96] VOGAN D. Unitary representations of reductive Lie groups. Annals of Mathematics Studies, 118. Princeton: Princeton University Press, 1987.

[97] WEBSTER B. Knot invariants and higher representation theory. Mem. Amer. Math. Soc., 2017, 250(1191): v+141.

[98] WILLIAMSON G. Local Hodge theory of Soergel bimodules. Acta Math., 2016, 217(2): 341-404.

[99] WILLIAMSON G. Parity sheaves and the Hecke category. preprint, arXiv:1801.00896, 2018.

[100] 席南华. Kazhdan-Lusztig 理论: 起源、发展、影响和一些待解决的问题. 中国科学: 数学, 2017, 47(11): 1467-1480.

[101] XU X P. Representations of Lie algebras and partial differential equations. Singapore: Springer, 2016.

索　引

《现代数学基础丛书》已出版书目

(按出版时间排序)